国家自然科学基金专项项目资助

科研规范与
科研诚信教育概论

王蒲生　姜玥璐　赵自强／编著

科学出版社

北　京

内 容 简 介

本书是国家自然科学基金专项项目研究成果，也是国家自然科学基金委员会实施科学基金学风建设行动计划的举措之一。本书分为"科学与科研规范""科研活动中的诚信""科研活动中的伦理""科研管理与诚信治理体系建设"四篇。首先梳理涉及科研诚信与规范的基本概念和理论，诠释科研规范的伦理基础，接着依次阐述基金申请、科研实施和成果发表等科研全流程规范，以及可能出现的不端行为，然后探讨和分析人体受试、同行评议、利益冲突等伦理议题，最后针对性地论述科研管理者所应遵守的伦理规范。

本书分析了新近发生的大量实际案例，并对论文作坊、图片作伪等新兴学术不端行为进行了讨论。内容系统全面、案例丰富新颖、文字浅白晓畅，适于科研人员和科研管理者阅读，也可供文、理、工、农、医等各类高等院校作为本科生、研究生基础教材学习使用。

图书在版编目(CIP)数据

科研规范与科研诚信教育概论 / 王蒲生，姜玥璐，赵自强编著. —北京：科学出版社，2023.4

ISBN 978-7-03-074885-0

Ⅰ. ①科… Ⅱ. ①王… ②姜… ③赵… Ⅲ. ①科学研究-道德规范 ②科学研究-职业道德 Ⅳ. ①G316

中国国家版本馆 CIP 数据核字(2023)第 029608 号

责任编辑：刘英红 赵瑞萍 / 责任校对：贾伟娟
责任印制：赵 博 / 封面设计：有道文化

斜 学 出 版 社 出版

北京东黄城根北街 16 号
邮政编码：100717
http://www.sciencep.com

天津市新科印刷有限公司印刷
科学出版社发行 各地新华书店经销

＊

2023 年 4 月第 一 版 开本：720×1000 1/16
2024 年 3 月第三次印刷 印张：19 1/4
字数：312 000

定价：98.00 元
(如有印装质量问题，我社负责调换)

目　　录

第一篇　科学与科研规范

第 1 章　科学与科学研究 ………………………………………… 3

1.1　有关科学的一般性描述 ………………………………… 3

1.2　科学知识体系的特征 …………………………………… 6

1.3　科学文化与科学精神 …………………………………… 9

1.4　科学研究 ………………………………………………… 13

1.5　科学方法 ………………………………………………… 16

1.6　科学研究的组织方式 …………………………………… 19

1.7　科学研究的地域特征——科学中心转移 …………… 30

1.8　本章小结 ………………………………………………… 37

1.9　推荐扩展阅读 …………………………………………… 37

第 2 章　科研诚信与不端行为 ……………………………… 39

2.1　科研诚信与不端行为的含义 ………………………… 39

2.2　科研不端行为的起因、危害与治理 ………………… 41

2.3　本章小结 ………………………………………………… 47

2.4　推荐扩展阅读 …………………………………………… 47

第 3 章　科研规范的伦理基础 ……………………………… 48

3.1　向善 ……………………………………………………… 48

3.2 不伤害 ……………………………………………………… 49

3.3 诚实守信 ……………………………………………………… 51

3.4 开放合作 ……………………………………………………… 53

3.5 自由包容 ……………………………………………………… 56

3.6 公平公正 ……………………………………………………… 58

3.7 严谨负责 ……………………………………………………… 60

3.8 教育传承 ……………………………………………………… 62

3.9 创新高效 ……………………………………………………… 64

3.10 本章小结 ……………………………………………………… 67

3.11 推荐扩展阅读 ………………………………………………… 67

第二篇 科研活动中的诚信

第 4 章 项目申请 ……………………………………………… 71

4.1 研究选题与方案设计 ………………………………………… 71

4.2 项目申请规范 ………………………………………………… 84

4.3 项目申请中的常见不端行为 ………………………………… 86

4.4 本章小结 ……………………………………………………… 92

4.5 推荐扩展阅读 ………………………………………………… 92

第 5 章 项目执行 ……………………………………………… 93

5.1 研究资源的合理使用 ………………………………………… 93

5.2 项目执行过程中的科研不端行为 …………………………… 101

5.3 本章小结 ……………………………………………………… 109

5.4 推荐扩展阅读 ………………………………………………… 109

第 6 章 成果撰写与发表 ……………………………………… 110

6.1 成果撰写与发表规范 ………………………………………… 110

6.2 成果撰写中常见的不端行为 ………………………………… 114

6.3 成果发表中常见的不端行为 ………………………………… 120

6.4　本章小结 ·· 125

6.5　推荐扩展阅读 ·································· 125

第 7 章　论文作坊的特点与甄别方法 ·········· 126

7.1　论文作坊的滋蔓 ······························ 127

7.2　论文作坊的恶绩 ······························ 130

7.3　论文作坊的危害 ······························ 134

7.4　论文作坊作伪的甄别方法 ············ 137

7.5　本章小结 ·· 139

7.6　推荐扩展阅读 ·································· 139

第 8 章　无明显欺诈的过失 ···················· 140

8.1　违反严谨性原则的错误 ················ 140

8.2　仪器误差带来的争议 ····················· 151

8.3　主观偏见导致的失误 ····················· 152

8.4　本章小结 ·· 156

8.5　推荐扩展阅读 ·································· 156

第三篇　科研活动中的伦理

第 9 章　涉及人类参与者的研究 ·············· 159

9.1　人类受试者研究的应用范围 ········ 160

9.2　人类受试者保护的伦理 ················ 162

9.3　人类受试者保护的基本问题 ········ 170

9.4　违背涉及人类参与者研究伦理的案例与争议 ···· 176

9.5　本章小结 ·· 188

9.6　推荐扩展阅读 ·································· 190

第 10 章　涉及动物实验的研究 ················ 191

10.1　动物实验的应用范围 ················· 192

10.2 动物实验的原则和标准 ·················· 193

10.3 违背伦理的动物实验 ·················· 197

10.4 动物实验的替代方法 ·················· 201

10.5 本章小结 ·················· 202

10.6 推荐扩展阅读 ·················· 203

第 11 章 科学活动中的利益冲突 ·················· 204

11.1 利益冲突概说 ·················· 204

11.2 科学活动中利益冲突之表现形式 ·················· 206

11.3 利益冲突的处理方式 ·················· 217

11.4 国外科研机构有关利益冲突的政策模式 ·················· 220

11.5 有关利益冲突政策的争议 ·················· 222

11.6 本章小结 ·················· 224

11.7 推荐扩展阅读 ·················· 225

第 12 章 同行评议及其规范 ·················· 226

12.1 同行评议的功能与历史 ·················· 227

12.2 同行评议中的局限性 ·················· 231

12.3 "马太效应"的作用及其弊端 ·················· 234

12.4 同行评议中的不当行为 ·················· 237

12.5 评审专家的行为准则 ·················· 242

12.6 国家自然科学基金 RCC 评审机制改革 ·················· 246

12.7 本章小结 ·················· 252

12.8 推荐扩展阅读 ·················· 253

第四篇 科研管理与诚信治理体系建设

第 13 章 科研管理者的伦理规范 ·················· 257

13.1 科研诚信体系的形成及其演进 ·················· 258

13.2 依托单位的管理要求 ·················· 262

13.3　科学基金管理机构工作人员及其诚信规范 …………………… 270

13.4　本章小结 …………………………………………………… 291

13.5　推荐扩展阅读 ………………………………………………… 277

第 14 章　科研不端行为的查处 ……………………………………… 278

14.1　举报科研不端行为 …………………………………………… 278

14.2　严谨合规的调查过程 ………………………………………… 283

14.3　公正客观的处理结果 ………………………………………… 287

14.4　本章小结 …………………………………………………… 293

14.5　推荐扩展阅读 ………………………………………………… 293

后记 ………………………………………………………………… 294

第一篇　科学与科研规范

第 1 章

科学与科学研究

科学自诞生以来，就以其理性的姿态、精致的方法，不断贡献新知识、新观念和新思想，形塑着人类经济与社会生活的格局，成为变革世界的根本力量，表现出无与伦比的进步性。然而，科学并非一座纤尘不染的圣洁殿堂。诚信缺失、行为失范、学风浇漓的现象在科学界时有发生，近半个世纪更有愈演愈烈之势，危及科学大厦的根基，因此亟待纠偏饬正。

对科研规范的理解，对科研诚信的强化，对科研不端的治理，有赖于对科学内涵、外延、起源及其发展的充分了解，以及对科学研究的目标、特点和组织方式的深刻把握。本章勉力荟萃科学史、科学哲学和科学社会学之精华，简略勾勒出科学的大体样貌，以期对科学文化、科学精神以及由其衍生、凝结而成的科研诚信和科研规范有更深的理解。

1.1　有关科学的一般性描述

"科学"一词，根据《说文解字》对"科学"二字的解释，具有"测量学问"的含义。从唐代到清代，"科学"一词偶尔出现在中国古籍中，作为"科举之学"的缩写，但这与近现代"科学"的概念相去甚远。西方科学初入中国时，曾被译为"格致学"，指穷究事物的道理而求得知识的学问。中国当下使用的"科学"一词，实为和制汉语。中日甲午战争之后，中国希望通过向日本学习来富国强兵。在此过程中，近现代意义的"科学"一词便由日本传入中国，康有为出版的《日本书目志》就列出了《科学入门》和《科学之原理》等书目。辛亥革命前后，中国使用"科学"一词的频率越来越高，"科学"和"格致"这两个词在当时并存了一段时间。民国时期，"科学"一词逐渐取代了"格致"。①

《不列颠百科全书》将科学定义为"任何与物质世界及其现象有关的知识体系，它需要公正的观察和系统的实验。一般来说，科学涉及对一般真理或基本规律运行的知识的追求"②。《辞海》第七版对科学进行了这样的定义："运用范畴、定理、定律等思维形式反映现实世界各种现象的本质和规律的知识体系。"③

联合国教科文组织《关于科学和科学研究人员的建议书》认为：①"科学"一词意指人类个体或规模不等的群体所从事的有组织的活动，它试图通过对所观察现象的客观研究，共享结果和数据且经过同行评议验证，发现和掌握因果性、关联性或互动性；通过系统性反思和概念化，协调整合为一个知识子系统；进而有机会发挥自身优势，来解析自然和社会中发生的过程和现象。②"科学"一词亦指一系列知识、事实和假设的复合体，其中的理论要素可在短期或长期内得到证明，并且在某种程度上包括了研究社会事实和社会现象的学科。④

英国学者贝尔纳（J. D. Bernal）认为，科学本身是一个"形相繁复、参证错综"的概念，在不同场合有不同意义，因而不能用定义来诠释，必须用广泛的阐明性叙述来表达。他认为科学具有若干主要形象，每一形象都反映科学在某一方面的特质。⑤这些形象包括：①科学是一种建制，有成千上万的人在从事这种职业，科学成为社会上一种职业后，专业化的科学家

---

① 杨文衡. "科学"一词的来历[J]. 中国科技史料, 1981(3): 101-104.

② BRITANNICA. Science[EB/OL]. [2022-05-25]. https://www.britannica.com/science/science.

③ 辞海. 科学[EB/OL]. [2022-05-25]. https://www.cihai.com.cn/baike/detail/72/5425112?q=%E7%A7%91%E5%AD%A6.

④ UNESCO. Recommendation on science and scientific researchers [EB/OL]. (2017-11-14)[2022-05-25].https://www.unesco.org/en/legal-affairs/recommendation-science-and-scientific-researchers.

⑤ 贝尔纳. 历史上的科学[M]. 伍况甫, 等译. 北京: 科学出版社, 1959: 6-27.

所参与的活动可以看作科学本身。②科学可以看作一种方法。科学家从事科学活动，需要一整套思维方法和操作规则，并遵循和运用这套方法取得科学成果。这套思维性或指导性的规则被称为科学方法。③科学具有累积性，这是科学建制区别于其他社会活动的重要特征。科学理论成果必须随时经受科学实验的检验，能经受住客观检验的成果才会被科学知识体系吸收。④科学成为社会物质生产得以进行的最重要的生产要素之一。科学、技术与社会三者正紧密地关联在一起，共同促进社会生产力的巨大进步，并深刻地改变人类社会的生活方式。⑤科学还是人类重要的观念来源之一，是连接许多实用的科学成就而构成的理论知识体系。科学产生于一定的政治、文化、社会、宗教以及哲学的背景之中，必然受到当时的各种观念的影响，反过来，科学又推动这些时代的观念发生巨变。

戴维·林德伯格是美国当代著名的科学史家，他在专著《西方科学的起源》中，对"科学是什么"给出了较为宽泛的基于不同视角的解释：①科学是系统化、理论化的知识体系，而技术则是将理论和经验应用在生产和生活层面，来解决人类面临的实际需求。②人类通过科学来了解并控制我们的外部环境，科学这一行为让人类获得了控制和改造自然的能力，这和技术的特点有些相似。③科学有着自身的独特的表现形式，如定义、定理、定律等，数学语言在科学中具有重要地位。④科学的研究需要依据科学的方法，如重复性实验等，一项科学研究只有在科学方法的基础上产生才能被认可为科学。⑤科学成为人类取得知识及判断知识对错的一种重要方法，在认识论上是可知论。⑥科学的内容主要是指自然科学，包括数学、物理、化学、地质、生物等一系列的学科。⑦科学一词代表了精确、可靠、客观、严密及逻辑自洽。⑧如果将"科学的"作为形容词来修饰某对象，就代表着其观念的正确及对其行为和过程的赞同。[①]

除此之外，还有很多有关科学的描述，比如有的认为科学是一种工具，即科学的工具观；有的认为科学是一种游戏，即科学的游戏观；有的认为科学是一种实践活动，即科学的实践观；有的认为科学是一种社会职业和组织建制，即科学的社会观；有的认为科学是一种系统的知识体系，

---

① 林德伯格. 西方科学的起源[M]. 张卜天, 译. 北京: 商务印书馆, 2019: 4-7.

即科学的理性观。其实科学的定义很难从一个维度去理解。但综合多种有关科学的描绘，可归纳出以下重要共识：①科学是理论形态的知识体系；②科学是一种方法论；③科学是一种社会建制；④科学是正确观念的主要来源，具有精神价值的特征；⑤马克思主义认为，科学是生产力[①]，而且是第一生产力[②]。

1.2　科学知识体系的特征

纵观各类有关科学的定义和描述，几乎都将知识体系描述为科学最主要的特征，然而涉及知识、观念、思想、认知的却不止于科学。众多意识形态都会建构起一套完整且逻辑自洽的知识体系。因此，有必要了解科学知识体系的形态和特征。

1.2.1　科学假说

假说这个术语具有很大的模糊性。笼统地说，假说就是对事物或现象做出的推测性解释。科学假说就是人们在探索过程中，依据已获得的事实和既有理论，对拟探索的未知对象给出一个猜测性的描述或解释。假说一旦得到观察或实验的验证，就会转化为科学理论。科学假说是人们将认识从已知推向未知，进而变未知为已知的思维方法，在科学知识体系中占有重要地位。

相对于那些可以用某种观看的方式直接加以检验的常识性假设，以及没有经验事实支撑的形而上学假说，科学假说具有其明显特点。首先，科学假说是以已被科学共同体所认可的科学知识为前提，以新发现的科学事实为依据，对新的研究对象做出的一种合理的理论推断，而不是漫无边际的猜测，不切实

---

① 马克思. 政治经济学批判大纲: 第 3 分册[M]. 刘潇然, 译. 北京: 人民出版社, 1963: 369; 马克思, 恩格斯. 马克思恩格斯全集: 第 46 卷下册[M]. 中共中央马克思恩格斯列宁斯大林著作编译局, 译. 北京: 人民出版社, 1980: 211.

② 邓小平. 邓小平文选: 第 3 卷[M]. 北京: 人民出版社, 1993: 274-276.

际的臆想。其次，科学假说不同于形而上学假说的关键之处，就在于科学假说必须具有可检验性，可以被证实，也可以被证伪。最后，科学假说具备完备性和拓展性。科学假说不仅能解释个别事实，而且能对全部已知事实做出统一的解释；不仅与已有理论不相矛盾，还能有比已有理论更强的解释力，或者说是对既有理论的开拓和延展。

1.2.2　科学理论

科学理论是获得大量可观察事实的支持，并得到科学共同体普遍认同的解释性陈述。科学理论包括核心概念、关键论据、基本原理和逻辑论证。

相较于其他领域的理论，首先，科学理论由一组专业术语和确定概念所组成。科学概念必须内涵清晰、外延明确，而且指涉对象具有唯一性。其次，科学理论应与经验事实具有一致性，或者说好的科学理论通常能得到大量观察、事实的支撑。日常语境中常常将理论与实践对立，将假说和理论混为一谈，比如说某人的学说只是流于理论，隐含的意思就是不够实际。实际上科学理论和实践具有内在统一性。再次，科学理论不是先验的观念，也不是直觉的洞见，而是基于观察事实，通过逻辑论证所形成的系统性陈述。最后，科学理论具有简单性，也就是说，科学理论总是试图用最少的原理，来解释和说明最多的现象。一个理论解释的事件种类越多，数量越大，那么这个理论就越好。①科学理论具有预见性。预见性是指人对事物发展的预判和前瞻，也是人类理性的表现。人们挥汗如雨地在田间播种耕耘，是因为他们预见秋天会有收获，即使今年可能因为天灾颗粒无收，明年他们也依然会辛勤耕耘。历史理论有预见性，即所谓鉴往知来，巫术也声称有预见性，能窥测人的未来甚至来世，然而科学理论所能预见的事物更普遍、更系统、更准确，且能给出合理的解释。

1.2.3　科学解释

解释就是通过分析阐明，努力消除事物或现象存在着的迷惑、神秘和人们理解上的障碍，化复杂为简单，以便于人们理解。解释的功用是帮助人们

---

① 张之沧. 科学: 人的游戏[M]. 北京: 中国青年出版社, 1988: 87.

理解未知现象，目的是将一个复杂、深奥、奇特的事件，在原有知识框架和观念系统中变成容易理解的正常事件。解释是一个具有重要认识论意义的概念。解释的结构和形式有多种，谚语、格言、道德、意识形态、宗教教条等都有自己的解释方式和解释结构（或许是非逻辑结构）。

科学解释就是阐明事物或现象的本质，释其原理、析其奥义，使其艰深复杂的性质在经验和常识范围内也可以被人们理解。科学解释有以下类型。

（1）结构解释。它在于通过解析系统的层次和结构——小到原子结构，大到天体结构——揭示系统各要素之间的联系，用结构来解释系统的某些属性、功能或效用。

（2）功能解释。通过对系统内的要素属性，以及要素之间形成的结构、动力机制等方面的阐述，对整个系统的功能何以实现进行阐述。

（3）因果解释。因果性是人类认知的主要诉求。科学解释则是通过观察大量事实，根据归纳法特别是精致化的"穆勒五法"，找出某类现象发生的原因。

（4）概率解释。在自然界中，线性的一因一果只是特例，复杂系统中通常会出现一因多果或多因一果的现象，因果之间存在不确定性，此时运用概率统计来解释现象，这也是当今常用的方式。

（5）历史解释或发生学解释。典型的例子就是进化论、古生物学、岩层学、生态学等，它的最大特点是加入了时间因素，目的是阐述一个事物、一个现象、一个系统何以生成，何以演化，以及内部动力和外部环境的关系。

（6）动机解释。如果不考虑神创论，那么动机解释一般仅适用于社会科学领域。社会科学研究的是人及其组成的社会，由于人具有意志、目标和动机，社会科学自然要涉及人的动机，诸如为何要迁徙，为何会自杀，为何会吸烟喝酒而不送孩子上学。只是动机解释很难给出自然科学那样的一般规律。①

1.2.4　科学语言

语言是思维的外壳，思维活动通过语言来体现。就人类文明来说，语

---

① 孙小礼, 韩增禄, 傅杰青. 科学方法[M]. 北京: 知识出版社, 1990: 335.

言是本质，语言是存在，语言也是行动本身。语言的主要功能是交流（沟通、交际、传播）。语言表现出刺激或信号功能，表达情感或思想的交流功能，描述现象事态的描述功能，明晰含义的解释功能，对一个意见、观点、判断给出理由的论证功能。科学语言主要体现的是描述和论证功能。

　　科学成果需要用语言来表达，而科学语言相较于自然语言，具有如下明显特征。

　　第一，科学语言中有更多严格定义的概念。每一个表达概念的语词，都具有明确、固定、单一的指涉对象，因而更准确，更少有歧义。不像自然语言，一个语词可表达不同的概念，指涉不同对象，如"先生"一词，可指称医生、老师、有学识的人，也可指称丈夫；反过来，一个概念可有多个语词，如自行车可以由"洋马""铁驴""单车"等词语来表达。

　　第二，科学语言较少语义含混（vagueness）。语义含混是指一个语段不能确切表述边界情形。一个事物可能处于"灰色区域"，其"是"与"不是"的界限模糊。在此灰色区域，有某个理由说"是"，也有某个理由说"不是"。比如，一粒米不是一堆米，两粒米不是一堆米，三粒米不是一堆米……多少粒米才是一堆米？而科学语言试图通过精确的计量来消除含混。

　　第三，科学语言追求结构形式的简单性。科学可用符号和公式简化表述与解释过程。如勾股定理的科学语言用符号表达简洁明了，自然语言则繁复得多。而麦克斯韦方程组，若用自然语言简直无法清晰表述。

　　第四，科学语言作为一种形式化的人工语言，可以跨越地域而无须翻译。自然语言则受地域限制，且有明显的抗译性。科学语言的跨地域性特点，也正是科学得以开放合作和交流的前提。

1.3　科学文化与科学精神

1.3.1　科学文化

文化是一个巨大无比的概念，相关定义有一百多条。狭义的文化是指一种精神上的文化，是在物质生产基础上形成的一种意识形态，是人类这一群体所独有的，依托于人类社会而发展。广义的文化是指人类在社会实践过程中所获得的物质、精神的生产能力和创造的物质、精神财富的总和。

综合学术界的各种文化概念，可以概括为，文化是指生活在一定区域的族群所共同持有的思想观念、风俗信仰、道德伦理、行为规范、审美趣味、价值传统、政治意识形态等。这个文化概念强调的是观念层面，至于器物、制度、行为等，可以理解为观念的外化。

这个概念有如下几个特点。

一是排除了器物和工具性的因素，如刀具的功能是切割，这不是文化，刀具的工艺、镶嵌在刀柄上的与切割无关的宝石才是文化；用于居住的建筑不是文化，建筑的式样、外立面的色彩等与居住功能无关的审美特征才是文化。概而言之，器物只是文化的载体。

二是排除了获得生存资料的生产性活动。牛马也会从事生产性活动，但牛马没有观念和思想，因而也没有文化。文化是人类社会特有的现象，是由人所创造、为人所特有、超乎单纯的自然状态之上的那部分东西。文化产生于特有的时间和空间，具有历史性和地域性特征，古埃及文化、仰韶文化、客家文化、"五四"新文化等，都是发生在特定时期和地域的具体文化形态。

三是文化具有相对性。不同的社会有不同的风俗、习惯和法律。有些文化崇拜牛，而有些文化却可以吃牛肉；有些文化认同一夫多妻或一妻多夫，而多数文化却要求一夫一妻。遵守法律的义务对于特定的国家来说也是相对的，谚语"人在罗马，就要守罗马法"，就是这个道理。由差异性、特殊性体现的文化相对性，也造就了各类文化形态互异、绚丽多姿的多元性特质。

有关文化的论域过于广泛，这里不遑细究，只重点阐释科学文化。通常认为，科学文化是人类文化诸类亚文化之一种。科学文化同其他文化一样，是由科学家为主的社会群体形成的行为规范、价值体系和制度安排，然而科学文化又有不同于其他亚文化的独有个性。

第一，科学文化具有跨地域特点。科学文化是世界性文化，不带有强烈的国家和种族的色彩，不同族群、不同地域的科学家，所做的同类实验会得出相似的结果，而不会受到地域和文化环境的影响。因而科学文化具有普遍性、公有性和共享性。尽管在科学研究的过程中，不同知识起源不同、次序有先后，甚至有些知识还会呈现出地域性特征，比如韩医、阿拉伯医，但这种知识通常处在前科学阶段。一旦形成了定律、定理或规律，知识便脱离了其地域性，为人类所共有，也就不存在所谓的意大利特色的天文学、英国特色的物理学、法国特色的化学，以及德国特色的有机化学之说。地域性知识只有被科学共同体普遍认可，能为世界各族群所接受，才有可能被称为科学。

第二，科学文化强调理性。所谓理性，概括而言就是一种以客观事实为依据，以逻辑推演和批判性论证为方法，做出合理决策和正确行动的认知方式和实践方法。它通常排除情绪因素和感情色彩，也不探讨虚无缥缈的对象。《论语》中"子不语怪力乱神""敬鬼神而远之，可谓知矣"，隐含的意思就是，讨论经验观察难以捕捉的怪异事物对提升智识了无助益。不过相较于其他亚文化，科学文化中的这种实证特征更加明显。理性是人类独有的天赋，是创造知识和财富的手段，是摆脱愚昧和迷信的利器，因而也是社会启蒙的内核和衡量人类决策的标尺。

第三，科学文化具有极强的批判性和包容性。科学文化并不倡导个人权威，也不迷信传统和教条，它与民主观念同向并行。科学研究的任何成果都应接受怀疑、批评和检验。怀疑是迷信的清洗剂，批判是教条的解毒药。科学家作为怀疑和批判的主体，不止怀疑和批判他人的或共同体的已有观念，也具有自我怀疑和自我批判的反思意识，这是抑制有缺陷的科学产物草率出笼的有效工具。①

第四，科学文化追求简洁性。奥卡姆的剃刀是科学遵从的重要原则，它是指在逻辑论证中，无须增加没有必要的实体或假设（如本轮、均轮、燃素、以太、元气等）。简洁性是评价和选择科学理论的重要标准，也是科学方法论原则，由科学定律（数学公式）的简洁性、科学理论选择与择优的简洁性、思维经济性等内容构成。科学文化的简洁性特征也对其他亚文化产生深刻的影响。

第五，科学文化具有进步性。科学的竞争和奖励系统鼓励科学家不断创新，产出具有独创性的成果，只有超越现在知识的独特发现才能获得优

---

① 李醒民. 科学文化的特性[N]. 中国科学报, 2017-02-20(7).

先权。同时，绝大多数创新都是以前人的研究为基础，都是在前人基础上取得的，这又使得科学具有了持续积累的特性。于是科学无与伦比的进步性，成为科学文化与其他亚文化相比较所具有的一种鲜明标识。这也是有人将科学文化称为科学文明的原因。①

1.3.2　科学精神

科学精神是科学文化的内核和精华，是科学共同体内部的独特精神气质和价值诉求，是科学文化深层结构（行为观念层次）中蕴含的价值和规范的综合。

任鸿隽在《科学精神论》中系统论述了"科学精神"，明确指出"科学精神者何？求真理是已"②。物理学家竺可桢则认为，薪求真理，就是科学精神。科学精神具体可归纳为：不盲从，不附和（独立见解），依理智为归（理性）；如遇横逆之境遇，则不屈不挠（坚持不懈）；不畏强御，只问是非；不计利害（无私）；虚怀若谷；不武断；不蛮横（谦卑）；专心一致；实事求是（求真）；不作无病之呻吟；严谨整饬毫不苟且（求实）。③

美国科学社会学家默顿（Robert K. Merton）指出，科学的精神物质，是指约束科研人员的有感情色彩的行为规范和价值理念的综合，逐渐被科研人员们内化成为科学的良知。虽然科学精神没有明确的定义和明文的规定，但是从众多科研人员的价值偏好上，从探讨科学精神的论著中，以及从科研人员们对违反科学精神的行为的义愤和共识中可以发现。④

科学精神可以看作形成于科学共同体内部，紧紧围绕科学研究过程的共同认可的价值信念和行为规范。《中华人民共和国科学技术进步法》第

---

① 文化与文明是近义词，但有着微妙区别而不可相混淆。文化是一种观念形态，因而是一个中性概念，文化有精华，也有糟粕。文明作为与蒙昧、野蛮对应的概念，是指文化中具有进步性和价值正当性的精华部分。

② 张绪山. 任鸿隽"科学"理念的社会意义[J]. 炎黄春秋, 2007(9): 31-33.

③ 竺可桢求是之光烛照后人　今日科学界汗颜[EB/OL]. (2010-03-29)[2022-09-12]. https://www.cas.cn/zt/rwzt/jnzkz/jnzkzmtbd/201003/t20100329_2808771.shtml.

④ 默顿. 科学社会学[M]. 鲁旭东, 林聚任, 译. 北京: 商务印书馆, 2017: 363-364.

九条，将科学精神阐述为"追求真理、崇尚创新、实事求是"①。它体现着科研人员的精神特质和思维模式，也约束着科学工作者的行为，是科研活动成功的重要保证。科学精神不仅在科学共同体内部起作用，还在科学共同体外部起着引领社会大众尊重和传播科学，促进科学发展和增进人类福祉的作用。

1.3.3　科学家精神

科学家精神与科学精神两者之间在内涵上既有相似之处，同时也存在明显不同。科学精神可以看作科学共同体内所共同追求的目标，而科学家精神则是科学精神在科学家个体内在意识和外在行为上的体现，是科学家的精神品格和道德追求。具体包括：①胸怀祖国、服务人民的爱国精神；②勇攀高峰、敢为人先的创新精神；③追求真理、严谨治学的求实精神；④淡泊名利、潜心研究的奉献精神；⑤集智攻关、团结协作的协同精神；⑥甘为人梯、奖掖后学的育人精神。②这六个方面构成了科学家精神的主要内涵。

新修订的《中华人民共和国科学技术进步法》规定，广大科学技术人员应当大力弘扬爱国、创新、求实、奉献、协同、育人的科学家精神，以法律条款的形式将科学家精神变成科学技术人员必须遵循的普遍准则。这对于进一步引导广大科学工作者立志献身科技强国的建设、全身心投入重大科学成果的创造、以崇高的科学家精神品格引领良好的社会风尚③，具有重要的激励和约束作用。

1.4　科　学　研　究

科学研究的英文表述是"research"，其前缀 re 意指反复，词干 search

---

① 中华人民共和国科学技术进步法[EB/OL]. (2021-12-27)[2022-05-25]. http://jl.people. com.cn/n2/2021/1227/c349771-35069147.html.

② 习近平. 在科学家座谈会上的讲话[N]. 人民日报, 2020-09-12(2).

③ 刘晓燕. 为弘扬科学家精神构建良好生态[J]. 中国人才, 2020(12): 10-12.

意指探索，因而具有"反复探索"的含义。科学研究的实质是生产知识，既包含创新和发展知识，也包含整合和继承知识。根据联合国教科文组织《关于科学和科学研究人员的建议书》[①]，"科学研究"是指与产生科学知识有关的研究、实验、概念化、理论检验和验证过程，包括基础研究和应用研究；并且"实验开发"意味着适应、测试和改进的过程，这些过程具有包括创新在内的实际适用性特点。如同其他物质生产的工艺流程，知识生产也有自己的程序。

1.4.1 提出科学问题

科学研究始于问题。"问题"这个词语在汉语中有多重含义，一是疑问，如今天会不会下雨；二是麻烦，如最近身体出了问题。科学研究中的问题则不同，科学问题不是单纯的疑问句，也不是指科研过程中出了麻烦和故障，而是相当于议题，即需要通过研究探索和讨论解决的问题。

通常来说，科学问题指的是在一定时代和一定的知识背景下，科学界提出的关于科学认识中需要解决而又未解决的难题。科学问题具有特定的含义和特定的结构：①事实基础和理论背景，即提出问题的依据；②对求解目标和方法的设计；③对求解方向和范围的设想，即应答域。科学研究从已知出发探索未知，所要解决的是已有知识无法解释的事实或事件。

科学问题在科学研究中具有重要意义。爱因斯坦认为："提出一个问题往往比解决一个问题更重要，因为解决一个问题也许仅是一个数学上或实验上的技能而已。而提出新的问题，新的可能性，从新的角度去看旧的问题，却需要有创造性的想象力，而且标志着科学的真正进步。"[②]海森伯则认为提出问题和解决问题同样重要，他说："提出正确的问题，往往等于解决了问题的大半。"[③]贝弗里奇也提出，确切地陈述问题有时是向解决问题迈出了一大步。[④]基金申请书的重点就是提出问题，阐明问题是值得探

① UNESCO. Recommendation on science and scientific researchers [EB/OL]. (2017-11-14)[2022-05-25]. https://www.unesco.org/en/legal-affairs/recommendation-science-and-scientific-researchers.

② 爱因斯坦, 英费尔德. 物理学的进化[M]. 周肇威, 译. 北京: 中信出版社,2019: 90.

③ 海森伯. 物理学和哲学:现代科学中的革命[M].范岱年,译. 北京: 商务印书馆,1981: 7.

④ 贝弗里奇. 科学研究的艺术[M]. 陈捷, 译. 太原: 北岳文艺出版社, 2015: 95.

索的科学问题，并说明解决此问题的可能途径。评审者的主责是鉴别问题的重要性，并把平庸问题和伪问题剔除。

1.4.2　获取科学事实

科学研究以事实为基础。科学事实是科学认知活动的基本要素。科学事实可分为两类。一类是指对观察结果（通常在非实验室环境下）的陈述，如野外对地层的观察陈述。一类是指研究者观察并记录的观测仪器上显示的数字、图像等。观察方法与实验方法是获得科学事实的两种主要方式。

科学事实最大的特点是经验性，在形式上是主观的，属于认识论的范畴，它体现的是科学认识主体对现象的认识与判断。后面章节将详细讨论。

1.4.3　成果发表

科学研究形成的成果，要以论文的形式在科学共同体内部所认同的平台、出版物上发表或传播。它涉及研究成果的检验、认可、未来的利用，以及对个人及团队的承认和价值的实现。

第一，论文的公开发表和传播将会使其在科学共同体内部接受同行们的检验和评价，有利于对其成果进行进一步证实或者证伪，在此基础上可以促进科学研究的不断进步。

第二，普遍主义和公有主义是科学共同体的基本规范，科研成果只有被科学共同体所认可，被期刊发表、被写入教科书或者以其他形式广泛传播，才能成为一项伟大的科学发现，才能成为公认的科学知识。

第三，科学共同体是一个金字塔式的社会分层结构。每一个科学工作者在其中的地位和其声望密切相关，这种声望不是由科学家的资产和职务决定的，而是由其在科学共同体内获得的承认所决定的。成果的发表是获得承认的重要手段，是科学共同体奖励系统的重要部分，对个人的学术生涯也至关重要。

第四，成果的发表有利于提升科学传播的深度和广度，为成果将来进一步的开发和利用创造出良好的条件。

第五，成果的发表也能满足公众参与科学的需要，同时，让公众知晓科学研究的结果和意义，可以激发公众对科学的兴趣，并更多地支持科学事业。

1.5　科　学　方　法

方法是通往智慧之桥。一个人纵有盖世之才、凌云之志，实现其目标也得靠恰当方法。科学研究是知识生产的过程，而科学方法则是提高知识生产效率和知识产品质量的工具。科学令人信服，重要原因是其具有一套建立在认识论基础之上的精良恰当的方法。

1.5.1　观察和实验：获取事实的方法

人类一切决策、判断和推论，都应以事实为依据，防止脱离事实的主观性因素干扰。事实可以是数据、史实、社会事实，或者一般的观察陈述。科学研究中获取事实的方法主要是科学观察与实验。

所谓科学观察，就是为了某一科学研究目的，有计划、有选择并且是能动地对自然条件下所发生的某种特定过程或现象，做系统和仔细的考察。科学观察中需要注意的是，观察并非中性，而是渗透着理论。观察是主体（人）的行为，不可能独立于人的主观性，不存在纯粹的观察。这是因为以下原因。①观察不是仅仅接收信息的过程，在观察过程中总是伴随着信息加工处理。不同的知识理论背景，不同的格式塔图景，可能会得出不同的观察结论，此所谓"一千个读者，就有一千个哈姆莱特"。②观察是用语言表述的，而语词和概念与特定的理论框架密不可分，比如有关月食的观察，天文学家的观察陈述是地球遮掩了太阳照射到月球的光线，没有科学知识的人则会说天狗咬住了月亮。

科学实验是一种特殊的观察。它是在人为地剔除干扰因素并对研究对象予以干预和控制的环境中进行的观察。相对于一般性观察，科学实验具有不可比拟的优势。科学实验是近代科学的最重要特征。爱因斯坦在写给斯威策（J.S.Switzer）的回信中说过："西方科学的发展是以两个伟大的成就为基础的：希腊哲学家发明形式逻辑体系（在欧几里得几何学中），以及（在文艺复兴时期）发现通过系统的实验可能找出因果关系。"①

---

① 爱因斯坦, 许良英, 王瑞智. 走近爱因斯坦[M]. 沈阳: 辽宁教育出版社, 2005: 187.

1.5.2　演绎和归纳：科学论证之方法

科学研究并不仅仅需要获取事实，因为事实说明不了事实本身，科学理论的形成，还需要通过科学思维也就是逻辑推理和论证，从大量的事实中找出现象的关联和规律。

科学思维的基础首先是基于形式逻辑的演绎法，这种方法是由概念、推理、判断和逻辑规律所构成的。概念的建构与辨析是一切批判性思维的逻辑起点。科学本质上是一种有层次和系统性的概念体系，具有明确清晰的概念是科学知识区别于常识性知识的重要特点。概念通过内涵和外延的方式反映认知对象的本质属性，并对此对象与彼对象做出确切界定，从而能够接受经验的检验和反思性批判。概念不但是认识成果的总结和概括，还是推理和判断的前提条件。命题（传统逻辑中也称判断）就是通过语句来反映事物情况的思维形式，是人对事物情况的陈述和表达。推理是一个命题序列，是从一个或几个已知命题推出一个新命题的思维形式。它通过一系列形式规则使得判断更可靠。

科学论证的重要方式还有归纳法。归纳法是通过对个别、部分或特殊的事物的研究，提炼出事物的共同属性或一般规律。比如牵牛花、青蛙、乌鸦和人等都有生物钟，于是归纳出一切生物体的活动都有时间上的周期性节律这个结论。归纳法是人类认知中普遍的思维方式，也是经验科学最重要的方法，经验论代表人物如培根、洛克、巴克莱、休谟等人均有过论述。

由于归纳法不能保证结论必真，后来穆勒（John Mill）在总结前人成果的基础上，提出确认因果关系的归纳五法（穆勒五法），即求同法、差异法、求同差异共用法、共变法和剩余法，旨在使归纳法的结论更可靠。

之后人们还发展出统计（概率）归纳法。统计归纳法是归纳法的一种现代形式。它是根据被考察样本中百分之几的对象具有（或不具有）某属性，从而推出总样本百分之几的对象具有（或不具有）某种属性。这种归纳法得出的结论是概率命题。统计归纳法在当今的社会科学中已成为普遍而有效的方法和工具。

1.5.3　直觉和类比：创造性思维方法

逻辑论证只是将无序的科学事实予以整理使其变得有序的工具，而科学发现和理论创见，通常来自想象、灵感和洞见等非逻辑方法。直觉和类比则是创造性思维中经常使用的非逻辑方法。

类比是一种从特殊过渡到特殊的思维方式，是一种非推理方法。它是根据两种事物在某些性状上具有相似性，得出它们在其他性质上也可能相似的结论，或者得到推测性的感悟和启示。

类比依据的是两个思考对象的相似性，这种相似可以是：要素相似，结构相似，功能相似，关系相似，外形相似，过程相似。类比是科学发现的主要方法之一。许多重要理论，最初是通过类比得到启发的。比如有人通过关系相似，用万有引力定律类比出城市间物流及社会联系度；也有人通过外形相似，由流体的涡旋类比出星云的旋臂结构。

类比方法结构松散，灵活多变，具有启发思路、提供线索的作用，即所谓举一反三、触类旁通。它往往能把人的认识从一个领域引申进另一个新的领域，因而更富有创造性。不过类比只可以作为阐明科学见解的辅助手段，而不具有逻辑证明的功效。此外类比所得出的结论比归纳推理的结论更不确定，更易谬。

直觉是一种与理性和感性均有密切联系的思维形式。直觉是指无须自觉的推理和论证，而直接迅速地领悟事物的属性或事物之间的联系。直觉的核心特征有三点：非逻辑性，理智性，对直觉认识的坚定信念。直觉类似于顿悟，即面对一个困惑多时的疑难问题，没有经过逻辑推演和论证而直接从感性过渡到理性，瞬间得到了苦思冥想而不能获得的答案。

直觉是一个颇有争议的概念。不同的哲学家和科学家往往会有不同的理解。对直觉思维认识上的模糊，导致了直觉一词被滥用，被简单地等同于猜测或玄想。但大多数人相信直觉是确实存在着的一种思维方式，很多科学家如海森伯、莱欣巴哈、薛定谔等，都承认直觉在科学研究中的作用。海森伯这样回忆著名物理学家玻尔："（玻尔）由于大量占有关于实际现象的材料，从而使他有可能直观地理解现象之间的联系，而不是从这些现象形式地推导出其间的关系。"[①]希尔伯特则明确承认，他相信数学的

---

① 海森伯. 物理学和哲学:现代科学中的革命[M]. 范岱年,译. 北京: 商务印书馆, 1981: 216.

认识最终还依赖于直接洞察力。[①]爱因斯坦对直觉的作用更是推崇备至，他将自己的理论创见归因于直觉。[②]贝弗里奇既肯定科研中直觉的存在和意义，又指出并非所有科学家都相信直觉的存在和作用。美国化学家普拉特和贝克曾就在科学研究中"你是否得益于直觉"等问题，对许多化学家进行过问卷调查。在交回的 232 份调查表中，有 33% 的人说经常有，50% 的人说偶尔，17% 的人说从未。调查结果还表明，只有 7% 的科学家报告他们的直觉总是正确的，也有几位著名科学家说他们的大部分直觉后来都证明是错误的，而且也都忘了。[③]这也说明直觉有其局限性和不可靠性。

1.6　科学研究的组织方式

科学研究以知识生产为鹄的。如同产业界生产方式经历过从作坊制到福特制、丰田制、温特制的变迁，科学研究的组织方式和知识生产方式也经历了几个阶段的演化。

1.6.1　前建制时期的个人独立研究

早期科研活动的组织方式，主要是由兴趣驱动、本人筹资、业余开展的个人独立研究。

起源于古希腊的自然哲学，是今日科学的最初形态。当时的研究者多是些富裕且悠闲的达人。他们的科学研究就是一种纯粹的消遣。在研究过程中所体现的，是无羁无绊的智识遐思、超然物外的处世态度、高贵闲适的社会地位，以及对井然有序的自然秩序的惊诧和好奇。这种纯研究的传统，绵延千年而不衰，一直到 19 世纪。[④]

---

① 钱立卿. 弗雷格与希尔伯特的几何学基础之争：兼论胡塞尔对几何学起源的分析[J]. 世界哲学, 2015(2): 137-145+161.

② 谭坤. 爱因斯坦论科学直觉[J]. 昌潍师专学报, 2000(1): 12-14.

③ 贝弗里奇. 科学研究的艺术[M]. 陈捷, 译. 太原：北岳文艺出版社, 2015: 76.

④ 文剑英. 从纯研究到基础研究转变的背后[J]. 自然辩证法研究, 2008(5): 63-66.

　　这种以个人好奇心和兴趣为驱动的科学研究，几乎全是自娱自乐和自给自足的。从事科学研究所需的经费，几乎都是由科学家自行筹集。由政府出资建立的研究机构和民间设立的研究基金凤毛麟角，资助的经费也少得可怜且极不稳定。那个时期甚至没有科学家这个语词。①科研工作往往由以僧侣、议员、律师和富绅为主的科学爱好者们在业余时间开展。人们还不习惯把科学研究当作养家糊口的职业，支撑科学职业的社会条件也远未成熟。②

　　即使到了 19 世纪，业余传统也依然盛行。以英国地质学为例，除了史密斯（W. Smith，1769—1839）等寥寥数人，英国著名的地质学家几乎都是财力丰厚、衣食无忧的绅士或社会名流。这些"绅士地质学家"从事科学探索不是为了维持生计，而是完全出自个人爱好。虽然有人因为出版脍炙人口的地质学著作而获得有限的酬劳，但他们写作目的主要是为了陈述研究进展以展示其成就，而不是为了换取钱财。对于这群"以锤为剑的骑士"们来说，地质学研究更多的意义是一种消遣方式，是逃避浮世烦扰、追求崇高精神的手段。赖尔痴迷地质学，是为了从索然无味的律师生涯中解脱出来；默奇森研究地质学，是因为地质学比之骑马捕猎能带来更多智力活动的愉悦。在他们看来，探索广袤而永恒的自然界是超然于旅游和冒险之上的更高境界，它不但可以强身健体，还可以强化追求自由的理想，展示绅士的崇高情感与浪漫情怀。③

　　业余科学家甚至不屑于竞争大学中收入微薄的教授职位，更不愿为岗位职责所束缚，宁可保留着一个开放的、没有注入教条的头脑。他们担心，对经济利益的追求，对薪水、著作权的斤斤计较，官僚机构层级制度

---

　　① 最初的科学研究的从业者并不被称作"科学家"（Scientist），而是被称作"自然哲学家"（Natural Philosopher），因为他们的工作被认为是对自然哲学的研究。现代意义上的科学家这一称谓，是 1833 年（一说是 1840 年）由英国著名的科学史和科学哲学家威廉·休厄尔（W. Whewell）在英国科学促进会的一次会议上（一说在《归纳科学的哲学》书中）提出的。他仿效"艺术家"（Artist），在 science 后面加了"-ist"的词缀而成。休厄尔认为，"对于一般培植科学的人很需要予以命名，我的意思可称呼他为科学家"。

　　② 王蒲生. 论英国地质学的职业化[J]. 科学学研究, 2001(3): 4-11.

　　③ PORTER R. Gentlemen and geology: The emergence of a scientific career, 1660-1920[J]. The Historical Journal, 1978, 21 (4): 823.

下的不平等关系，各种指令的约束和营私舞弊行为，都会涣散科学家追求科学真理的真诚心灵。[①]没有经受专业化训练、没有严格规范的自由实践，每个人就都可以选择自己的研究项目、体系与方法，从而他们的研究就表现出多元化和多样性。

这些业余学者也没有出版压力。物理学家 H.卡文迪许生前很少发表论文，地质学家赫顿也是因爱丁堡皇家学会的建立，才出版了他那部打破地质学沉寂的著作《地球论》（*Theory of the Earth*）。这个时期的学者似乎没有强烈的要得到共同体承认的愿望，出版研究成果似乎也不是他们在学术圈立足的根基。

在这种淡化了功利目的且缺少外界诱惑的业余科学环境中，科学家不容易产生自欺欺人、抄袭剽窃的动机，自然也就较少出现欺骗造假之类的恶行。这不是说业余科学根本不存在科研道德问题。由于业余科学缺少统一的方法论纲领和学术规范，学术论文没有统一的标准和体例，科研评价体系不够完善，因而在有关抄袭剽窃的断定、命名法的规范化等问题上常常出现异议，进而发生学术道德方面的争执。但是，对于不依赖社会支持的业余科学行业，少量的道德纠纷尚远不至于动摇科学事业的根基。[②]

个人业余独立从事科研的方式也有难以克服的缺陷。一是随着学科领域不断分化和整合，需要跨领域甚至跨地域的科研合作，单科独进、单枪匹马的研究方式已很难适应这种发展趋势。二是很多研究需要非常昂贵的仪器，远超出多数学者的经济承受能力。三是不能发挥人才培养的功能。有一批科学家如爱因斯坦、普朗克、狄拉克等，他们天赋异禀，超然不群，可以完全靠自己的能力解决问题，然而他们很难培养出同样卓越的年轻人才。

1.6.2　科学的建制化

所谓科学的建制化，是指科学成为社会构成中一个相对独立的系统，具体体现为科学研究由业余人士从事向专业化和职业化转型，科学家扮演

---

① 王蒲生. 英国地质调查局的创建与德拉贝奇学派[M]. 武汉: 武汉出版社, 2002: 1-19.
② 王蒲生. 科学活动中的行为规范[M]. 呼和浩特: 内蒙古人民出版社, 2006: 3.

起独立的社会角色，形成了独立的价值观念、行为规范和组织体系，由此科学具有了鲜明的社会形象。

建制化的第一个阶段是科学的专业化。科学要被社会所认同，就需要从两方面来实现：一方面，科学家这一角色必须表现出其自身存在的理由，即所具有的社会功能；另一方面，主流社会必须对这一角色的合法地位予以肯定。进入 17 世纪，对科学感兴趣的人越来越多，科学家的声望和人数也节节攀升，"科学变得时髦起来，也就是说，它得到了人们的高度赞许"①。在这种社会氛围下，科学组织便应运而生了，开启了"业余科学家到专业科学家的过渡"②。

17 世纪，一批皇家学院、学会相继成立，科学的社会形象建构就是从这些由科学家创建的科学学会所组成的一个个特殊的"小社会"开始的。近代历史上最早成立的一个自然科学的学术组织，是 1560 年意大利的"自然秘密研究会"，其后是林琴学院和齐曼托学院。这些具有民间性质的"无形学院"③虽然规模不大，但它们聚集的是那些对科学研究感兴趣的、真正的研究人员，这些成员之间非正式的沟通、讨论和合作，显然对科学研究的发展与学术成果的交流和传播大有裨益。1660 年成立的英国皇家学会最具标志性。学会成立时，著名科学家胡克为学会起草了章程。章程指出，皇家学会的任务是：靠实验来改进有关自然界诸事物的知识，以及一切有用的艺术、制造、机械实践、发动机和新发明。④由于皇家学会目标明确，虽经三百余年历史沉浮，促进科学知识传播的这一传统却始终未变。⑤尽管皇家学会给予科学家的实际优惠待遇少得可怜，但其促进科学事业的

---

① 默顿. 十七世纪英格兰的科学、技术与社会[M]. 范岱年, 吴忠, 蒋效东, 译. 北京: 商务印书馆, 2017: 59.

② 贝尔纳. 科学的社会功能[M]. 陈体芳, 译. 桂林: 广西师范大学出版社, 2003: 30.

③ 英国著名科学家波义耳在 1646 年左右提出该词, 用来指谓后来成为英国皇家学会的前身的非正式群体。普赖斯(D. Price)在《小科学, 大科学》中借用了这种说法, 意指"那些从正式的学术组织中派生出来的非正式学术群体"。参见: 克兰. 无形学院: 知识在科学共同体的扩散[M]. 刘珺珺, 顾昕, 王德禄, 译. 北京: 华夏出版社, 1988: 3-4.

④ 梅森. 自然科学史[M]. 周煦良, 全增嘏, 傅季重, 等译. 上海: 上海译文出版社, 1980: 145-152.

⑤ 冉奥博, 王蒲生. 英国皇家学会早期历史及其传统形成[J]. 自然辩证法研究, 2018, 34(6): 75-79.

功绩卓著，因此被视为科学建制化的里程碑。

科学学会及科学促进会之类机构的建立，是科学专业化的主要标志。首先，它要求科学家证明自身专业能力的有效性与可信度，通过设立一定的标准如命名法、符号统一性、写作的标准和体例等，将满身业余习气的会员们置于统一的规范之下。①其次，学会创办的学报为共同体成员发表成果提供了阵地。学者精英们可以定期地发表自己的成果，并在不定期召开的学术会议上，就某些问题展开讨论。最后，学会致力于维护会员之间的友善和团结。学会常常调停个人矛盾，纾解私人恩怨，采取各种防范步骤，防止爆发宗派式的论战，并通过同行评议的方法，履行强有力的裁决者职能，将彼此疏远的学者凝聚成一个共同体。

职业化是科学建制的第二个阶段。工业革命后，文化知识迅速扩展，商业化、城市化进程加快，消费主义与休闲生活方式逐渐泛化，教科书、百科全书、科学讲座和博物馆等科学传播形式蓬勃兴起，上到富贾政要，下到普通民众，都对科学表示出极大的兴趣，受过教育的大众争相购买和阅读通俗的或深奥的科学出版物。这一切都扩展了大众化科学的需求、供应和市场。相应地，科学的荣耀、声誉和成就，激发起更多社会人群投入和献身科学专业研究的热情。大量才华横溢的年轻人冀望跻身科学行业，希望在有稳定薪酬的科学机构求得一席之地。但在业余传统的统治下，一些家无巨财的中产阶级人士和出身寒微的下层阶级人士，因经济原因被迫选择律师或牧师等对自身生活更有利的职业。显然，从科学进步的角度来说，财富不应成为换取科学殿堂门票的唯一方式。科学研究的职业化得到了学术界之外的认可和支持。

更关键的是，科学共同体内部产生了对职业化的强烈需求。虽然有一些固守业余传统者反对，更多的人士却衷心希望既能从事心爱的科学研究，又有一个付薪职位而不致引起生活上的困窘。此外，从学科的严谨性上讲，职业化也有利于科学家以普遍认可的方式接受培训，并获得经过专家评定的可靠的技能与证书，这是进入成熟期的科学得以自我维系、自主繁衍所不可避免的选择。

---

① LAUDAN R. Ideas and organizations in British geology: A case study in institutional history[J]. Isis, 1977, 68(4): 527-538.

　　科学家的职业化最初出现在法国。法国政府出于政治目的，于 1666 年创建法兰西科学院，遴选各领域高声誉专家担任院士，为每名院士配给数目可观的薪金，并另行设置资金专供日常研究开支。国家财政为科学知识生产和部分高声誉科学家的职业生涯提供充分保障。在法国，取得科学院席位即可终生衣食无忧。科学院成员以科学家为主，建立较为分明的共同体边界。[①]

　　19 世纪后期，科学终于在德国和美国成为一项常规职业。德国于 19 世纪启动大学教育改革，致力于重新定位高等教育的目标，让大学成为促进学生道德完善、知识体系健全、批判性思维培养的机构。德国大学中讲席教授、私人讲师的科学职业体系设置，以及其后陆续成立的教学实验室，贯通"研—教—学"环节，形成了从教授、讲师到实验室助理和学生的研究梯队，这不但使科学知识生产呈现更为有序的组织形态，而且，获得德国的科学博士学位，在 19 世纪中期至 20 世纪初期成为欧美诸多大学正式教职准入的前提或优先条件[②]，这让科学界实现了社会化的标准控制。一批在德国受过博士教育的美国科学家，将德国科学教育和职业模式加以调整带回美国。美国大学设置研究生院和系、所级别的建制，以及不附属于讲席教授而以课题为导向的研究组织，这使得科学知识生产活动脱离了正式"科层制"管理结构的束缚，科学的组织形态和规模从而大为丰富。于是科学具备了职业化的各项条件，实现了向"职业共同体"的演变。[③]

　　科学形成了职业共同体后，由于科学难以在市场上自由定价和交易以获得回报，主要国家将科学知识视为一种与国防、教育、公共卫生具有相似性质的"公共品"，部分纳入政府责任范围。通过政府对科学的资助和支持，充分发挥科学对社会的正外部性，促进科学所带来的认知进步、创新涌现及其他的社会经济效益。在很长一段时期直至目前，这种政府资助都是科学职业化后的主要保障来源。

　　科学的建制化是在知识的生产、传播过程中，随着科学知识的爆炸性增长，在社会层面所得出的相对应的结果；是伴随科学知识生产方式转变

① 吴国盛. 科学的历程[M]. 长沙: 湖南科学技术出版社, 2018: 403-408.
② 刘珺珺. 科学社会学[M]. 上海: 上海科技教育出版社, 2009: 91-96.
③ 本-戴维. 科学家在社会中的角色: 一项比较研究[M]. 刘晓, 译. 北京: 生活·读书·新知三联书店, 2020: 177-214.

而形成并发展壮大的一种必然趋势。建制化让科学成为群体性的事业，可以进行更大规模、更大投入的科学研究活动。科学家也开始享有应有的社会地位，并获得了社会的认可和尊重。

但是伴随着科学的建制化，科学家的角色开始变得复杂起来。他们既是社会中的"科学家"，又是社会中的普通"个体"；他们既要追求真理性知识，又要忙于生计，他们不得不把这两种角色结合于一身。在共同体内部也产生了社会分层、评价、奖励等一系列问题，这些都为科研失范和不端行为的滋生提供了现实土壤。

1.6.3　大科学与后学院科学

1962 年，美国学者普赖斯（D. Price）在其著作《小科学，大科学》[1]中，对"大科学"及与之相对应的"小科学"概念进行了全面阐释。[2]"小科学"，即以增长人类知识为主要目的、由个人或小团体从事的、小规模的自由研究，而"大科学"则是大规模社会建制化、技术一体化、系统化与整体化的科学。[3]从小科学到大科学的演变，实际上是科学知识生产方式的一种深刻改变。[4]大科学时代主要是在第二次世界大战后，此时科学的整体样貌出现了急剧变化，主要表现在以下几个方面。

（1）大科学是在高度的社会化大生产条件下产生并发展起来的，是一种较多人参与、投入规模巨大的社会活动，是一种集体行为。在大科学时代，投入规模巨大和参与人员数量众多已经成为科学研究的显著特征。例如，曼哈顿工程、阿波罗计划、人类基因组计划和超导超级对撞机等，都是在大科学背景下进行科学研究的典型案例。大科学体现了知识生产的高度社会化分工和合作，同时也体现出知识学习、传播和应用的高度社会化。[5]

---

① 普赖斯. 小科学，大科学[M]. 宋剑耕，戴振飞，译. 上海: 世界科学社, 1982: 80-100.

② 熊志军. 试论小科学与大科学的关系[J]. 科学学与科学技术管理, 2004(12): 5-8.

③ 上海市科学学研究所. 促进上海创新生态系统发展的研究[M]. 上海: 上海科学技术出版社, 2015: 3.

④ 李建明，曾华锋. "大科学工程"的语义结构分析[J]. 科学学研究, 2011, 29(11): 1607-1612.

⑤ 曾国屏，高亮华，刘立，等. 当代自然辩证法教程[M]. 北京: 清华大学出版社, 2005: 382-383.

（2）科学和技术的紧密结合是大科学的重要特征。在大科学的背景下，技术的发展需要依靠科学所能提供的理论基础作为指导；而科学研究则更加依赖现代技术所能提供的各种先进仪器设备等作为研究的方法和手段。这时，科学与技术之间的分界已经没有那么明显，大科学时代科学技术实现了一体化。

（3）科学研究的对象及课题来源在大科学时代都是"任务导向"[①]的。此时，无论是大学、科研机构还是企业、政府都会提出明确的科研任务，类似于企业的 KPI（即关键绩效指标，Key Performance Indicator），然后根据任务特点资助经费，并依据这个任务指标进行绩效考核。尤其是企业资助的科研项目，更加强调其成果的市场化应用。

（4）大科学时代，科学研究的组织由少数的政治决策者或者科学共同体的领导者这些权威人物"由上而下"地进行，类似于"计划经济"的模式，比如中国"863"和"973"计划项目等。[②]大科学带有很强的计划特征。这也是巨大的科研经费和大量的科学工作者参与所决定的，私人和规模较小的组织难以承受。

（5）大科学的研究有赖于科学共同体内部之间及其与外部组织乃至国家政府间的合作与交流。具体包括以下层面：一是科学家间的合作，二是科学共同体内大学或内部科研机构间的合作，三是科学共同体和政府间的合作，四是国家间的相互合作。以欧洲核子研究组织的大型强子对撞机为例，它由全世界的 85 个国家的科研机构中超过 8000 个物理学家齐心协力共同建设完成，用了 13 年时间，工程预算 80 亿美元。[③]

（6）从量化规模来看，大科学时代，科学产出呈指数型增长。研究发现，科学期刊的数量呈指数增长而非线性增长，大约每 15 年翻一番，相当于每 50 年为 10 倍，每 150 年为 1000 倍。从 17 世纪中叶到现在的 300 多年中增

---

① 曾国屏，高亮华，刘立，等. 当代自然辩证法教程[M]. 北京：清华大学出版社, 2005: 382-383.

② 蒲慕明. 大科学与小科学[J]. 世界科学, 2005(1): 4-6.

③ 曾国屏，高亮华，刘立，等. 当代自然辩证法教程[M]. 北京：清华大学出版社, 2005: 382-383.

长了 100 万倍。[①]科学规模的这种"指数增长"意味着：尽管早期的科学也是以一种累进方式发展，但是科学规模较小，科学发展速度缓慢，进入大科学时代，随着科学规模的增大，科学的增长速度迅速加快。

如果说"大科学"概念主要强调的是科学的研究规模和增长速度，那么"后学院科学"概念则是以科学的活动方式为核心，描述当代科学的样态特征。

"后学院科学"概念是英国科学家约翰·齐曼最早提出的。齐曼作为一名物理学家，非常熟悉科学研究活动内部的状况，于是在吸收和借鉴大科学观点的基础上，编写了著作《真科学：它是什么，它指什么》[②]，提出后学院科学的完整理论。后学院科学的主要特点如下。

（1）后学院科学相对于学院科学而言，其科学目的发生了变化。学院科学是以解谜和发现宇宙奥秘为目的，而后学院科学则是以大力发展和提升全社会的生产力和物质财富为目的。后学院科学虽然不排斥基础研究，但是更注重具体应用和解决具体的问题。

（2）后学院科学与产业界和政府之间建立了更为密切的联系，在后学院科学时代，纯科学、基础科学的地位较之以前下降了，科学研究极为依赖各种社会资源的高度支持，科研的设备仪器更昂贵、更精密、更大型；作为回报，科学研究也要在市场中通过实际的应用来证明科学的价值。科研成果所具备的应用价值变成衡量科学工作者成功与否的标准之一。

（3）后学院科学时代，科学失去了一些自主性。科学研究的任务被市场、被国家战略所左右。科学完全融入社会之中，几乎所有的科学研究都打上了市场应用的烙印乃至成为国家的发展目标，科学活动被纳入一个国家的科学政策中进行管理。至此，科研管理和科研过程开始逐渐程序化、规范化，甚至企业化。[③]这是因为科学研究的经费来源于政府或者企业，所以政治因素、市场因素等均能够对科研选题、科研进程以至研究成果应用产生巨大影响。

（4）与后学院科学的政策化、产业化相联系，后学院科学的组织方式

---

① 普赖斯. 巴比伦以来的科学[M]. 任元彪, 译. 石家庄: 河北科学技术出版社, 2002: 218-219.

② 齐曼. 真科学: 它是什么, 它指什么[M]. 曾国屏, 匡辉, 张成岗, 译. 上海: 上海科技教育出版社, 2002: 81-99.

③ 马来平. 齐曼的后学院科学论[J]. 自然辩证法通讯, 2014, 36(4): 12-17.

相应地表现出行政化、层级化、官僚化的趋势，与企业相类似的项目管理逐渐成为科研管理的主要方式。类似"质量控制"和"市场导向"等变得越来越重要。[①]

（5）相对于默顿提出的学院科学的行为规范，齐曼对后学院科学提出了"所有者的""局部的""权威的""定向的""专门的"五个规范。[②]和公有主义不同，其成果是不一定公开的所有者的知识；成果集中在一些局部的科学或者技术的问题上；科学工作者是在科层制管理的权威下工作；研究目标是被定向的，而不是出于个人兴趣和追求；科学工作者为解决问题而被专门聘用。

总之，"大科学"与"后学院科学"两种理论，均从当代科学研究的特征出发，对第二次世界大战以来科学研究的规模、组织特点、目标等进行了总结和概括。普赖斯"大科学"理论在前，用科学计量学的方法，主要关注的是科学的规模；齐曼"后学院科学"在后，是对普赖斯大科学观点的继承和发展。在科学规模等基础上，后学院科学考察了科学研究内部的发展变化，使得相关研究更加具体和完备。[③]但我们要看到的是，目前的科学状况是学院科学与后学院科学并存，那么二者关系如何？其结构如何才是合理的？学院科学的生存空间受到挤压会对科学发展产生什么样的影响？这些问题，还需要科学哲学、科学社会学等学科的进一步研究来解决。[④]

1.6.4　科学学派——独特而高效的组织形态

科学学派是一种更集中、更紧密的科学组织形式。学派原本是个十分宽泛的术语，它可以表示为适应社会需求而系统培养和训练学生能力的

---

① 李光. 科学研究规范问题研究[D/OL]. 广州：华南理工大学，2019：11 [2022-08-31]. https://kns.cnki.net/kcms/detail/detail.aspx?dbcode=CMFD&dbname=CMFD202001&filename=1019621027.nh&uniplatform=NZKPT&v=iFbfouJjff2PG4-MxlG5m7ZoEfkLuf4JMiGT2E0G59gs L0B4HMOf2ujt1thbdy7J.

② 马来平. 齐曼的后学院科学论[J]. 自然辩证法通讯，2014，36(4)：12-17.

③ 李光. 科学研究规范问题研究[D/OL]. 广州：华南理工大学，2019：11 [2022-08-31]. https://kns.cnki.net/kcms/detail/detail.aspx?dbcode=CMFD&dbname=CMFD202001&filename=1019621027.nh&uniplatform=NZKPT&v=iFbfouJjff2PG4-MxlG5m7ZoEfkLuf4JMiGT2E0G59gsL0B4HMOf2ujt1thbdy7J.

④ 马来平. 齐曼的后学院科学论[J]. 自然辩证法通讯，2014，36(4)：12-17.

教育机构，也可以表示哲学、科学、艺术和文学中存在的特定流派和学术方向。科学学派则是一种结构更为紧凑、功能更为精细的组织。19 世纪以后，大学里普遍开展科学研究，并建立起现代形式的实验室，在实验室或类似的科研机构里，某一具有高度技能的成熟的科学家，与同一机构里的优秀学生组成研究小组，在同一学科方向上就同一项计划展开研究，并在这一知识领域获得重要成果，赢得社会声望和共同体的承认。这种创造性的合作研究小组就是科学学派，也称为科学研究学派。①19 世纪 20 年代建立在吉森大学的李比希学派就是一个典型例子。

进入 20 世纪后，科学学派更加普遍，出现了卢瑟福学派、玻尔学派、费米学派、玻恩学派和福斯特学派等著名学派林立的局面，科学学派已成为科学研究活动中占支配地位的具体组织形式。

科学史和社会学的研究发现，尽管科学学派的组织方式受时代、地域、学科特点乃至实验室设施的制约，形式上表现出具体而微的多样性，然而通过归纳依然能够发现，成功的科学学派一般具有以下特征：科学学派通常有一位深孚众望的领导，他既有独创性的研究才能，还拥有对该组织中的成员陟罚臧否的职权，有能力在其下属中策励精诚团结的集体精神和协作意识，能依靠自己在本地区的权位和名望，争取到足够的财政支持和制度化的赞助；学派还要有一个研究基地，这个基地通常是实验室或者类似的研究机构；学派应有潜在的人才来源，在某些成员离开后有畅通的后备人才补充渠道；学派应有一个集中有效的研究纲领和独特的研究方法；有出版门路或有自己的出版物，使学派成员早出成果。

长期的科学实践证明，科学学派是科学探索过程中科学家实现创造性联合的一种有效形式。科学学派的学术领袖一般都处于科学研究的最前沿，学派成员则是在这种良好智力微观环境中锻造出来的品质优异的后起之秀，其研究选题同样立足于科学的前沿。从获得科学研究最高奖项——诺贝尔奖的情况，就可以看出科学学派的科研效率与教育功能。卢瑟福学派中有 11 人获得诺贝尔奖，玻尔学派中有 7 人获奖，J·汤姆逊学派 6 人获奖，费米学派也是 6 人获奖。这展现出科学学派强大的科研效率与人才培

---

① 王蒲生. 独具特色的地质学研究学派: 德拉贝奇学派[J]. 科学学研究, 1996(1): 22-27.

养功能。

1.7 科学研究的地域特征——科学中心转移

在空间分布上，近现代科学研究具有重要的国家和地域特征。科学水平在区域间发展并不平衡，呈现高低不齐的状态。一般首先在某一国兴隆，然后在国家间"你方唱罢我登场"，此起彼伏，各领风骚若干年，科学史界称之为"世界科学中心转移"，并将一个国家的科学成果超过世界总数 25%作为标准，总结出世界科学中心转移的路径：意大利（1540—1610 年）—英国（1660—1730 年）—法国（1770—1830 年）—德国（1810—1920 年）—美国（1920 年至今）[①]。不同的世界科学中心，其领军人物、学科领域、突破性理论技术和代表性科研院所均有所不同。

1.7.1 意大利（1540—1610 年）

这个时期意大利在运动学、天文学、医学和数学等各个科学领域取得了世界领先地位，出现了天文学家哥白尼、布鲁诺、开普勒，物理学家伽利略，以及在意大利供职的英国医生威廉、哈维等一批领军人物[②]，诞生了日心说、钟摆理论等突破性理论和技术。帕多瓦大学等诸多大学成为当时的科研中心。意大利由此成为近代世界科学中心。意大利成为世界科学中心的影响因素主要有以下几个方面。

（1）经济因素。14 世纪，意大利利用在地中海的优越位置，成为欧洲最大的贸易中心。威尼斯、佛罗伦萨等许多城市中资本主义生产方式已经萌芽。生产方式的变革及技术的不断进步，进一步推动了科学研究的发展，在天文学、生物学、力学等许多学科领域提出了待解的难题，同时，

---

① 王战军, 蔺跟荣. 世界一流大学高地形成的时空逻辑与经验启示[J]. 大学教育科学, 2022(1): 4-11.

② 王春, 杨芒. 创新人文环境是科技事业腾飞的引擎——"汤浅现象"的人文思考[J]. 华中农业大学学报(社会科学版), 2006(4): 99-103.

也出现了大量以观察为基础的研究方法和手段，为观察、推理和实验相结合的自然科学研究方法打下了基础。哥白尼的日心说、伽利略的力学都是开创性的。16 世纪地理大发现后，欧洲的经济中心、贸易中心就从意大利所在的地中海地区转移到了大西洋沿岸，从此，意大利不再是贸易中心，加之政治的分裂及天主教会的压制等因素，意大利的世界科学中心地位不再。

（2）教育因素。意大利正规的大学有帕多瓦大学、那不勒斯大学、罗马大学、比萨大学、佛罗伦萨大学、帕维亚大学及帕尔马大学等。此类大学要求有最少六到八名固定的教授和多个学科，比如数学、法律、文学、医学等，同时必须有教皇和皇帝的许可。意大利大学的产生可以说某种程度上是出于经济的需要。比如帕多瓦大学适应贸易中心的需要，吸引了著名的民法学家。

（3）文学、艺术、哲学等社会文化因素。意大利是文艺复兴的发源地。这场思想启蒙运动，打破了欧洲中世纪以来经院哲学的传统，强调思想自由、个性解放，坚持人权、人性，为将科学从"神学的奴婢"这样的地位中解放出来奠定了社会和文化基础。当时的意大利，文学家有但丁、薄伽丘等，艺术家有米开朗基罗、拉斐尔、达·芬奇等。针对科学研究，则提出要面向现实、面向自然，并且开始提倡有利于个性和创新的人文主义精神。[①]这些大的背景都成为科学发展的重要条件和基础。

1.7.2　英国（1660—1730 年）

从 17 世纪开始，英国的物理学、天文学、近代化学、地质学及生物学等，都处于世界领先地位。其成就包括：创立经典力学，提出万有引力；发明了火车；改良了纺纱机、蒸汽机。英国在此期间总共出现了 60 多位杰出的科学家，包括物理学家牛顿、天文学家哈雷、化学家波义耳、数学家麦克劳林等。英国皇家学会、牛津大学、剑桥大学成为当时世界的学术科研中心。英国成为世界科学中心的影响因素主要有以下几个方面。

（1）经济因素。地理大发现后，葡萄牙和西班牙一度进入了极盛时

---

① 王春，杨芒. 创新人文环境是科技事业腾飞的引擎——"汤浅现象"的人文思考[J]. 华中农业大学学报(社会科学版), 2006(4): 99-103.

代。这两个国家后来被荷兰和英国所排挤。英国击败西班牙无敌舰队后，建立了海上霸权，对外贸易和殖民迅速扩大，这为英国经济的高速发展提供了重要条件，同时也促进了造船、钢铁、纺织、煤炭等行业的迅猛发展。圈地运动后，英国拥有了充足的劳动力，面对广大的世界市场，对科学发展提出了迫切的要求。工业革命在此背景下兴起。其最初兴起于纺织工业，主要标志为珍妮纺纱机和由瓦特改良的蒸汽机在工业生产中的大规模使用，生产效率由此大幅提高，比如珍妮纺纱机就将英国纺织业的生产效率提升了 40 倍。更多的机器出现并应用在采煤、冶金等领域。英国从这一时期开始成为"世界工厂"，其工业产值成为全世界第一。

（2）教育因素。英国资产阶级掌权后，采取了一系列对国家工业和商业的发展有利的教育政策，包括：资助科学事业；向各国派遣各类留学生；招聘外国优秀的学者来英国教书；吸引优秀技术工程人员来英国工作；注重科学事业，积极创办各类学院；等等。尤其是 1660 年英国皇家学会的成立，对全世界科学的发展起了重大推动作用，牛顿、哈雷等众多的科学家都是该学会成员。此时科学尚未完全职业化，该学会是一个经费自筹的民间科学团体，经费和规模有限，类似一个人员较为松散的俱乐部，但它的成立却是开创性的。

（3）文学、艺术、哲学等社会文化因素。当时的英国，发生了资产阶级革命，实行了君主立宪制度，夺得了海上霸权。加尔文的宗教改革，让清教伦理成为当时社会的伦理价值核心，这为当时的科学家进行科学研究提供了较为宽松的、与科学家相契合的精神气质；学者培根提出的经验主义思想，其名言"知识就是力量"成为科学界最为代表性的口号，为科学研究提供了方法论和良好氛围，加上牛顿力学的成功，都彻底让科学站上了社会的主舞台，从婢女开始变成主角。

1.7.3　法国（1770—1830 年）

此时期的法国以法兰西科学院为代表，出现了化学家拉瓦锡、柏托雷、普鲁斯特，物理学家盖·吕萨克、卡诺、库仑，数学家拉格朗日、拉普拉斯，生物学家拉马克等一批科学领军人物，在化学、电学、比较解剖学等方面出现了诸多突破性理论技术，成为当时的世界科学中心。法国成为世界科学中心的影响因素主要有以下几个方面。

（1）经济因素。这一时期，工业革命从英国传到法国。法国的主要工业，比如纺织业，开始大量使用机器生产。到 1848 年，法国使用的蒸汽机数量已经达到了 5000 台。法国到处是工厂，社会化大生产全面铺开。到 19 世纪 60 年代，法国使用的蒸汽机数量达到 29 000 台，法国工业总产值也超过 120 亿法郎。法国从 1832 年第一条铁路建成开始，交通运输业发展迅速，到 19 世纪 70 年代，法国建设的铁路已经接近 1.8 万公里。至此，法国的工业革命基本完成。

（2）教育因素。法国看到了英国在科学家机构建设上的问题，吸取其在科学发展过程中的教训，由国家出资组建法兰西科学院。科学的职业化更进了一步，具有巨大的组织优势，这使得科学在法国加速发展。但是，随之而来的是官僚主义问题，即科研机构受到政治的影响和其他权力的控制，科学研究缺少自由度。官僚作风容易使科研组织的运行僵化，缺乏竞争。法国的教育体系以数学和理工科、医科等专科学校为主，典型代表有高等师范学校、综合技术学校及医疗卫生学校等。但是，法国教育制度过分强调大学的教学功能，将科学研究同教学职能相分离，使得科研在大学里被忽视了，这很大程度上限制了法国科学的发展。

（3）文学、艺术、哲学等社会文化因素。法国卢梭、孟德斯鸠等人掀起的思想启蒙运动，高举天赋人权、自由平等大旗，提倡理性、批判神权、大力推崇民主和科学、坚持科学实验的实证经验主义。在随后的法国大革命中，皇帝、贵族、教会所享有的特权都受到了严重的冲击，由此开始，天赋人权、自由平等等民主思想逐渐成为主导思想。

1.7.4　德国（1810—1920 年）

此时期的德国涌现出物理学家爱因斯坦、普朗克、伦琴、赫尔姆霍茨，化学家维勒、李比希，地质学家魏格纳，数学家高斯、希尔伯特等一大批科学巨匠和领军人物，在几乎所有学术领域都取得了重大突破，引领了第二次工业革命。其中，量子力学定律、相对论、有机化学理论、能量守恒定律、大陆漂移说等都是具有突破性的理论。德国的科研主要集中在马普学会、海德堡大学、慕尼黑大学、柏林大学等机构或大学。德国成为世界科学中心的影响因素主要有以下几个方面。

（1）经济因素。在 18 世纪的时候，德国还只是一个地理概念，境内多个公国割据分立，经济上远落后于英国和法国。法国大革命及随后的拿破仑入侵使德国受到强烈的冲击，自此着手发展工业和致力于统一。1834年德国各个联邦成立了关税同盟，并开始工业革命。德国在钢铁生产技术和有机化学等方面实现了突破，钢铁、化工、机械等行业迅猛发展，成为产业的突破口。1870 年，德国的工业总产值就已经超过法国。普法战争后德国统一，工业加速发展，到 1913 年工业总产值又一举超越英国。德国的工业人口远超过农业人口，德国也成为世界科学活动的中心。①

（2）教育因素。德国的教育制度非常有特色，德国的新型大学，核心是将教学与科研紧密结合，把科研活动当作教师考核及职务晋升的评价标准，克服了法国大学教学和科研相分离的弊端，在大学中强调科学研究的意义和重要价值，这样大学就真正变成科学创新的场所。同时，德国采用研讨班等形式，首创学期制度，学生、教授相互之间的互动和自由度都大大增加。这也极大强化了师生共同认可与遵守的价值规范和实验守则。尤为重要的是，德国建立了集教学与科研于一体的现代的大学实验室，并催生了自然科学教席制度的诞生。教席制度下，教授、助手、学生组成了类似于当代的研究所。大学成为以实验研究为主的大学。此时，科学建制化、职业化真正得以完成，科学家真正拥有了自己的社会建制。

（3）文学、艺术、哲学等社会文化因素。康德的理性批判主义是当时德国文化的重要基础，强调对取得的成果进行批判性的考察，这和黑格尔、费尔巴哈等德国古典哲学家一起，共同对科学的生产和传播产生巨大的影响。但是，希特勒掌权后，主张集权，破坏大学自治，直接控制大学，迫害犹太籍的教授和大学生，使德国的科学和人才的基础都严重流失。世界科学中心便转移到了美国。

---

① 谈新敏. 世界科学活动中心转移的经济和政治条件探析[J]. 河南教育学院学报(哲学社会科学版), 1999(4): 83-86.

1.7.5　美国（1920 年至今）

20 世纪初以来，美国在几乎所有学科领域都占据领先地位，尤其是在计算机信息技术、人工智能、高分子材料、生物遗传、航天技术、核物理等领域。主要研究机构有哈佛大学、哥伦比亚大学、斯坦福大学、加州理工学院、麻省理工学院、普林斯顿大学、康奈尔大学、贝尔实验室等。1920年起，美国在基础科学及应用科学的大部分学科领域都始终保持着世界第一的位置。随着"大科学"概念的不断深化和新技术革命的蓬勃兴起，虽然至今已有 100 多年，但是美国世界科学中心地位的保持仍是优势明显。

（1）经济因素。南北战争之前，美国在经济上比欧洲传统强国落后。后来，美国利用后发优势，直接吸收了工业革命的科学创新和技术成果，并充分发挥了其强大的资源禀赋优势，经济后来居上。到 1880 年，美国经济总量成为世界第二。到 1894 年，美国工业产值超过德国，一跃成为世界第一工业大国。到 1900 年，美国人均收入开始超过欧洲，1913 年，美国黄金储量占全球储量的 70%。从福特汽车的生产线开始，美国是最早实现规模化生产和科学管理的国家。到第二次世界大战前的 1938 年，美国工业产值占全球的 36%，到 1948 年，这一比重达到了 53.4%。2000 年，美国的 GDP 已经超过了 10 万亿美元，占全球 GDP 总量的 30.5%；到 2019 年，美国的 GDP 超过 21 万亿美元，占全球 GDP 总量的 24.4%。直到今天，美国经济总量一直稳居世界首位。

（2）教育因素。对比德国大学的教席制度，美国大学以系为主导，在新的学科建设、研究团队组建、职位获得、课题人员流动等方面具有灵活性和自由度。美国大学教授在研究资格上拥有更灵活的权利，具有资格后就可以对自己感兴趣的方向进行科学研究。最为重要的是，美国大学创建了研究生院制度，美国的研究生院是以科研精神与科研能力为导向，来进行所有的科学活动的安排和课程的设置。另外，美国大学尤其是名牌大学有着较为广泛而且充足的资金来源（如政府资助和私人捐赠等），这些使得美国的大学成为最重要的科学生产组织。美国拥有世界上最多的大学。从移民美国的清教徒建立哈佛大学——美国第一所大学开始，截至 2018年，根据美国国家教育统计中心的数据，美国有 4298 所授予学位的高等教育机构。美国保持世界经济和科学的领先地位归功于美国高达 70% 的高等教育入学率。美国高校不仅数量众多，质量也是世界领先（如表 1.1 所示）。在世界大学的排名中，前 500 所大学中美国就有 168 所，前 20 所中美国占 17 所。

表 1.1　获得诺贝尔自然科学奖最多的 20 家科研机构（1901—1999 年）

机构名称	获奖人次	机构名称	获奖人次
美国哈佛大学	24	美国康奈尔大学	8
德国马普学会	17	美国洛克菲勒大学	8
美国哥伦比亚大学	15	美国加州大学（不含伯克利分校）	7
美国斯坦福大学	14	德国海德堡大学	7
英国剑桥大学	13	美国贝尔实验室	7
美国加州理工学院	11	美国普林斯顿大学	7
英国伦敦大学	10	法国路易巴斯德大学	7
美国麻省理工学院	9	美国芝加哥大学	7
美国加州大学伯克利分校	8	德国慕尼黑大学	6
英国牛津大学	8	德国柏林大学	6

注：按照获奖者获奖时所在的机构统计。

（3）文学、艺术、哲学等社会文化因素。作为移民国家，美国的文化富有包容性、开放性和学习性。美国的大学最初是从学习德国的科学建制开始的。后来，在移民文化的影响下，美国多元性、竞争性、国际性的文化特征在大学也形成了巨大的竞争态势及实用主义的思想观念。美国崇尚冒险精神，风险投资盛行，鼓励企业、资本、人才和科学的有效结合与利用。在大科学时代及"企业—科学"共同体逐渐形成的大背景下，该文化显得更加具有竞争力和活力。

世界科学中心的兴起与转移，是对历史现象的经验概括，目前仍存有诸多争议。第一，科学中心未必是单极，可能几个水平相当的中心并存，如19 世纪的法国、英国和德国；一个科学中心突起，并不意味着原来科学中心衰落，而是相对下滑为副中心，如 20 世纪美国与德、英两国的关系，可以表述为主中心和副中心；上述国家以下还有其他较强的国家，形成一个梯度。第二，每个国家的科学兴隆期平均为 80 年的所谓"规律"，被美国科学长达百年的事实所打破。第三，科学中心转移与"社会条件"转移相关联，即科学兴隆蕴含于经济社会文化整体繁荣之中，表现为经济、文化、科学共同繁荣的集聚效应，有些科学家也是横跨自然科学与人文社会科学多个领域。

第二次世界大战后，伴随着科学发展特点的变化，"小科学"转变为"大科学"，跨国公司、科研机构及政府部门等成立的耗资以亿计的重点实验室等新型创新组织成为创新主角。经济发展的速度也显示出极不平衡的状态。随着经济格局的变化，日本、以色列、中国及欧洲等国家和地区也在不断进行科学研究体制的创新并不断加大投入，并在某些局部领域取得了重大发展，科学的空间格局发生了一些变化，有着多极化发展的趋势。在目前美国仍占据着世界科学中心地位的情况下，未来极有可能出现多个科学副中心。

1.8　本　章　小　结

科学的本质很难从一种维度去理解，而是综合了以下多种特征。①科学是一个完整系统的理论知识体系。②科学是一种以逻辑和实证为特质的方法论。③科学是一种社会活动，以及适应这种活动所形成的社会建制，有自己独有的精神气质和行为规范。④科学基于其方法的可靠性和结论的正当性，成为人类社会正确观念的主要来源，具有毋庸置疑的精神价值，可以视为一种社会亚文化。⑤尽管科学方法和科学理论具有跨区域的特点，然而科学事业的进步却有显著的地域性，表现为科学中心的不断转移，且随着科学与国家竞争力和战略目标的关系日益紧密，科学的地域特点日趋明显。

1.9　推荐扩展阅读

贝尔纳. 科学的社会功能[M]. 陈体芳, 译. 北京: 商务印书馆, 1982.

本-戴维. 科学家在社会中的角色:一项比较研究[M]. 刘晓, 译. 北京: 生活·读书·新知三联书店, 2020.

丹皮尔. 科学史[M]. 李珩, 译. 北京: 中国人民大学出版社, 2010.

普赖斯. 小科学, 大科学[M]. 宋剑耕, 戴振飞, 译. 上海: 世界科学社, 1982.

齐曼. 真科学: 它是什么, 它指什么[M]. 曾国屏, 匡辉, 张成岗, 译. 上海: 上海科技教育出版社, 2002.

第 2 章

科研诚信与不端行为

本篇的首章已系统性地介绍了科学的本质、科研方法与科学精神，本章将明晰科研诚信与科研不端行为的含义，为科研不端行为治理划定边界，并探讨科研不端行为的起因、危害与治理模式。

2.1 科研诚信与不端行为的含义

2.1.1 科研诚信的定义

科研诚信，也有学者译为科学诚信、学术诚信。诚信的英文表述为integrity，其含义包括诚实、正直、完整无损和恪守道德准则，而不仅仅是汉语表述所指的诚实守信。在科学活动中使用科研诚信这一概念时应从广义来理解，即科研诚信涵盖了所有科研活动中的正当行为，因此可以理解为科研规范的同义词或近义词，是科学精神的外在体现，也是科研规范的核心内容。

国际学术诚信中心将科研诚信定义为，即使在逆境中仍然坚持诚实、信任、公平、尊重、责任和勇气等六项基本价值观[①]；美国科研诚信办公室将

---

① ICAI. Fundamental values of academic integrity[EB/OL]. (2021) [2022-06-18]. https://academicintegrity.org/resources/fundamental-values.

科研诚信定义为诚实、准确、效率和客观等四项重要价值观[①]；英国大学联盟将科研诚信定义为诚实、严格遵守规范、公开和尊重等四项核心要素[②]，中国科学技术部等发布的《关于加强我国科研诚信建设的意见》将科研诚信定义为"科技人员在科技活动中弘扬以追求真理、实事求是、崇尚创新、开放协作为核心的科学精神，遵守相关法律法规，恪守科学道德准则，遵循科学共同体公认的行为规范"[③]。

"诚信"一直是人类普遍适用的基本道德准则，任何职业和任何个人皆应遵守。科学研究以客观性为目标，要求科研人员精确、无偏见地描述整个世界。具体而言，科研人员在科学研究的每个阶段，从研究基金的申请，数据资料的收集、记录，到对数据、资料进行处理、解释，再到学术成果的发表、传播等，都应以诚信为本。可以说，科研诚信是科学事业得以赓续不绝的核心规范。

2.1.2　科研不端行为的界定

科研不端行为系由英语 research misconduct 翻译而来，也有学者将其译为科研越轨行为、科研失信行为、学术失范现象、学术不端现象等，还有人习惯使用科研欺骗，学术造假等表述，不一而足。

学术界对科研不端行为的定义的外延尚未达成一致。有的定义较为狭窄，仅将科研不端行为限定于科学研究活动本身，例如美国白宫科技政策办公室在《关于科研不端行为的联邦政策》中将科研不端行为定义为科研人员在立项、实施、评审或报告等环节的伪造、篡改或抄袭行为。[④]

在中国有关科研诚信的语境中，通常采用更为宽泛的定义，将违反科研规范和科研诚信的所有行为均视为科研不端行为。例如中国《国家自然

---

① ORI. ORI introduction to the responsible conduct of research[EB/OL]. (2006-09)　[2022-06-18]. https://ori.hhs.gov/education/products/RCRintro/Parts/p1.html.

② UUK. The concordat to support research integrity [EB/OL]. (2022-05-05) [2022-06-18]. https://www.universitiesuk.ac.uk/topics/research-and-innovation/concordat-support-research-integrity.

③ 科学技术部,教育部,财政部,等. 关于加强我国科研诚信建设的意见[EB/OL]. (2009-08-26) [2022-06-18]. https://sme.bit.edu.cn/UserFiles/File/Chengxin01.pdf.

④ Department of Health and Human Services. Federal Register [EB/OL]. (2005-05-17) [2022-06-18]. https://www.govinfo.gov/content/pkg/FR-2005-05-17/pdf/FR-2005-05-17.pdf.

科学基金项目科研不端行为调查处理办法》将科研不端行为定义为"发生在项目申请、评审、实施、结题和成果发表与应用等活动中，偏离科学共同体行为规范，违背科研诚信和科研伦理行为准则的行为"，包括通过贿赂或者利益交换等不正当方式获取科学基金项目、违反科研伦理规范等。[①]中国《国家科技计划实施中科研不端行为处理办法（试行）》将科研不端行为定义为"违反科学共同体公认的科研行为准则的行为"，包括违反实验动物保护规范等。[②]

科研行为不是非黑即白，负责任的科研行为与科研不端行为之间存有灰色地带，即可质疑的科研行为。可质疑的科研行为指的是研究结果可信度低、可重复性弱的研究行为[③]，在严重程度最弱的情形下亦可称之为"瑕疵"。可质疑的科研行为不构成科研不端行为，但也不符合科研诚信原则。引用不准确、选择性报告有效的研究结果、未与希望验证研究结果的同行分享研究数据或相关信息等均属于可质疑的科研行为的范畴。

2.2　科研不端行为的起因、危害与治理

2.2.1　科研不端行为的起因

社会学家通常将背离社会规范的不端行为，归结为社会化和社会控制的失败。根据这种理论，科研不端行为的成因有二：一方面，科学求新求真的价值规范内化不充分，与科研规范存在竞争的其他社会规范占据上风；另一方面，社会系统内部原为震慑惩治不端行为的控制措施未能起到

---

① 国家自然科学基金委员会. 国家自然科学基金项目科研不端行为调查处理办法 [EB/OL]. (2020-11-03) [2022-06-18]. https://www.nsfc.gov.cn//publish/portal0/tab475/info79520. htm.

② 科学技术部. 国家科技计划实施中科研不端行为处理办法(试行) [EB/OL]. (2006-11-07) [2022-06-18]. http://www.most.gov.cn/xxgk/xinxifenlei/zc/gz/202112/P020211210411 525326707.pdf.

③ JOHN L K , LOEWENSTEIN G , PRELEC D . Measuring the prevalence of questionable research practices with incentives for truth telling[J]. Psychological Science, 2012, 23(5): 524.

预期效果，并进一步削弱了社会规范的威信。

以默顿为代表的科学社会学家对科研不端行为提出一种新的解释思路。他们认为，科研不端并非由于规范贯彻不力，反而源自科学家对规范的过度崇奉。该理论将不端行为看作同位阶的价值要素之间，以及价值目标同实现目标的合法手段之间固有矛盾激化的结果。"对原创性的奖赏既加强了拓展科学知识前沿的动机，又包含着致病因素。"[①]当多数科学家难以通过合法手段满足科学体制对创新性和产量的要求时，便可能孤注一掷，不惜悖逆规范，以身试法。

然而愈演愈烈的学术丑闻迫使相关理论研究风格转向。新加入科研诚信研究领域的管理学、经济学、心理学和政治学研究者带来了全新的视角和研究方法。新研究以更为可靠的分析工具表明，科研管理政策和科学家的工作压力、价值取向、同行作为、科研政策、外部社会环境等因素均可能成为不端行为的诱发因素。

利益驱动与虚荣作祟通常被认为是科研失范的首要原因。科研成果的发表代表着"承认"，这个是科学共同体的"硬通货"。当前国内外职称评聘、学位授予、奖项评定、项目评价等，均以学术论文为主要依据。然而，受制于成果发布平台的规模，一定时期内期刊的论文发表总量是有限的，这和科学共同体内快速增长的科研人员数量和由此带来的发表论文的需求量（考核指标的刚需）产生了矛盾，导致供求失衡。为了提职称、评博导、拿项目，有些研究人员做出越线之举。比如为短时间内提高论文数量，产出了一大堆可写可不写的"注水"文章、造假论文。因此，若科研活动中掺杂过多的功利心与虚荣心，就会扭曲论文发表的原本功能，助长不端行为的滋生。

需要指出的是，学术界的压力并不能为不端行为免责。在当今这个高度竞争的社会，哪行哪业没有压力？商人有市场竞争的压力，产业工人有就业压力，学生有升学压力。不能说因为有压力，商人就可以制造假冒伪劣产品，学生就可以考试作弊。既然社会各界都有竞争、都有压力，学术界有竞争、有压力也属正常，对学者来说，压力永远不会消除。因此从管理部门讲，

---

① SZTOMPKA P. Robert K. Merton: An intellectual profile[M]. New York: Saint Martin's Press, 1986: 58.

应尽可能为学者纾解压力，营造一个相对宽松的微观环境，就研究者个人来讲，则要正确面对压力，守住科研诚信的底线。①

科研不端产生的第二个原因是科学的职业化和商业化。19 世纪以前科学研究的主体是僧侣、官员和富绅等业余人士，科研的主要动力是兴趣，而与利益几无关联，因而很少出现自欺欺人的造假行为。后来随着工业化的深入和科技成果的广泛应用，产业界及军事研究中大量雇用科学家，科学研究逐渐演变成为一种职业，一种有大量人群参与、得到社会广泛资助、高度组织化的社会活动，一种可以获得荣耀、权位并能养家活口的职业。一旦科研成为养家活口的手段，自然地，为了获取更多的生活资料，就会产生罔顾科研诚信而不择手段向学术界高层攀爬的贪念和冲动。

进入 20 世纪，科研领域显著拓宽，科研与商业的关联日益紧密。当代科学研究已成为一个可以产生巨大利润的源泉，许多商业性公司加强了企业与学术研究之间的合作。在 1999 年财政年度，美国大学跟企业达成的授权协议有近 4000 项，2000 年则有近 4300 项；而由此成立的公司从 2000 年之前平均每年约 110 家，一下子增长到 2000 年的一年 450 家。②身处其中的科学家就成为各种利益争夺的对象，不免陷入利益冲突纠缠之中，学院科学家的身份已经悄然发生了变化。他们一只脚站在大学校园里，另一只脚站在企业里；一部分时间在校园里扮演科学家、教师的角色，另一部分时间在公司里充当着企业家、CEO 或咨询专家的身份。这些双栖科学家在从事科学活动时，难免会顾及公司的利润和前景。③科研活动中的利益诱惑，使科学共同体内部的科学家违背诚信原则的不道德行为层出不穷。

管理制度和政策不完善，是科研不端行为产生的第三个原因。一是科学界内部系统的运行存在局限和不足。如同行评议制度，研究论文的评定需要依赖评议者的认真程度和学术水平，同时也依赖于评议者的人品，是

---

① 王蒲生. 完善科学评价机制 谨防科学越轨行为[N]. 科技日报, 2000-12-08(3).

② HENDERSON J A, SMITH J J. Academia, industry, and the Bayh-Dole Act: An implied duty to commercialize[R]. White Paper. Center for the Integration of Medicine and Innovative Technology: Harvard University, 2002: 6.

③ 文剑英，王蒲生. 科技与社会互动视域下的利益冲突[M]. 北京：知识产权出版社, 2013: 100.

否滥用职权、是否照顾关系户等因素。二是有些研究机构，为了本机构的评级、入榜、提高声誉，而向机构内科研者提出过高要求。如强行要求或变相鼓励员工申报课题、发表论文。三是科研诚信政策不完善，使得违规、违法成本过低，惩戒处罚不力等，不端行为被发现后，不能够得到及时、公正的处理，客观上纵容了科研不端行为。

科研不端行为产生的第四个原因，是互联网技术为科研不端提供了技术便利。频频发生的不端行为案例显示，科学作伪的动机更为复杂，手段也更加肆无忌惮。论文作坊就是借助互联网作伪的新方式。它通过社交媒体发布交易广告，或将广告植入发布学习信息的官方页面，更有甚者假冒期刊网站发布广告，业务扩展迅速且隐蔽性极高，危害极大，具体内容将在本书第 7 章"论文作坊的特点与甄别方法"中讨论。

2.2.2　科研不端行为的危害

科研不端行为具有很大的危害性，且科研不端威胁社会的间接成本可能远远大于直接成本。[①]

首先，科研不端行为会消解科学家之间的相互信任，导致科学共同体的功能失调。科学探索是一个连续进化的事业，每个研究者的研究都以前人研究的真实可靠性为前提；如果前端做假就会妨害后续研究，进而消解科学家之间的相互信任，导致科学共同体的功能失调。另外，就局部而言，科研合作是当今科研的趋势，某个人的不当行为，可使合作者身败名裂，令科研团队或机构声誉受损。

其次，生物医学和工程技术等领域内的不端行为，可能造成直接的社会危害。技术与社会、经济的关系日益紧密。坏的工程、技术会危害社会与自然，遗患无穷。如保罗·马基亚里尼（Paolo Macchiarini）在关于支气管重建手术的研究中，故意隐瞒患者的严重并发症且未获得合法的手术伦理许可，接受手术的患者中唯一幸存者在术后半年移除了植入气管，其他

---

① STERN A M，ARTURO C，GRANT S R，et al. Financial costs and personal consequences of research misconduct resulting in retracted publications[J]. Elife, 2014: 3.

患者均在术后三年内先后死亡。[①]

再次，纠正科研不端行为的成本极大。调查和处理造假论文的过程需要消耗大量的人力、物力和财力。据估算，美国国家卫生研究院为每一篇被撤销的论文耗费近 40 万美元，1992—2012 年总计 5800 万美元。[②]撤稿具有时滞性，论文发表与撤稿声明发布之间多存在较长的时间间隔。[③]且研究发现，论文被引频次越高，撤销时滞越长，净化时间成本越高。[④]

最后，科研不端行为会丑化科学在公众中的形象，削弱公众对科学的信赖和支持。科学已成为公共事业，如果学术研究充斥着欺骗，就会失去公众、政府和企业的信赖和资助，也难以吸引最有才华的年轻人选择学术研究。国际上最臭名昭著的案例有美国的"萨默林捏造数据案""巴尔的摩篡改数据事件""冷核聚变自欺事件""费里格虚假同行评议案""尼诺夫实验作假案""皮尔洛心脏干细胞论文造假案"，日本的"小保方晴子 STAP 细胞论文造假案"，韩国的"黄禹锡干细胞图片伪造案"等，这些案例皆被各大媒体竞相报道，令社会各界不仅仅是对搞研究这一行为，更是对研究人员这一群体大失所望。

2.2.3　科研不端行为的治理——从自治到内外兼治

国际学术界对不端行为的治理路径，由最初的科学共同体自治，逐渐发展为由共同体内部治理和政府、社会等外部监督共同发挥作用。

科研不端行为的治理，最初依靠的是科学体制的自我纠偏能力。默顿学派提出的"失范理论"认为，当代科学研究具有可再现性、可重复性的认知规范，这极大地强化了科学的社会控制；而科学界愈加激烈的竞争，

① CYRANOSKI D. Artificial-windpipe surgeon committed misconduct[J]. Nature, 2015,521: 406-407.

② STERN A M, CASADEVALL A, STEEN R G, et al. Financial costs and personal consequences of research misconduct resulting in retracted publications[J]. Elife, 2014(3): e02956. doi:10.7554/eLife.02956.

③ MARCUS A , ORANSKY I . Science publishing: The paper is not sacred[J]. Nature, 2011, 480(7378): 449-450.

④ 付中静. 国际期刊撤销论文引证特征及其自身净化效果分析[J]. 中国科技期刊研究, 2016, 27(4): 346-351.

也强化了同行监督；并且由于"袪利性"规范的作用，科研事业的成功取决于科学家的知识贡献和同行承认，科研不端这种越轨行为远不及其他社会系统的规模和程度。基于此，以美国科学研究发展局前主任范内瓦·布什（Vannevar Bush）为代表，包括政府、社会及科学共同体内部的许多人都认为，科学进步的永无止境源于"自由学者不受约束的活动"，并建议政府应不遗余力地支持与保障科学研究的绝对自由。①

至 20 世纪 70 年代，学术界的一般政策或律令，都未包括对科研不端行为的界定与处理。尽管这时的科研不端行为事件日增，研究机构却没有建立起相关的制度。之所以对科学道德问题如此淡漠，是因为科学家和学术机构里的决策者们相信，科学能够自我监督、自我控制；制定相关政策和程序，特别是由政府部门制定政策和程序，殊无必要。在大多数有关科学道德的讨论中，流行着两个基本假定：一是关于科研不端行为发生的频率，尚无可靠数据；二是无论不端行为发生的频率有多高，相对于整个科学事业来说，仍属稀有事件。因此，少量不端行为的出现，不足以动摇科学家和决策者们固有的信念，即科学界内部有能力发现和处理不端行为。因出版《科学界的精英》而名噪一时的科学社会学家朱柯蔓（H. Zuckerman）也这样认为，科学界能够监督自己的行为，不断增强的竞争和商业化的压力并不能消解科学的自我净化功能，反而会加强科学的自我监督和自我控制。②

然而，默顿学派的乐观态度招致诸多批评。其中最有影响力者当属爱丁堡学派的马尔凯，他认为，默顿学派奉为圭臬的科学规范结构，不过是一张脱离政府和公众干预的"辩护词汇表"③，而不是真正支配科学家行为的伦理原则。科学的自主性被当成了规避社会责任的挡箭牌④，科学精英借此巩固其在科学王国中不受掣肘的特权。尤其是在现实情境中，科学家行为并不遵从默

---

① 布什，霍尔特. 科学: 无尽的前沿[M]. 崔传刚，译. 北京: 中信出版社，2021: 57.

② BRAXTON J M. Perspectives on scholarly misconduct in the sciences[M]. Columbus: Ohio State University Press, 1999: 75-95.

③ MULKAY M. Norms and ideology in science[J]. Social Science Information, 1976(15): 653-654.

④ RAVETZ J R. Scientific knowledge and its social problems[M]. Oxford: Claredon Press, 1971: 307.

顿规范。当代科学界愈演愈烈的学术丑闻，不断冲击着科学规范论的基础。在西方，科学本身甚至也成了怀疑和批评的对象。不受干预的科研活动中层出不穷的科研不端事件，使得学术界逐渐认可外部力量约束和监督科研活动的必要性和有效性，建立治理科研不端行为的有效机制得到学界的普遍认可。①

2.3 本 章 小 结

科研诚信是科学精神的外在体现，也是科研规范的核心内容。而违反科研规范和科研诚信的所有行为均被视为不端行为。科研不端行为的大量滋生，与科学的商业化、科研人员的压力过大、科研诚信制度的不完善及互联网作案手段的便捷有关。鉴于科研不端行为的巨大危害，科研不端行为的治理路径已从最初的科学共同体自治，转变为由共同体内部治理和政府社会等外部监督共同发挥作用。

2.4 推荐扩展阅读

布什，霍尔特. 科学：无尽的前沿[M]. 崔传刚，译. 北京：中信出版社，2021.
麦克里那. 科研诚信——负责任的科研行为教程与案例[M]. 何鸣鸿，陈越，等译. 北京：高等
　教育出版社，2011.
王蒲生. 科学活动中的行为规范[M]. 呼和浩特：内蒙古人民出版社，2006.
中国科学院. 中国科学院关于科学理念的宣言:关于加强科研行为规范建设的意见[M]. 北京：
　科学出版社，2007.

---

① 王蒲生. 科学活动中的行为规范[M]. 呼和浩特：内蒙古人民出版社，2006: 12.

第 3 章

科研规范的伦理基础

  科学研究是创造性的人类活动，只有建立在规范和诚信的基础之上，在一个良好和谐的环境中，科研才能健康有序发展。科研诚信是科学研究最基本的道德素质和行为准则，科研规范是对科学研究的具体要求和行动指南。

  科学无论作为职业还是事业，其目标都非常明确，那就是依据实证求索新知识，以及将科学成果服务于社会，以增进人类福祉。科学文化、科学精神，以及科研诚信、科研规范，都是围绕科学目标而形成的精神气质和规则规范，于内凝聚共识、建立价值信念，于外获得合法性承认，并同其他领域中的社会规范相互适应。

  本章将从科学的职业目标出发，联系科研实践中出现的各类道德问题，从林林总总的道德理论中，抽绎归纳出若干具有普适性的伦理原则，通过这些原则对科研规范的价值内涵及正当性进行论证。

3.1 向　善

  向善，也可称为善良或行善。这是一条适用于所有人群、所有职业的原则，也是所有道德体系得以建立的基础。

  向善反映在科学中，就是在科学的方方面面，皆能够促进人类之善，而非恶。它要求科研行为本身即应为善，其过程及结果更应有益于人类和自然——促进参与者的福祉或使社会的整体利益最大化。科研人员身为广大社会的一员，理当时刻以向善这一普适原则观照自身，自觉承担其社会责任。科学共同体作为一个社会群体，因其先进性与创新性，而成为引领时代方向、推动社会进步的重要力量。因此，科研人员理应以向善为本，在科研实践中始终保持其有益于社会与人类的前进方向，发明和设计能够增进人类福祉的技术与工程，并积极参与制定科学政策和涉及科学内容的社会政策，为专家提供证词，推动科学普及活动。

向善是医学研究中最基本的要求。《希波克拉底誓言》（*Hippocratic Oath*）明确表示，医生的"唯一目的，为病人谋幸福"，誓言的字里行间均展现出行医救人的善行善意。1978 年，为明确生物医学研究中的伦理原则，保障人类主体的安全与尊严，美国公布了《贝尔蒙报告》（*The Belmont Report*），其中向善便是最基本的三大原则之一。

现今的科研活动中仍可能存在有违向善原则的伦理失格事件，而这多与人身安全、动物安全等紧密相关。"辐射实验""梅毒实验""克隆人实验"等，有违向善原则的科研活动在历史和现实中仍比比皆是，骇人听闻，每一位科研工作者都应引以为戒，时刻警醒，时刻自省。

本节概括如下。

（1）在研究主题的选取上，应以有益于社会为目的，坚持正确的价值导向，引人向善，力求促进参与者的福祉或使整个社会的利益最大化。

（2）一旦面临科研与向善原则的两难抉择，必须主动、果断地中止科研活动，绝不可轻易试探向善的底线。

3.2　不　伤　害

不伤害的核心是尊重人的尊严，捍卫人的尊严。不伤害的定义十分广泛，并不应局限于生理意义。语言上的人身攻击，抢夺、偷窃、骗取他人财产，限制乃至剥夺他人行动、言论、新闻等自由，都应视作伤害。

生命及健康是一切权利中最为重要的，亦是人权的核心理念。洛克在

《政府论》中主张公民社会的基础是对财产权利（包括"生命、自由和财产"）的保护。法国《人权和公民权宣言》（即《人权宣言》）亦认为，"自由包括做不伤害他人的一切的自由"。由此，联合国于《世界人权宣言》中，明确了"人人有权享有生命、自由和人身安全"。

不伤害最初出于医学伦理。从《希波克拉底誓言》开始，不伤害始终是医护人员必当遵守的职业原则。《日内瓦宣言》强调医护人员绝不可"利用医学知识来侵犯人权和公民自由"。《纽伦堡法典》《赫尔辛基宣言》均强调"维护生命和健康，确保对人类主体的尊重"，以及"预防和减轻任何地方的人类痛苦"。欧盟在 2011 年将"负责任研究与创新"理念作为科技资助计划"地平线2020"（Horizon 2020）的重要目标和贯穿性议题，新技术的伦理审核不再被视作限制或约束而是技术发展的目标。

不伤害是科研过程中绝不可试探的底线。违背这一原则，可能会酿成严重的负面后果乃至人道主义灾难。但有违不伤害原则的事件在科学史中比比皆是。德国医生门格勒（Josef Mengele）在集中营里对囚徒进行科学价值不明的残酷实验，还将囚犯送进毒气室；原子弹等大规模杀伤性武器的研发，造成人类深重灾难；病毒学家索瑟姆（Chester Southam）隐瞒海拉细胞（HeLa Cell）的癌变危害，以研究为名将其注入百余人体内；2018 年的"基因编辑婴儿"事件，其潜在风险难以估量。这些都给公众留下极其负面的印象。

科研人员不但要为其科研造成的社会后果负责，还要具有一般的社会责任。科研人员有义务揭露伪劣科学，特别是医药健康领域，因为伪劣药物和错误的健康知识会损害公众的健康甚至危及生命。有人认为科研人员应当为追求知识本身而从事研究，而科研的社会后果应交给政府和公众来处理。这种认识要予以纠正。因为科研人员的社会责任是一种共担的义务，是对公众信任的承认和尊重。

除人类主体外，不伤害还适用于实验动物。科研高速发展，带来的是大量的动物实验，以及由此产生出的实验动物的保护议题。英法等国于 19 世纪率先通过动物福利保护的法规，并逐步向科研领域延伸。"使实验动物免遭不必要的伤害、饥渴、不适、惊恐、折磨、疾病和疼痛""为其提供清洁、舒适的生活环境，提供充足的、保证健康的食物、饮水，避免或减轻疼痛和痛苦等"，已成为科学试验的世界性共识。①

不伤害亦当运用于对生态环境的关注与保护。在科研过程中，应注重遵守环境类法律与保护生态环境。《里约环境与发展宣言》特别强调，科学不应成为破坏生态环境的原因，而应成为"实现可持续发展""提高科学认识"的推动力量。

本节概括如下。

（1）科研项目应接受伦理审查，预先规避其后可能存在的伤害风险。

（2）科研过程中一旦产生伤害行为或预知其存在风险，科研人员应立即停止现有研究，并组织向上级科研主管部门汇报。

（3）科学研究应禁止研发危害人类的大规模杀伤性武器。②

（4）科学研究应减少实验动物的使用数量，避免使用活体动物，并为其提供适宜的生存条件，保障其基本福利。

（5）科学研究应时刻检视有无危及生态环境的风险，并及时做出规避。

3.3 诚 实 守 信

诚实守信，指的是人们言行真实、内心真诚、坚守承诺。如同前两条原则——向善和不伤害，诚实守信也是一个各行业、各族群普遍适用的原则。不只科研人员，所有人都应当诚实守信。在这个世界上，很难找到一种文化形态，会将不诚实视为美德而予以嘉赏。

然而，科学所追求的知识是以客观性为基础的真知，与文学、艺术和宗教追求的知识截然不同。文学和艺术固然也来源于现实世界，但其对世

---

① 科学技术部. 关于善待实验动物的指导性意见[EB/OL]. (2006-09-30)[2022-06-19]. https://www.most.gov.cn/xxgk/xinxifenlei/fdzdgknr/fgzc/gfxwj/gfxwj2010before/201712/t2017122 2_137025.html.

② 大规模杀伤性武器，亦称大规模毁灭性武器，主要指核武器、生物武器与化学武器，可见联合国安全理事会 1991 年通过的第 687 号决议。中国于 1984 年、1992 年、1996 年和 1997 年分别签署《关于禁止发展、生产和储存细菌（生物）及毒素武器和销毁此种武器的公约》《不扩散核武器条约》《全面禁止核试验条约》《全面禁止化学武器公约》。

界的描述，可以允许夸张、修辞、曲解，其表达方式具有假定性。科学则不同。科学研究的目标是客观性的知识，这一目标要求科研人员精确地、无个人情感地描述世界。客观性是科学知识得以积累和增长的基石，丧失了客观性，科学知识的大厦就会坍塌。①虽然科学活动的方式参差多态，科学研究的方法丰富多样，科学研究的领域日新月异，然而在这种多样性的背后却潜藏着一种赓续不绝的精神，那就是对"真"、对"客观性"的不懈追求。正因为如此，诚实守信对科学研究尤其重要，可以说居于科研伦理的核心位置。②

　　具体来说，科研人员应将诚实守信贯穿于研究整个过程，如研究基金的申请书撰写，对自然世界的观察和陈述，数据的采集、记录、分析、解释，成果的审核和评价，成果的出版和传播等，都应实事求是、客观诚实、恪守承诺。违背这一原则，依据实证、追求真知的目标就无从谈起；违背这一原则，科研人员之间就失去了对彼此的信任，合作与交流将难以为继。如果科学中充斥着虚假欺骗，科学就成为变幻戏法的闹剧，从而失去公众的信赖和外部社会的强大支持，科学事业将一败涂地。③

　　诚实守信是科学研究中最重要的原则，一旦有所违背，科学的大厦就极有可能崩塌。知识的增进、科研的合作均依赖于诚实互信，虚假的研究成果会使得建基于此的他人研究白费功夫，完全无用，而不讲信义的申请或署名会使得竞争失之公正、降低科研的热情与动力。与此相应，符合诚实守信、有显著价值的科学研究将赢得社会公众的广泛信任与支持；而披露出的科研不端行为或涉嫌违法的科研行为亦有失于公众的信任，将损害这一领域在公众心目中的形象，从而有损于科研工作的社会支持与公众基础。

　　每一位科研人员、每一家科研机构，必须坚持诚实守信，切勿以虚假与欺骗换取成功。不论是黄禹锡（Hwang Woo-suk）、小保方晴子（Haruko Obokata），还是安维萨（Piero Anversa），不诚信所带来的"成功"只在一时，不仅妨害科学进步，于自身亦无异于自毁前程。

---

① 王蒲生. 科学实践中的几种不诚实行为[J]. 百科知识, 2002(5): 20-22.
② 王蒲生. 科学实践中的几种不诚实行为[J]. 百科知识, 2002(5): 20-22.
③ 王蒲生. 科学实践中的几种不诚实行为[J]. 百科知识, 2002(5): 20-22.

本节概括如下。

（1）在数据的产生与分析阶段，切不可凭空编造、修饰篡改，亦不可有意规避不规则的数据或结果。

（2）在撰写科研计划或申请研究基金时，言过其实、伪造材料亦是有违诚信的行为。

（3）在科研论文的撰写中，绝不可剽窃他人观点或文本，或歪曲他人观点，或不做引用直接将他人观点挪为己用。

3.4 开 放 合 作

开放，是开放社会在科学领域所映射出的重要特征。只有开放的系统才能注入负熵，才能不断进化，经济、社会、文化、思想，概莫能外。只有开放的系统才能实现合作协同。据德国科学家哈肯（Hermann Haken）的协同学理论[1]，协同是系统由混沌转化为有序的状态，是实现系统整体功能性的前提。一个系统内部的各种子系统（要素）倘能很好协同，多种要素和层次之间就能形成良好结构并促进功能发挥，甚至出现超出子系统功能总和的新功能。

科学界是最具开放性的社会子系统，近代以来科学的高速进步性正是得益于此。然而开放性并非科学的天然基因，在某些时期某些地域，科学研究常常笼罩在层层叠叠的帷幕之中。中世纪和文艺复兴时期，科学家为了免受宗教法庭迫害，或者防止自己的思想遭到偷窃，采取各种措施封闭自己的研究，不敢公示自己的新见。[2]因此，开放性的获得和维持，需要科学界及整个社会共同努力。

科学中的开放性体现在多个方面，具体可呈现为人才的自由流动、科

---

[1] HAKEN H. Synergetics[M]// YATES F E, GARFINKEL A, WALTER D O, et al. Self-organizing systems. Boston: Springer, 1987: 417-434.

[2] RESNIK D. The ethics of science: An introduction [M]. London And New York: Routledge, 1998: 80.

研人员之间的自由交流、充分广泛的合作等。开放性实际形塑了科学进程的整体架构，为跨区域、跨学科协同解决科学问题创造了必备环境，为科研人员搭建了展露才华、赢得声望的世界平台；促进社会公众理解科学，信任科学。

科学的开放性首先表现在人才的自由流动上。从科学史看，科研人员的自由流动迁徙是知识进步的基本前提。17 世纪的英国、18 世纪的法国、19 世纪的德国、20 世纪的美国能成为各个时代的世界科学中心，与各地的科学才俊纷至沓来密切相关。如英国人哈维曾师从意大利的伽利略，荷兰人惠更斯则是法兰西科学院和英国皇家学会成员，德国的李比希曾在法国深造。以诺贝尔物理学奖得主为例，经统计，其亦呈现出明显的流动性，并且其流向主要是向美国输入；而美国在物理学等基础研究中的卓越成就与领先地位，与这些顶尖科研人才的流入密不可分。

科学的开放性其次表现在，它要求科研人员个人将自己的新思想、新知识公开发表，能够为其他科研人员所借鉴并接受共同体的评价。公开就意味着出版，英语中的"出版"一词，含义之一就是公之于众。科学知识具有积累性，任何科研成果的完成，都少不了继承前人成果和吸收同代人的思想。科研人员只有了解其他人的工作，才能开启自己的研究。当今科学界的开放尺度更为广大，研究内容的开放获取已然成为大势所趋。从 2002 年的《布达佩斯开放获取倡议》（*Budapest Open Access Initiative*）到 2003 年的《关于自然科学与人文科学资源的开放获取的柏林宣言》（*Berlin Declaration on Open Access to Knowledge in the Sciences and Humanities*）；从 2004 年的《世界知识产权组织的未来——日内瓦宣言》（*Geneva Declaration on the Future of the World Intellectual Property Organization*）到 2018 年的 *Plan S*，开放获取始终是核心。将科学研究中的信息与数据、论文与报告全面开放似乎不可避免。

开放获取并非所有材料统一开放，而是有时依据其内容有所划分，出版商或可收费。在开放获取的要求下，通过分层级开放，使部分科研信息得以开放交流，并能同时依旧保护部分核心信息与知识成果。

开放性还能保证科研成果得到合理的评价和公正的社会承认，防止科学成为拒绝批评的教条和孤芳自赏的私见。科学研究并非纯洁无瑕，而是充斥着各种瑕疵和纰缪，从造假作伪、抄袭剽窃、利益交换到粗枝大叶、偏见自欺，不一而足。而科学界自我纠偏功能的发挥，要以科研人员执行数据共享、思想共享、理论共享和成果共享的科学公开为条件。

开放性同时还意味着，不同地域、不同领域的学者能够顺畅地开展频繁、深度的合作。合作可以方便学者之间共享仪器设备、共享数据信息、共享研究场地，保证科研人员高效率地使用资源，从整体上提高科学知识生产的效率。合作的一个主要标志是合作发表论文。当今科学研究从小科学时代进入大科学时代，其显著特征是科研项目的高度综合性。譬如诺贝尔奖得主丁肇中就曾分享过其国际合作的经历：他在西欧核子中心工作时，其实验室参与研究宇宙诞生之初千亿分之一秒的情形，而这项工作有来自中、韩、美、苏等国的 20 多所高校、约 50 个研究室、600 余名科研人员共同参与。[①]也正是由于这个原因，每篇论文的作者也明显增多。整体而言，从 1900 年到 2014 年，每篇论文的平均作者数从 1.41 个增加至 4.51 个。[②]据美国国家医学图书馆统计，从 1975 年到 2020 年，收录于 PubMed 数据库平台的论文，每篇论文的作者平均数从 2.48 个增加至 6.25 个。[③]经济学领域中，刊载于《美国经济评论》（*The American Economic Review*）、《计量经济学》（*Econometrica*）等 5 本顶尖期刊的论文，从 1970 年到 2012 年，每篇论文的作者平均数则从 1.3 人增加至 2.3 人。[④]在人类基因组学、高能物理学等领域，作者数量可飙升至数千人。[⑤]

此外，开放和保密看似矛盾，但特定条件下的保密也属正当。当开放与不伤害相悖时，保密是重要指导与关键例外，甚至形成了大量相关保密的法律法规，目的是保护某些集团、群体、机构或个人的利益免受伤害。

---

① 张冬玲. 科学合作及其产出计量[M]. 大连: 大连理工大学出版社, 2012: 2.

② FIRE M, GUESTRIN C. Over-optimization of academic publishing metrics: observing Goodhart's Law in action[J]. GigaScience, 2019, 8(6): giz053.

③ National Library of Medicine (US). Number of authors per MEDLINE/PubMed citation [EB/OL]. (2020-05-15)[2021-08-07]. https://www.nlm. nih. gov/bsd/authors1. html.

④ CARD D, DELLAVIGNA S. Nine facts about top journals in economics[J]. Journal of Economic Literature, 2013, 51(1): 144-161.

⑤ SCHAGEMAN J J, LANDER E S, LINTON L M, et al. Initial sequencing and analysis of the human genome[J]. Nature, 2001, 409(6822):860-921.

保密所涉及的内容包括，科研人员正在进行还未完成的研究细节，尚未取得知识产权的成果，涉及国家安全的重大技术，人体试验中被试者的个人隐私，同行评议实施盲评时评审专家和被评议者的个体信息，诸如此类。这些需要保密的特殊情形可以按特例来处理，但不能动摇科学的开放性。[①]

本节概括如下。

（1）科研主管机构应营造开放合作的学术环境，支持科研人员的自由流动与更深入的合作，吸引外部科研人才的加入。

（2）科研人员应能接纳不同的观点、思想和批评。

（3）科研主管机构应推动完善分级别的开放获取标准，促进科研数据、成果、方法及工具等适当的开放共享。

（4）科学研究，应积极同其他科研人员同心同力，共同合作。

3.5　自　由　包　容

自由包容，指的是允许有理性的个体在知情的情况下自行决策。既适用于个人，也适用于组织、机构。于科研人员而言，自由包容意味着应保障科研人员除了法律与道德外，不受任何束缚、控制、强迫或强制，在免于限制、阻碍和恐惧的环境下，开展富有创造性的知识生产。

自由包容是科学发展的重要推动力。有别于一般的体力劳动，科学研究作为一项智力活动，始终要求研究者保持创造性的思维与自由批判的思考。而自由包容的外在环境便成为激发科研人员的内在创造力的土壤：鼓励人们不循旧法，标新立异，而不是墨守成规，千篇一律，亦步亦趋。由此，不断催生出新知识与新思想，挑战权威、突破教条、遵循事实、不断扬弃，成为科学自由的集中体现。

妨害学术自主、思想自由的力量来自多个方面。

首先是学术界之外的政治权力干预。纳粹德国就是一例。1930 年前，德国荟萃了大批举世闻名的顶尖科学家。纳粹执掌政权后，极力限制知识

---

① 王蒲生. 科学活动中的行为规范[M]. 呼和浩特: 内蒙古人民出版社, 2006: 35-40.

自由，并试图将科学研究引向特定的实用目的，导致在 1933 年爱因斯坦、玻恩、薛定谔等科学家纷纷逃离，留在德国的普朗克也遭受各种压力而很难发声，德国科学自此由盛而衰，一蹶不振。与此相对，彼时的美国，凭借强大的经济实力，以及本土未受两次世界大战破坏，吸引了大量顶尖人才如爱因斯坦、玻尔、费米、弗洛伊德等，一跃而成世界头号科技强国。

其次是反理性的意识形态形成的阻碍。反理性意识形态的可怕之处在于，它能够动员一切力量，蛮横地扼杀哪怕一丁点与其教条相悖的见解；其无理之处在于，它可以罔顾历史，无视事实，丢弃逻辑，并以花样翻新的逻辑谬误为自己辩解；其无耻之处在于，它会悍然编造谎言，掩盖真相。如科学家哥白尼、布鲁诺、塞尔维特为坚守科学真理而受到教会的酷刑。相反，一旦科学理性的声音受到压制，形形色色的迷信和伪科学便会借势而起，招摇过市。相关案例不胜枚举。

压制学术自由的力量也可以来自科学界内部。科学界中，也会形成高低分野的科层，甚至相较于普通社会有过之而无不及。处于某种权威地位的"学阀"有能力实行"家长制"，违背他人意愿，压制或阻止他人的研究。正如普朗克所言："新科学真理的胜利，不是靠说服反对者，使其领悟，而是因为反对者终会死去，熟悉这真理的新一代成长起来。"[①]

当今，虽然理性的力量不断壮大，然而阻遏科学自由的压力依然存在，因此需要谨记理论物理学家玻恩曾说的，"相信只有一种真理，而且自己掌握着这个真理，这是世界上一切罪恶的最深刻的根源"[②]。

本节概括如下。

（1）坚持真理，在研究过程中不受任何非理性意识形态的干扰。

（2）营造自由包容的学术氛围，允许合理质疑，允许思想自由，不迷信权威。

① PLANCK M. Scientific autobiography and other papers [M]. London and Edinburgh: Williams & Norgate Ltd. , 1950: 33-34.

② BORN M. My life: Recollections of a Nobel Laureate [M]. London: Taylor & Francis Ltd., 1978: 299.

3.6 公 平 公 正

公平公正的概念在英语中常对应多个词语：justice、fairness、equity、equality 等。其中 justice、fairness、equity 意为公正，均强调"免于偏袒"。justice 与 equity 明确与法律、权力相关，而 equality 更强调平等、均等。因此不同领域会偏爱不同表达，如政治学倡导权利的平等，经济学研究分配的平等，社会学讨论机会的均等，法律学则探索司法的公正，但内核都是公正的体现。

公平公正从一般意义上理解，是指投入与回报、贡献与奖赏、过错与惩罚应当相应相称，不偏不倚，恰如其分。公平公正要求如下。①对同样的人和事要同等对待。在当前的分配体系中，人们如果取得同样的成果，就应当得到相同的报偿，而不应当受到性别、种族、年龄、相貌等因素的影响。②对不同的人和事应该区别对待。一个人获得的回报，应与其所付出的努力和贡献大小相关，贡献大、成就大，就应当得到更多的报偿。它体现为多劳多得，按劳分配。

公平公正通常与利益分配相关，且涉及两个以上主体。每个人皆应因其努力和贡献而获得相称的信誉，这是实现社会公正的一条基本原则。至于如何实现公正，相关理论多种多样。面对同一决策，有的人可能认为非常公正，有的人则会认为严重不公，众说纷纭，莫衷一是。因而长期以来，公正一直是伦理学研究的重要议题。在这里姑且抽绎出几个有较多共识的准则，并结合科学职业加以阐释。

在科学系统中，在利益分配之外，对信誉分配的公平公正要求更高。科研人员的信誉由署名、声誉、承认、奖励等要素组成。依据公平公正，就是要"论功行赏"，将信誉给予该给的人，不将信誉给予不该给的人。公平公正地分配信誉能够激发科研人员的科研热情、合作精神和加深对彼此的信任。反之，倘若偏离了这一原则，就会削弱科研人员的科研动力和责任感，从而损害科学知识的增长和科学目标的实现。

信誉分配和责任联系在一起，犹如一枚硬币的两个面：一个人应当因其科研而获得信誉，前提是他可以为此科研担负责任。因而，信誉分配也可体现在惩罚或责备科研人员方面。如果某项科研出了纰漏，就应知道谁该为此负责，以便错误得以纠正，并且使责任人受到对应的惩罚。

科学研究中，信誉分配不公现象并不鲜见。

一是剽窃和署名不当。剽窃是将他人观点化为己有，获得本不应得的信誉；署名不当则是通过别人应得的署名权，或者某人不该得的署名权，扭曲一项成果的贡献和责任。

二是学术界信誉分配中，存在不同层级间的系统性偏差，即富者越富、穷者越穷的"马太效应"：高层级的知名科研人员会得到与其贡献不成比例的丰厚奖酬；非知名的科研人员得到的信誉则会比他们的实际贡献少；信誉与科研资源的分配总是偏斜于著名者。[①]还有一种"逆马太效应"，即学术论文撤稿后，被引增量降低等诸多不利影响则会集中于非知名科研人员，与信誉获取恰好相反。[②]

三是女性、少数族裔、边远地区等具有特殊社会人口学身份的科研人员常常受到不公待遇。这展现出科学界对女性等科研人员的歧视与不公。罗西特（Margaret Rossiter）于 1993 年提出"玛蒂尔达效应"（Matilda Effect）的概念，用以描述女性的科学努力和成就没有得到与男性相同的认可的现象。[③]具体表现为，女性科研人员的努力及其科学贡献被归功于男性，或者被完全忽视。

因而，对于系统性偏差的受害者予以补偿，具有道德正当性。罗尔斯的《正义论》中强调，"所有的社会基本善——自由和机会、收入和财富及自尊的基础——都应被平等地分配，除非对一些或所有社会基本善的一种不平等分配有利于最不利者"[④]。也就是说，在某种情境下，对弱势族群予以适当优惠，并不违反公平公正。

---

① MERTON R K. The Matthew effect in science: The reward and communication systems of science are considered[J]. Science, 1968, 159(3810): 56-63.

② JIN G Z, JONES B, LU S F, et al. The reverse Matthew effect: Consequences of retraction in scientific teams[J]. Review of Economics and Statistics, 2019, 101(3): 492-506.

③ ROSSITER M. The Matthew Matilda Effect in science[J]. Social Studies of Science, 1993, 23(2): 326.

④ 罗尔斯. 正义论 [M]. 何怀宏, 何包钢, 廖申白, 译. 北京: 中国社会科学出版社, 1988: 292.

本节概括如下。

（1）科学研究应尊重每个人的贡献，不可抄袭剽窃，不可为毫无贡献者署名。

（2）科研主管机构应营造公正的科研环境，在配置中应抑制资源和机会的过度倾斜，注意培养学术新人。

（3）科研人员及其主管机构应尊重具有女性、少数族裔等特殊社会人口学性质的科研人员，保障其科学成果获得应有的承认、荣誉与奖励。

3.7　严谨负责

严谨负责，即思虑严密周全，行事细致谨慎，时刻肩负责任。几乎所有针对科学研究的守则和规范，皆强调严谨负责的重要性。

严谨负责在科学界意味着更高的标准与要求，而这通常是严格遵循科学方法与程序的体现。美国国家卫生研究院将严谨定义为"科学方法的严格应用，以确保稳健和无偏见的实验设计、方法、分析、解释和结果报告"，包括"在报告实验细节时完全透明，以便其他人可以复制和扩展发现"[1]。此定义将日常生活中严谨负责的态度，与严格的科学方法联系起来。当然科学的严谨负责远不止此，欧盟的"地平线 2020"计划提出"负责任的研究与创新"的概念，更加深了对严谨负责原则的理解与践行。

严谨负责的反面，是疏忽，马虎，粗枝大叶，科研中不严谨、不负责的行为，会把本可避免的错误带入科学，其后果和危害与彻头彻尾地撒谎并无二致。一方面，科学是一个不断进阶的过程，现时的学者，通常将前人成果作为基本前提假定，而不必对每项科研成果做重复实验。如果前面的研究中充斥着过多差错，那个前提假定就不再成立，就会造成科学资源与时间精力的浪费，进而消解科研人员彼此间的信任，阻滞该领域的进步，甚至将科研导入歧途，最终危及科学事业。另一方面，在工程、技

---

[1] National Institutes of Health. Frequently asked questions (FAQs): Rigor and transparency [EB/OL]. (2020-05-29)[2021-07-16]. http://grants.nih.gov/reproducibility/faqs.htm.

术、医学等应用领域，因不严谨而造成的误差则会带来非常严重的后果。药物剂量的差错会致患者死亡，设计偏差会使建筑坍毁、桥梁断裂，操作上的错误可能导致核泄漏或病毒外泄，足见一丁点误差都可能导致严重的事故与人身伤害，从而违背不伤害原则。因此，在科研过程中，需要秉承怀疑精神、严谨作风与负责任的态度，对各类可能出现的误差予以校正或处理。

在作道德评判时，不严谨与不诚实不同。二者的主要判据是有无动机，欺骗是一种主观故意行为，行为主体很清楚该行为的性质和后果，还处心积虑地作伪行骗，而不严谨行为的主体，没有犯错的主观动机，或者欠缺经验，不能预见行为后果，所以差错常常被称为诚实的错误。因而当两种行为造成同样后果时，对欺骗行为的处罚更为严厉。然而，动机是主体内在心理过程，很难从结果反推动机，也就是说，很难在欺骗与失误这两个极端行为之间，划出一条明确界线。于是会有欺骗行径的科研人员被揭露之后，将欺骗行为说成无意的疏忽和差错，以减轻处罚。但如果类似的失误频繁重复出现，就不能用单纯的疏忽来搪塞了。

非故意的失误并非就拥有了永久豁免权。对于有严重后果的失误或差错，处理方式主要取决于当事人的态度和补救措施。关键在于，要认识到差错和失误对于科学而言并非无足轻重的过失，不能对已犯差错漠然视之。同时，一旦发现错误，应采取最快方式予以补正。如撤回有严重错误的论文，或者印行勘误表，对已发表的有错误的作品予以纠正。以上情况通常能得到大多数同行的原谅，受到较轻处罚。假如面对证据拒不认错，一味诿过，则应以玩忽职守之过予以惩戒。

科研人员是人，不是机器；是人就会犯错，即使机器也会出错。鉴于大多数科研人员在其职业生涯中都或多或少、或大或小地出现过失误，在科学研究中，要不断强化严谨负责的意识，避免不负责任的行为。

本节概括如下。

（1）选择合理的分析或实验方法，并按照原则有序合理进行，减少可避免的误差。

（2）以证实为目的进行证伪。在科学研究中，证实的过程并不能完全证明科研结果，但证伪的方法是检验出错误结果的有效方法。科研人员可以通过挑战或证伪其研究以提高其严谨性。

（3）在科研成果发布之前，应将其付诸同行评议或公布讨论，以减少或避免因不严谨而造成的错误或误差。

（4）资深科研人员应有效地监督下属，教导低级别的科研人员，学会识别不同种类的失误，充分认识避免失误的重要性及了解对待失误的恰当做法。

3.8　教育传承

科学界的教育与传承主要服务于两个目标：培养下一代的科研人员，以及为社会（主要是不从事科学职业的大众）传播科学知识和理性精神。

科学的快速进步，得益于其系统完整的教育体系，吸引青年才俊源源不断地补充到这项艰辛而激动人心的事业中来。自 1810 年德国建立柏林洪堡大学以来，科学研究与培育人才便联系在了一起。科研人员不但做出新的发现，同时在科研过程中，还能将丰富的科研方法、学术传统、治学态度、道德观念等传递给年轻学者，帮助未来的科研从业者尽快掌握前沿的科学知识、基本的科研方法及科研伦理，实现教与研的统一，保证科学事业的长盛不衰，稳步向前。

世界上几乎所有大学都会有教育学生的规则，开设五花八门的通识课程和专业，在研究生阶段，还会根据学科特点制定相应的培养方案。然而，人才培养毕竟不同于工业流水线，通过一套原则的工艺流程，即可产出大体合格的产品。鉴于人类主体的个体性差异，很难设计出一种适合每个学生的指导方法，对于博士生尤其需要因材施教，需要有针对个人特点的定制化指导方案。同时，导师和学科带头人的学术鉴赏力、道德品行、个人魅力，对于培养新人投注的时间和精力，导师与学生之间良好的合作与导学关系，都是十分重要的因素。这可以从著名科学学派的研究中，得到部分验证。

科学学派是 19 世纪以后才开始出现的一种更集中、更紧密的科学组织形式。它表现为，在实验室或类似的科研机构里，某一具有高度成熟的技能的科研人员，与同一机构里的优秀学生组成研究小组，在同一学科方向上就同一项计划展开研究，并在这一知识领域获得重要成果，赢得社会声望和共同体的承认。20 世纪后，科学学派愈加普遍，出现了卢瑟福学派、玻尔学派、费米学派、玻恩学派和福斯特学派等诸多著名学派。100 多年的科学实践证明，科学学派是科学探索过程中科研人员实现创造性联合的一种有效形式，有着强大的科学创新与人才培养功能。在科学学派中，学术领袖一般都处于科学研究的最前沿，其研究课题多是意义重大的选题，学派成员则是在这种良好微观环境中锻造出来的品质优异的科研人员，他们的工作同样立足于科学的前沿。自诺贝尔奖设立以来至 2018 年获奖的所有 688 位科研人员（除和平奖与文学奖）中，我们发现这些科学家之间具有师承关系的占比为 54.8%。这可以说明，以某位顶级科研人员为核心形成的研究小组或者"科学学派"，具有更高的科研效率，可能取得更高的科学成就。也就是说，名师出高徒，大科学家培养大科学家。[①]

科研人员不仅要教育学校和研究机构中的学生和低级别的科研人员，还有面向一般社会公众开展科普的责任。科研人员有义务通过通俗书籍、杂志、文章、电视节目等手段对一般公众进行科普。这也是教育传承的一个重要维度。

一方面，科学发展离不开社会公众的广泛支持。当今科学研究需要大量的经费支持，这些经费很大比例来自政府。如果社会公众开始了解科学，认识到科学的价值、功用，继而支持科学，那么，这无疑有利于提高科研经费的预算，才华横溢的年轻人也更有意愿选择科学作为终身职业。既然科学依靠公众的支持，那么公众如果真正地了解科学，科学就将受益匪浅；反之，公众如果对科学一窍不通，科学就将深受其害。因此，不论是出于科学的社会责任，还是为寻求科学自身的外部支持，科研人员都有责任为普通大众普及科学知识，提高大众的科学文化素养。

另一方面，普通公众有了解科学的需求。歪理邪说和邪恶的意识形态，比科学更容易俘获一般民众。如日常所见，有人即使受过高等教育，也依然会匍匐在邪教面前。原因在于，科学需要通过艰辛努力来验证事

---

① 郝治翰. 学术界的马太效应及其社会机制研究[D]. 北京: 清华大学, 2021: 166.

实，并且要用严谨的逻辑来做出论证，而邪恶的意识形态只需要撩拨本能的快感即可实现。无知者手中总是拿着更大的话筒。学者有责任站在话语前端，清理种种谬误。

从另一个角度看，今日的学术已经实现了职业化，学术活动不再是自己出资满足个人兴趣的业余爱好，而是由公共资源支撑着的社会事业。因而学者们应当把自己所掌握的专业知识和成熟的学术成果，通过教育传承、借助传媒向公众通报等方式，进行详细地解释和说明，消解公众的疑惑和无知，提高公众对学术的理解力与鉴赏力，实现科学研究增进知识、服务社会这一根本目标。这是责任，也是义务。[①]同样，经过科学熏陶的社会公众，亦能了解并监督科学，以减少科研不端行为的发生。

本节概括如下。

（1）科研人员应把培养人才摆放在和科研本身同等重要的位置。

（2）科研人员应积极参与专业的科学教育，以课堂教学、讲座分享、论文发表、合作研究、科研带教等多种形式培养未来的学术新人，引导其正确从事科研工作。

（3）科研人员应积极参与科学普及工作，以科普讲座、视频、书籍等多种形式为公众普及科学知识、传播科学思想、倡导科学方法等。

3.9 创 新 高 效

创新高效，即科研成果应推陈出新，科研过程应注重效益。创新即发明产生的过程，它可能涉及将新思想和技术结合起来，或发现现有技术的新应用。一般来说，创新意味着在未知领域的开拓。科学创新，则意味着成功地利用新思想，产生新技术、新产品或新工艺，这往往也是从基础研究、转化研究到产品开放的过程。[②]

---

① 王蒲生. 学者不应拒绝传媒[N]. 科技日报, 2002-04-06.

② CONWAY G, WAAGE J, DELANEY S. Science and innovation for development[M]. London: UK Collaborative on Development Sciences, 2010: 4-5.

　　科学的目标在于追求与创建新知识，这要求科学研究必须做出突破。科研活动的成果并不应是对过往成果的"无聊重复"，而是应在此基础上有所突破与创新，并为科学这幢大楼的建设提供新的砖瓦。完全革新式的科研，虽有可能开创全新领域，做出极大贡献，但也可能面临无人认同的风险。因此通常而言的创新并不是"天马行空"，而是在已经确定的（传统）方向中做出贡献。创新并不只依赖于科学而发生，创新的需求也会推进科学的创造，这亦是科研成果的基本要求。

　　科学创新必须实事求是，不可"为创新而创新"。科学创新，必须以解决科学问题为目的，在方法选取与实践过程中都必须尊重客观规律、保持理性精神，不能为应付"创新"的要求，而强求本不必要的"创新"行为。

　　如果说创新是对科研成果的基本要求，那么高效则是对科研过程的指导与要求。

　　高效，主要指资源使用中的高效益。科学研究离不开各类资源的支持，但每位科研人员能掌握的资源有限，在使用资源时就必须精打细算。高效原则要求科研团队及其中成员要平衡、妥善分配各类利益与资源。

　　政府或企业对科研资源的分配，同样适用高效这一原则。本章"公平公正"小节中曾提及"马太效应"的优势积累现象。在资源分配环节，该现象集中体现在政府或企业更加倾向于将科研资源投入已有所成的科研人员或项目之中。但对于资源丰富的科研项目而言，"锦上添花"的投入并不能换取与之成正比的收益，且呈现出边际效应。在资源富集处过度投入，可能反而会使得总体效用降低。

　　在科学研究中，创新高效原则的应用必须切合实际情境，两利相权取其重，两害相衡择其轻，在利害的比较或平衡间实现正确的抉择，常见的衡量方法如下。

　　1. 利害的平衡：利益—损害

　　利害平衡的方法（利益—损害）脱胎于功利主义哲学中愉快与伤痛间的计算，即"愉快—伤痛"。[①]在面临简单的伦理抉择或行为选择时，可以考虑

---

　　① CRISP R. Routledge philosophy guidebook to mill on utilitarianism[M]. London: Routledge, 1997: 97.

比较结果的利害之差，以决定何种选择为宜。

2. 风险概率的比较

风险概率的比较方法亦产生于功利主义哲学中的风险计算，即衡量成功概率为"福利水平×成功机会"[1]，或是将风险的潜在影响程度同发生的频率、概率联系起来。[2]在面临尚难确定的可能性风险时，既需要考虑有益结果的水平和概率，亦需要考虑可能造成的严重危害的可能性。二者相结合，便可以成为风险抉择的重要指导。

3. 成本与效益的分析

经济学中，常以计算与比较不同方案的成本和收益，来做出最优的决策。这与利害的平衡十分相似。在科研过程中，纯粹经济学的方法未必完全适用，但参考成本与收益的方法有足够的借鉴意义：比较科研的付出（甚至可将伦理风险纳入其中）与科研的成果，再结合其他伦理规范作以分析。

4. 概率论的方法

概率论是技术评估中常见的比较方法。可假定行为 A 可能产生 C_1、C_2、C_3 共 3 种结果，且发生的概率分别为 P_1、P_2、P_3，带来的收益分别为 U_1、U_2、U_3。那么行为 A 的期望值 $EU(A) = P_1 * U_1 + P_2 * U_2 + P_3 * U_3$。同样可算出行为 B 的期望值 $EU(B)$ 和行为 C 的期望值 $EU(C)$。三者比较，选择收益最高者。

本节概括如下。

（1）科研活动的成果应注重其创新性，但一味追求浮于现实的创新则并不可取，科学创新需脚踏实地。

（2）科研活动的过程应注重高效性，尤其在资源的分配与使用中，应精打细算，避免对资源富集处的过度投入，合理分配以促进资源高效利用。

---

① CRISP R. Routledge philosophy guidebook to mill on utilitarianism[M]. London: Routledge, 1997: 100.

② 克里姆斯基，戈尔丁. 风险的社会理论学说[M]. 徐元玲，孟毓焕，徐玲，等译. 北京: 北京出版社, 2005: 66.

（3）伦理规范遇到冲突时，科研人员应充分衡量其中利害，趋利避害，择优而行。

3.10　本 章 小 结

以上所列科研规范，是从大量道德理论和科学实践中抽绎、归纳总结出来的一般性准则，运用这些规范，科学从业者就能在遇到道德困境时，更加便利地做出最不坏，甚至是最恰当的判断和决策。

但需要说明的是，人们总是希望能对科学中的伦理问题给出黑白分明的解答，以便科研实践者只需记住各种各样的伦理准则和行为规范，不假思索地照其行事即可。遗憾的是，道德判断是一个非常复杂的过程，在不同情境下可能存在多种方案，而不是非黑即白，非错即对，一目了然，科研中的道德行为与不道德行为之间的界线常常模糊不清。这里只能给出一些科学家应当遵循的一般行为准则和指南。要真正提高科研道德的判断能力，还需要在具体的科学研究和探索中面临道德难题时，有意识地使用这些伦理准则，唯此才能对这些规范"运用之妙，存乎一心"。

3.11　推荐扩展阅读

洪晓楠，等. 科学伦理的理论与实践[M]. 北京：人民出版社，2013.

雷斯尼克. 科学伦理学导论[M]. 殷登祥，译. 北京：首都师范大学出版社，2019.

王蒲生. 科学活动中的行为规范[M]. 呼和浩特：内蒙古人民出版社，2006.

第二篇　科研活动中的诚信

第 4 章

项 目 申 请

　　项目申请是科研申报的重要开端。好的科学选题、规范的申请行为，往往意味着项目申请环节的事半功倍。一般而言，国内外的科学基金都设有相应指南，以引导科研人员在选题时或依循客观需要，或付诸自由探索；在申请时，则要求其客观、真实地填报申请材料，保证所提供材料的真实性和有效性。国家自然科学基金作为我国资助基础研究的主渠道，近年来不断深化改革，在项目申请阶段设置更为细致的要求与更为明确的资助导向，以进一步提高申请质量，强化申请人对科学问题属性的理解。

4.1　研究选题与方案设计

4.1.1　研究选题与资助导向

1. 研究选题

　　项目申请的重点之一是提出问题，好的选题尤为重要。科研人员开始研究选题时，无论是好奇心驱动还是需求驱动，都应综合考虑题的科学意义和研究基础等。《中华人民共和国科学技术进步法》总则第 3 条指明："科学技术进步工作应当面向世界科技前沿、面向经济主战场、面向国家重大需求、面向人民生命健康，为促进经济社会发展、维护国家安全和推动人类可持续发展服务。"第 19 条强调："推动基础研究自由探索和目标导向有机结合，围绕科学技术前沿、经济社会发展、国家安全重大需求和人民生命健康，聚焦重大关键技术问题，加强新兴和战略产业等领域基础研究，提升科学技术的源头供给能力。"①这为科研人员研究选题提供了正确的指引和方向。

第一，选题应当面向世界科技前沿。科学的目标在于建立最高峰，中国作为科技大国，中国的科研人员应有充足的勇气去攀登世界科技的高峰。例如，由清华大学牵头设计，中核集团、中国华能等央企联手打造出的全球首座球床模块式高温气冷堆核电站，于 2021 年成功并网发电，推动中国高温气冷堆从"样品"变为"产品"，使中国成为世界少数几个掌握第四代核能技术的国家之一。②因此，科研人员的选题应当围绕科学前沿研究、关键核心技术突破开展，力求突破技术瓶颈，掌握科技创新的自主权。

第二，选题应当面向经济主战场。科技创新工作要面向经济主战场，因为科技发展和实体经济相互依存。中国经济已转向高质量发展阶段，需转变发展方式和推动质量变革，这些转型需要强大的科技力量作为支撑。例如，上海交通大学牵头设计的天鲸号等大型绞吸挖泥船 60 余艘，年挖泥量超过 10 亿立方米，年产值超过百亿人民币，实现了关键核心技术从"被封锁"到"出口管制"的历史性跨越。诸如此类的科技成果供给质量和转化效率提升，为经济社会的高质量发展提供了有力支撑。③因此，只有让科技创新工作面向经济主战场，才能使科技创新更好地服务于经济高质量发展。

第三，选题应当面向国家重大需求。中国经济社会发展、民生改善、国防建设如今仍面临一些需要解决的短板和弱项，国家对战略科技支撑的需求比以往任何时期都更加迫切。一些关键技术、部分关键元器件和重要装备等关系国家重大需求的领域，应是中国科技发展的重点研究方向。例如，中国农业大学发明的小麦耐热分子育种技术，缩短了育种周期 2～3

---

① 中华人民共和国科学技术进步法[EB/OL]. (2021-12-24)[2022-05-25]. https://www.most.gov.cn/xxgk/xinxifenlei/fdzdgknr/fgzc/flfg/202201/t20220118_179043.html.

② 教育部科学技术与信息化司. 坚持"四个面向"服务"国之大者" [EB/OL]. (2022-09-27)[2022-09-29]. http://www.moe.gov.cn/fbh/live/2022/54875/sfcl/202209/t20220927_665106.html.

③ 教育部科学技术与信息化司. 坚持"四个面向"服务"国之大者" [EB/OL]. (2022-09-27)[2022-09-29]. http://www.moe.gov.cn/fbh/live/2022/54875/sfcl/202209/t20220927_665106.html.

年，提高了育种效率 20%；培育的"农大 778"等系列玉米新品种累计推广面积 5000 万亩，增产 500 万吨，为农民增收 100 多亿元。这些科学技术为保障国家粮食安全做出了重要贡献。[①]

第四，选题应当面向人民生命健康。生命健康是人类的福祉，也是最重要的价值。人民生命健康如今已成为一项国家战略。纵观人类发展史，人类同疾病较量最有力的武器就是科学技术，人民生命健康的保障必须依靠科学发展和技术创新。例如，在抗击新冠疫情的过程中，广大科技工作者在治疗、疫苗研发等多个重要领域开展科研攻关，为统筹推进疫情防控提供了有力支撑，守护了人民的生命健康。因此，科研人员在选题时，应当面向人民生命健康，着力于提高生命健康事业的科技创新能力。

科研人员在选题时，应该以向科学技术广度和深度进军、引领并开拓世界科技前沿、不断提升关键核心科技攻关能力为目标。同时，还应使其研究积极服务经济社会发展的需求，应该坚决避免和拒绝损害国家安全和公共利益。

2. 资助导向

国家自然科学基金委员会（以下简称"自然科学基金委"）根据四类科学问题属性，明确了四类资助导向：鼓励探索、突出原创；聚焦前沿、独辟蹊径；需求牵引、突破瓶颈；共性导向、交叉融通。同时，自然科学基金委还编制了四类科学问题属性典型案例库，供申请人在选择科学问题属性时参考（可在系统内查阅）。本节在每类科学问题下，分别给出相应的典型案例，列出申请人选择科学问题属性的理由，及评审专家的意见，供读者参考。

1）四类资助导向之一：鼓励探索、突出原创

"鼓励探索、突出原创"指科学问题源于科研人员的灵感和新思想，且具有鲜明的首创性特征，旨在通过自由探索产出从无到有的原创性成果。[②]

以面上项目"全球地表覆盖制图的有限样本稳定分类研究"为例。申

---

① 教育部科学技术与信息化司. 坚持"四个面向"服务"国之大者" [EB/OL]. (2022-09-27)[2022-09-29]. http://www.moe.gov.cn/fbh/live/2022/54875/sfcl/202209/t20220927_665106.html.

② 国家自然科学基金委员会. 2019 年度国家自然科学基金项目指南[M]. 北京: 科学出版社, 2019.

请人选择"鼓励探索、突出原创"科学问题属性的理由如下：全球地表覆盖制图是全球变化及相关研究的重要基础数据。其中，样本获取、迁移和应用是监督分类全球地表覆盖制图的核心技术之一。关于全球地表覆盖制图的训练样本量、样本分布与制图精度关系，一直都是经验性、定性判断。用数学理论或统计方法定量研究样本，大多集中在验证样本的采样方案、验证样本评价精度等方面。同时监督分类要使用复杂多样的算法，训练样本与分类精度的量化关系不那么直接和明确。

针对此项目，通讯评审专家给出了相应的评审意见：土地覆盖相关的训练样本的数量、质量、分布以及迁移性能对于地表覆盖分类至关重要。但是，当前已有的研究对训练样本和分类结果的影响仅限于少量实验总结的定性经验认识，其定量化程度与推广潜力都十分有限。相关的样本理论分析是十分基础的工作，但遗憾的是长期以来可能由于难度问题并未受到遥感学者的深入关注。本项目申请人针对全球土地覆盖分类问题，研究和发展相适应的有限样本稳定分类理论，推演其中关键的数学证据与基础，是极具价值的一次尝试，对于推动土地覆盖制图的基础理论发展具有十分重要的意义。

在重点项目中，以"迁移体在肿瘤转移过程中的功能研究"项目为例。申请人选择"鼓励探索、突出原创"科学问题属性的理由如下：迁移体是申请人发现的新型细胞器；本项目首次发现迁移体在肿瘤转移中的重要作用，并建立了迁移体疾病模型；拟系统性观测迁移体在肿瘤转移过程中的时空分布与动态变化；深入研究迁移体在肿瘤转移过程中的生物学功能和工作机制。

通讯评审专家认为：迁移体是申请人首次命名的新型细胞器；本项目是原创性前期研究的逻辑延伸，具有得天独厚的原创性；本项目以迁移体对肿瘤转移进行研究，在研究思路和方向上具有较为新颖的视角，值得探索；肿瘤转移是癌症病人面临的比较致命的威胁，一直是肿瘤发生和治疗的研究重点，本项目对迁移体在肿瘤转移中的机制研究，为肿瘤防治研究带来新思路、新视角。

2）四类资助导向之二：聚焦前沿、独辟蹊径

"聚焦前沿、独辟蹊径"指科学问题源于世界科技前沿的热点、难点和新兴领域，且具有鲜明的引领性或开创性特征，旨在通过独辟蹊径取得开拓性成果，引领或拓展科学前沿。[①]

以面上项目"21 世纪中国地表风速变化及其对风能生产的影响机制"为例，申请人选择"聚焦前沿、独辟蹊径"科学问题属性的理由如下。风能是正在快速发展的可替代传统化石燃料的清洁能源，其开发利用是实现人类社会可持续发展的重要途径，且具有广阔的市场前景。地表风速变化将严重影响风力涡轮机的发电效率，其变化的不确定性是全球风能产业面临的重大挑战。本项目聚焦 21 世纪中国地表风速变化及其对风能发电的影响，通过融合多源观测数据和新一代地球系统模型，研究中国地表风速时空变化的特征，改进模型对地表风速的模拟，分析控制中国地表风速年代际波动的动力机制，预测未来一定时期内中国地表风速的变化并分析其对中国风能发电的影响。本项目将为中国风电产业的长远规划与健康发展提供科技支撑，保障中国切实有效地通过风能替代传统化石燃料达到缓解并控制全球气候变化的目的。

通讯评审专家的评审意见如下：作为一种重要的清洁能源，风能的开发利用是实现人类社会可持续发展战略的重要途径。风力发电与风速密切相关，地表风速变化的不确定性将是全球风能产业面临的重大挑战。揭示地表风速变化格局及其对风能生产的影响机制，为中国风能开发利用的长远规划和行业的健康发展及风机发电效率的提高提供重要的科技支撑并具有很好的指导意义。申请人课题组前期关于全球地表风速变化的研究与传统的地表风速在持续下降的认识有所不同，需要进一步开展相关的研究，进一步揭示地表风速的变化特征。该项目聚焦前沿，改进模型对地表风速的模拟，分析控制中国地表风速年代际波动的动力机制，将进一步拓展中国地表风风速变化及其物理机制的科学认识。项目具有"聚焦前沿、独辟蹊径"的特色。

重点项目"电化学脱嵌法从盐湖卤水中分离锂和铷、铯的物理化学"也是"聚焦前沿、独辟蹊径"科学问题的典型案例。申请人选择此问题属性的理由如下。中国盐湖卤水丰富，且含大量的稀有金属锂和稀散元素

[①] 国家自然科学基金委员会. 2019 年度国家自然科学基金项目指南[M]. 北京：科学出版社，2019.

铷、铯资源，因镁锂化学性质相似导致锂难以提取。同时，对于盐湖提取铷、铯，由于其赋存品位很低，并与浓度高得多且化学性质相似的同族元素锂、钠、钾共存，给铷、铯的分离提取带来了巨大挑战。项目借鉴锂离子电池工作原理，"反其道而行之"，将含锂的复杂天然盐湖卤水"代替"传统的 $LiPF_6$ 锂离子电解液，在新的充放电体系中，卤水中的锂将选择性地在电极材料中进行锂的嵌入和脱出；选择不同电极吸附材料来构筑相应的电化学分离体系，通过调控电位使得 Li^+、Rb^+、Cs^+ 的选择性嵌入/脱出，实现目标元素锂、铷、铯离子的高精度分离提取；项目研究形成从盐湖卤水选择性提取锂、铷、铯的电化学新体系，为中国盐湖资源的综合高效利用提供理论支撑，具有重要的战略意义。

通讯评审专家的意见如下：项目将锂离子电池的工作原理反过来应用于盐湖卤水提取锂，构筑了"富锂态吸附材料|支持电解质|阴离子膜|卤水|欠锂态吸附材料"的电化学提锂新体系，创造性地提出"电化学脱嵌法盐湖提锂"新技术，新思路或有望拓展至其他元素和化合物的分离和纯化，丰富分离科学的理论体系。项目提出了电化学脱嵌法从盐湖卤水中选择性提取锂等金属的新思路，可解决长期困扰冶金界的高镁锂比盐湖卤水提锂的技术难题，从源头上进行流程设计，属于变革性技术创新。项目采用逆向思维的模式，提出完全不同于传统的镁锂分离方法，提出了电化学脱嵌法从盐湖综合提取锂、铷、铯的新方法，对低浓度复杂有色金属资源的高效清洁提取具有重要参考价值和示范意义。项目具有明显的"聚焦前沿、独辟蹊径"的特色。

3) 四类资助导向之三：需求牵引、突破瓶颈

"需求牵引、突破瓶颈"指科学问题源于国家重大需求和经济主战场，且具有鲜明的需求导向、问题导向和目标导向特征，旨在通过解决技术瓶颈背后的核心科学问题，促使基础研究成果走向应用。[①]

以面上项目"智慧燃煤发电系统多层次自学习协同最优控制"为例，申请人选择"需求牵引、突破瓶颈"科学问题属性的理由如下。能源问题

---

① 国家自然科学基金委员会. 2019 年度国家自然科学基金项目指南[M]. 北京: 科学出版社, 2019.

是中国发展面临的挑战与重大需求,研发新一代燃煤发电系统智能协调控制新技术,提高管理品质,对智能电网和智慧电厂的发展具有重大价值和现实意义,也是推动电力产业的智能化进程、带动产业升级的重要举措。目前,燃煤发电控制系统存在的瓶颈问题包括发电系统建模不精确、机炉协调控制不能满足灵活发电需求、锅炉效率与污染物排放优化不足、汽水系统中汽包水位控制不准确等。该项目拟通过贝叶斯网络等技术建立机炉协调系统、锅炉燃烧系统等系统神经网络控制模型;建立机炉多层次协同最优控制和机炉鲁棒自适应动态规划自学习最优控制方案;建立多目标锅炉燃烧子系统自学习最优控制方案,进一步构建汽水系统和汽轮机阀门自适应动态规划协调最优控制方案;建立燃煤发电控制系统自学习最优控制测试平台。

通讯评审专家意见如下。新一代燃煤发电系统要求高效、灵活、绿色、低碳、经济,是国家重大需求。项目从燃煤发电控制系统实际需求出发,针对现有电厂发电系统协调控制存在的瓶颈问题开展研究,与国家大力推进煤炭清洁高效利用的需求密切相关。项目针对燃煤发电控制系统存在着发电系统建模不精确、机炉协调控制不能满足灵活发电需求、锅炉运行效率低等燃煤发电核心问题,拟建立一套燃煤发电系统多层次自学习协同最优控制方案。项目问题来源于实际,针对性和实用性强。项目以燃煤发电系统为对象开展多层次自学习协同最优控制的研究,解决建模、机炉协调控制、锅炉运行效率提升等瓶颈问题,具有重要的实际意义。该申请项目考虑燃煤发电控制,面向国家需求,以解决技术瓶颈性问题为目标,符合"需求牵引、突破瓶颈"属性。

"软物质界面水化膜的形成、水化/去水化机制及摩擦调控研究"是重点项目中的典型案例。申请人选择"需求牵引、突破瓶颈"科学问题属性的理由如下。随着人口老龄化加剧,植介入医疗器械需求愈加强烈。表面水润滑改性可以延长器械的使用寿命、改善舒适性,其与器械防蛋白黏着、降低摩擦、提高相容性密切相关,而高性能软物质水润滑材料与关键制备技术是改性的基础。开发润滑—抗磨一体化的长效软物质水润滑材料仍然是该领域的技术瓶颈。近年来,国产水润滑材料性能方面主要问题如下:①软物质材料表面水化膜厚度较薄,在宏观接触工况下,粗糙点局部应力集中会导致软物质层边界润滑失效；②软物质润滑材料力学承载和抗磨损性能较差，导致其使用寿命较短。究其原因，主要在于长效软物质水润滑材料这一技术瓶颈背后的核心科学问题尚未被清楚认识，例如：亲水界面水化膜如何形成？受压剪切过程中水化/去水化动态转变如何发生？界面接触对水化及其黏着和摩擦（润滑）的影响规律是什么？本项目拟通过搭建原位光学观测平台考察界面水化膜的动态形成过程、精准测量界面水化层的真实膜厚、揭示界面接触状态对水化膜的形成或破坏机制、明确界面水化/去水化过程中切向摩擦和法向黏附的耦合关系及通过分子动力学和接触力学模型构建界面水化和承载耦合的跨尺度模型等技术途径，来解决技术瓶颈背后的核心科学问题。在此基础之上，通过"增加水化膜厚度和材料结构化设计"的独特理念，突破传统软物质水润滑材料因承载和抗磨性能较差而无法满足其在实际工况下使用的难点，开发多种自适应水润滑材料，实现 2～3 种材料在医疗器械领域的实际应用，提升高端水润滑医疗器械的国产自主研发水平。

通讯评审专家给出了针对此项目的评审意见。该项目拟围绕影响水润滑材料使用性能的水化/去水化过程及其调控开展研究平台搭建，研究方法建立到具体体系研究的工作，以期为中国水润滑材料的升级换代奠定基础。提出的研究课题面向国家发展需要和经济建设主战场，具有"需求牵引、突破瓶颈"特点。软物质表面水化/去水化机制及摩擦调控，是高性能水润滑医疗器械中所面临的重要科学问题。该项目提出考察水化膜的动态形成过程，揭示界面状态对水化膜的形成与破坏机制，明确水化/去水化过程中摩擦和黏附作用的关系，建立力学模型，为解决界面水润滑体系中摩擦调控这一重要科学问题提供理论和实验依据。研究方案详细阐述了如何在微观/宏观水平上表征分析水润滑界面结构与性能之间的关系，进而建立水润滑体系中微观结构与宏观性能的关联机制，所提研究方案具有很好的系统性和良好的创新性。这一研究对于促进界面科学的发展、提升中国高端水润滑医疗器械的自主研发水平具有重要的意义。

4）四类资助导向之四：共性导向、交叉融通

"共性导向、交叉融通"指科学问题源于多学科领域交叉的共性难题，具有鲜明的学科交叉特征，旨在通过交叉研究产出重大科学突破，促进分

科知识融通发展为知识体系。[①]

以面上项目"富 CO_2 流体混合物在多组分电解质水溶液中的溶解度和体积性质的计算模拟及应用"为例，申请人选择"共性导向、交叉融通"科学问题属性的理由如下。该项目面向国家需求。近年来，CO_2 捕获与储存逐渐成为学界关注的重要科学问题，而深部咸水层因封存储量大被视为 CO_2 封存的最佳选择之一。当富 CO_2 流体混合物注入深部咸水层后，富 CO_2 流体处于超临界状态，上浮于咸水层上方，形成气—液两相流体。在一定的温度、压力和盐度下，查明富 CO_2 流体在咸水层中的溶解度、体积变化，以及后期富 CO_2 流体混合物的再注入量，是回答这一复杂科学问题的关键。

通讯评审专家意见如下。该项目聚焦富 CO_2 流体混合物注入深部咸水层的溶解度、体积变化等问题，拟设计 CO_2-N_2-O_2-Ar-CH_4-H_2S 体系流体状态方程，结合 Pitzer 方程进行模拟。该申请通过计算机科学、化学、物理学和地质学深度交叉，对富 CO_2 混合流体在深部咸水层的注入提供量化标准，有一定的科学价值。该项目针对 CO_2-N_2-O_2-Ar-CH_4-H_2S 流体混合物，构建 Helmholtz 自由状态方程，结合 Pitzer 模型，模拟计算富 CO_2 流体混合物在多组分电解质溶液中溶解度和体积变化，具有一定的创新性。扎实的研究基础和合理的研究方案可保证项目顺利执行。项目组成员长期从事地质流体的热力学模拟和预测的研究，在高温高压地质流体体系的计算和模拟研究方面有丰富的经验，并已发表了系列重要研究论文，为项目研究奠定了基础。在单组份气体溶解度预测模型基础上，扩展预测混合气体的溶解度，需要详细给出具体预测混合气体溶解度的方案。

重点项目"玉米基因型—表型数据关联的智能处理方法与验证"同样也是"共性导向、交叉融通"科学问题的典型案例。申请人的申请理由如下。现代生物实验技术积累了大量的作物遗传数据，推动了传统田间育种向智能分子育种的转化。项目采用信息表示、机器学习、农学验证等理论与方法，解析玉米基因型—表型数据关联，提出了通过揭示基因序列特征对表型作用机理，实现玉米多组学数据的网络联合表示理论，探索亲本基因型—杂交种表型间遗传转化机制，以发现玉米分子遗传和智能化育种规律。

---

① 国家自然科学基金委员会. 2019 年度国家自然科学基金项目指南[M]. 北京: 科学出版社, 2019.

通讯评审专家对此项目给出了如下点评。玉米是中国最重要的农作物之一，人工智能、生物学技术及生物信息学理论在这一领域的应用具有重要的意义和实用价值。项目属于人工智能等信息学理论、玉米发育及智能育种等生物学机制和现代农业等多学科领域交叉的重要共性问题。该项目聚焦国家粮食安全重大需求，针对主粮作玉米智能育种发展缓慢的现实需求，以推动主粮玉米作物分子育种的智能、高效和定向培育为目标，针对信息科学和生命科学前沿交叉领域共性重大科学问题，开展交叉创新研究。该项目以玉米遗传发育机制和优化育种为问题对象，提出开展玉米基因型—表型数据关联研究，目的是通过引入信息科学领域先进的处理与分析方法，对复杂的遗传数据进行有效的整合分析，解析玉米亲本遗传数据中所包含的遗传特征、调控网络，以及遗传关系，以更好地指导杂交实验，提升育种的品质和速度。项目研究工作涉及生命科学与信息科学的高度交叉，是信息科学方法与农业分子育种技术的深度融合。该项目拟研究玉米基因型—表型数据关联的智能处理方法，并验证。玉米是中国重要粮食作物之一，该项目对于指导玉米智能精准育种，以及探索玉米遗传发育机制和智能优化育种方面具有重要理论指导和应用价值，是多学科领域交叉重要共性问题。

4.1.2　自由探索与目标导向

基础研究是整个科学体系的源头，是所有技术问题的总机关。随着科学技术的快速发展，基础研究从纯自由探索的科研模式演化出面向重大科学目标的、国家战略需求牵引的基础研究。[①]《中华人民共和国科学技术进步法》也明确提出"推动基础研究自由探索和目标导向有机结合"[②]。

自由探索，即科研人员在兴趣驱动下，于科研实践中通过仔细观察和深刻思考，触发灵感，变革研究方法和手段，发现新现象、寻找新规律和开发新技术。科学发展有其不确定性，自由探索的意义在于虽应用价值并不明确，但能有意外的发现。在医学界攻克癌症的过程中便有此类案例。

---

① 潘教峰, 鲁晓, 王光辉. 科学研究模式变迁: 有组织的基础研究[J]. 中国科学院院刊, 2021, 36(12): 1395-1403.

② 中华人民共和国科学技术进步法[EB/OL]. (2021-12-24)[2022-05-25]. https://www.most. gov.cn/xxgk/xinxi fenlei/fdzdgknr/fgzc/flfg/202201/t20220118_179043.html.

美国的一组科研人员毕十年之功，以探究细胞的一般生命周期，并在 1993 年末发表论文，描述其率先发现的名为 p16 和 p21 的细胞周期蛋白质。仅 4 个月后，另一组科研人员亦独立地发现 p16 蛋白质与癌症之间存在着重要而出人意料的联系。该组科研人员专门研究黑瘤（一种致命的皮肤癌），在研究中，其发现 p16 蛋白质的丧失会导致细胞生长过程出错，从而使癌症迅猛增殖。这两组科研人员的研究方向本不相同，却在研究过程中殊途同归，得出对于 p16 等蛋白质研究的相关成果。与 p16、p21 蛋白质的发现和研究相似，此前关于 p53 蛋白质的研究亦可言作意外发现。早期研究发现名为 p53 的细胞周期控制蛋白质，而约半数人类肿瘤中都能发现其变异形式，足见其与癌症、细胞生长周期间的密切关联。然而这项极为重要的发现竟然出自对酵母、蛤、海胆和青蛙卵的生命周期的研究。[①]自由探索一度被视作基础研究的源头。美国总统罗斯福的科技顾问范内瓦·布什在其所著的《科学：无尽的前沿》这本书中提到，"科学进步本质上依赖的是科学家无须考虑实际目的的自由基础研究"[②]。布什认为要重视不以应用为目的的基础研究，面向长远。基于此策略，美国基础科学研究领跑全球，逐步摆脱了对欧洲基础科学研究的依赖，形成了若干重大突破。

目标导向，则是针对特定科学问题的解决，以此为目标开展具体的科学研究。科研经费往往有限，目标导向无疑是将好钢用在刀刃上的有力举措。但目标导向的价值绝非仅仅停留在特定应用问题的解决上，也会有实现理论突破的可能。例如热力学领域的著名案例——"卡诺热机"。法国科学家卡诺以提高热机效率为目标，对此科学问题展开研究。他的研究成果阐明了如何降低热机效率的限制，指出了提高热机效率的方向。同时，通过对提升热机效率的应用研究，催生了热力学第二定律的建立，推动了热力学的理论发展。

路易斯·巴斯德（Louis Pasteur）被世人称颂为 "进入科学王国的最完美无缺的人""微生物学之父"，他针对甜菜酿酒的应用技术研究直接导致了微生物学的建立，他的研究范式也对旧有的创新范式进行了补充。旧

---

① 克林顿, 戈尔. 科学与国家利益[M]. 曾国屏, 王蒲生, 译. 北京: 科学技术文献出版社, 1999: 48-49.

② 布什, 霍尔特. 科学: 无尽的前沿[M]. 崔传刚, 译. 北京: 中信出版社, 2021: 28.

有的创新范式深受范内瓦·布什"从基础到应用"的科学发展线性模型的影响，而巴斯德的研究则是从解决现实应用问题出发，深入基础研究工作，既解决了应用问题，也作出了科学发现，但这一事实在布什的科学发展线性模型中找不到相应位置。于是，普林斯顿大学斯托克斯（Donald Stokes）教授发展了布什的理论，提出了巴斯德象限模型，该模型中的四个象限之一——巴斯德象限，则代表由应用引起的基础研究。这一科学发展理论强调，应用技术牵引的基础研究可能直接引发颠覆性观念的创新。[①]目前，巴斯德象限模型在科技政策界产生了重要的影响。

由以上案例可以看出，自由探索能够在有意外发现的同时，也服务于国家和社会的应用目标；目标导向在解决应用问题的同时，也能有理论上的突破。基础研究与应用研究并非割裂的关系，而是互相促进、螺旋上升的。自由探索与目标导向也并非对立，自由探索多由兴趣驱动，目标导向多由需求驱动，二者的驱动力量并不冲突，且有时可以相互转化。通过形成鼓励自由探索、培养研究兴趣的氛围，可更好地促进目标导向与自由探索间的转化、融合，激发科学研究的活力。

目前不少人认为自然科学基金委是以自由探索为主，而目标导向极少。但实际上，在基金委的四类资助导向的改革措施下，二者已经有机结合起来。一方面，基金委继续稳定保持对面上项目、青年科学基金项目和地区科学基金项目的资助力度，保持自由探索类项目经费占比，支持科研人员在科学基金资助范围内进行自由探索。另一方面，基金委也于 2019 年开始逐步开展基于科学问题属性的分类申请与评审工作，遴选和资助符合科学基金资助导向的基础研究项目。

按照四类科学问题属性分类申请和评审的导向，已体现在基金委的工作实施之中。分类申请要求申请人在填写申请书时，根据拟解决的关键科学问题和研究内容，选择最相符、最侧重和最能体现申请项目特点的一类科学问题属性，并阐明选择理由。分类评审要求同行专家按照科学问题属性的评审提纲进行评审。分类申请和评审旨在发挥导向作用，引导项目科研人员深入思考，摒弃"套路化"思维，推动创新研究。2019 年，基金委

① 张慧琴，王鑫，王旭，等. 超越巴斯德象限的基础研究动态演化模型及其实践内涵[J]. 中国工程科学，2021, 23(4): 145-152.

选择重点项目和部分学科面上项目试点开展基于四类科学问题属性的分类评审工作。①2020 年，全部面上项目和重点项目试点开展基于四类科学问题属性的分类评审工作，实施分类评审项目占接收项目总数的 41.53%。②从 2019 年试点和 2020 年面上项目整体情况看，分类申请和评审更加明确了新时期科学基金资助方向，发挥了很好的引导作用。也鉴于此良好的效果，试点范围逐步扩大，在 2021 年，绝大多数的项目类型实行分类申请，分类申请项目占比达到 98.1%。面上项目、青年科学基金项目和重点项目开展分类评审，占比超过 85%，科研人员选题质量显著提升。③同时，有学者采用随机对照试验方法，对管理科学部 2021 年面上和青年科学基金 1110 个项目的分类评审试点效果进行评估，研究结果发现分类评审不但不会系统性地影响通讯评审结果，反而能够有效提高同行评议专家对原创、前沿和交叉类项目的共识度，这些项目的上会率和资助率显著提高。④

基金委的四类资助导向改革更符合基础研究发展的规律，符合当今科学发展的规律，使自由探索与目标导向互相促进，相得益彰。因此，科研人员在选题时，应当坚持"四个面向"，参照基金委的四类资助导向，持续开展有价值的科学问题研究。

4.1.3 研究方案的设计

研究设计是之后整个方案执行的总体策略。凡事预则立，不预则废，研究方案设计的重要性不言而喻。

在项目申请时，研究方案的核心是阐明问题意义及解决此问题的可能途径。故研究人员在设计研究方案时，需回答研究什么和怎么开展研究，一般包括研究目的、研究问题、研究重点、研究方法、研究步骤、研究任

---

① 郝红全, 郑知敏, 李志兰, 等. 2019 年度国家自然科学基金项目申请、评审与资助工作综述[J]. 中国科学基金, 2020, 34(1): 46-49.

② 赵英弘, 郑知敏, 郝红全, 等. 2020 年度国家自然科学基金项目申请、评审与资助工作综述[J]. 中国科学基金, 2021, 35(1): 12-15.

③ 郝红全, 赵英弘, 郑知敏, 等. 2021 年度国家自然科学基金项目申请、评审与资助工作综述[J]. 中国科学基金, 2022, 36(1): 3-6.

④ 吴刚, 陈中飞, 汪锋, 等. 基于随机对照试验的管理科学部三处分类评审试点效果分析[J]. 计量经济学报, 2022, 2(2): 228-236.

务规划等方面的内容。通过设计研究方案，科研人员能够在研究初期，对研究过程有清晰的认识和准确的把握，是保证后续研究的科学性、可信度、可操作性的重要步骤。

因此，科研人员在进行研究方案的设计时，需秉承实事求是的态度，根据实际情况，充分考虑后续研究工作所涉及的内容，做到心中有数。开展翔实的研究设计，避免因研究设计不够完备而对研究结果造成不好的影响。

4.2　项目申请规范

根据《国家自然科学基金项目申请规定》，项目申请人是指符合各类计划项目申请资格并申请项目的个人。申请人应是组织项目申请和正式提出项目申请的负责人，同时在该项目批准后的实施过程中，是该项目的实际负责人，应保证有足够的时间和精力从事申请项目的研究。[①]申请人必须有依托单位，根据《国家自然科学基金条例》第十条第二款的规定，"无工作单位或者所在单位不是依托单位的，经与在基金管理机构注册的依托单位协商，并取得该依托单位的同意，可以依照本条例规定申请国家自然科学基金资助"[②]。日本学术振兴会也有类似规定，"申请人必须从属于研究机构，且必须在其中从事研究活动，而非辅助工作"[③]。另外，"主要参与者中如有申请人所在依托单位以外的人员，其所在单位即被视为合作研究单位"[④]。

申请人需拥有足够的能力和资源完成研究。

其一，这体现在申请人需拥有较高的学术素养，申请人的学历与职务则为其基本体现与保证。依托单位的科研人员作为申请人申请科学基金项

---

① 中国科学院. 科研活动道德规范读本:试用本[M]. 北京: 科学出版社, 2009: 52.

② 国家自然科学基金条例[EB/OL]. (2007-03-06) [2022-06-19]. https://www.nsfc.gov.cn/publish/portal0/tab471/info70222.htm.

③ How to apply | Japan Society for the Promotion of Science[EB/OL]. [2022-04-05]. https://www.jsps.go.jp/english/e-grants/grants09_startup.html.

④ 国家自然科学基金项目管理常见问答(2023 年) [EB/OL]. [2023-04-23]. https://www.nsfc.gov.cn/publish/portal0/wd/01-09/.

目，应当符合《条例》第十条的规定："（一）具有承担基础研究课题或者其他从事基础研究的经历；（二）具有高级专业技术职务（职称）或者具有博士学位，或者有 2 名与其研究领域相同、具有高级专业技术职务（职称）的科学技术人员推荐"[①]。

在美国、日本等国的科学基金申请中，项目申请人常被定义为 PI（principal investigator），在国内常被翻译为首席科学家、项目负责人、课题组长或学术带头人。PI 往往发挥着研究项目中的核心作用，肩负着重大责任，若无法履职，应避免成为 PI，申请人同理。此外，正在攻读研究生学位的人员（接收申请截止日期时尚未获得学位）不得成为申请人，仅有受聘于依托单位的在职攻读研究生学位人员经过导师同意，方可申请面上项目、青年科学基金项目和地区科学基金项目。[②]同样，日本学术振兴会、美国自然科学基金，亦不接受在读研究生提交项目申请。[③]

其二，这体现在申请人需拥有充足的时间与精力完成科研项目。国内项目申请人应当保证在承担任务期间，每年在国内工作时间不少于半年；海外留学人员和外籍人员则应保证每年在国内工作不少于四个月。[④]总之。科研人员不能为了尽可能多地争取科研经费，而罔顾自身所能承担的工作负荷。[⑤]

有鉴于此，自然科学基金委便对申请人所申科研项目的数量有明确限制。一般而言，申请人同年只能申请一项同类型项目，而上一年度获面上项目、重点项目、重大项目等资助的项目负责人，本年度不得作为申请人再申请同类型项目。申请人也应避免同一研究内容在不同资助机构重复申请的行为。[⑥]

① 国家自然科学基金条例[EB/OL]. (2007-03-06) [2022-06-19]. https://www.nsfc.gov.cn/publish/portal0/tab471/info70222.htm.

② 2022 年度国家自然科学基金项目申请规定 [EB/OL]. (2022-01-19) [2022-06-19]. https://www.nsfc.gov.cn/publish/portal0/tab1100/.

③ National Science Foundation. PAPPG Introduction[EB/OL]. (2021-10-04) [2022-04-05]. https://www.nsf.gov/pubs/policydocs/pappg22_1/index.jsp.

④ 中国科学院. 科研活动道德规范读本:试用本[M]. 北京: 科学出版社, 2009: 53.

⑤ 科学技术部科研诚信建设办公室. 科研活动诚信指南[M]. 北京: 科学技术文献出版社, 2009: 2-3.

⑥ 2022 年度国家自然科学基金项目申请规定 [EB/OL]. (2022-01-19) [2022-06-19]. https://www.nsfc.gov.cn/publish/portal0/tab1100/.

申请人还应在项目申请的全流程中坚持诚信原则、实事求是。在身份信息的部分，申请人应如实、准确填写其个人信息，并对其项目参与者、合作者的相关信息真实性负责，避免出现冒名申请、编造合作者、伪造个人信息等不应出现的不端行为。在研究内容部分，则更应如实填报申请书内容，既不可弄虚作假，亦不可回避其可能存在的伦理、安全乃至法律问题。在具体填写规范中，则当依据各基金项目填报规范审慎填写，避免出现格式或内容的错漏。

此外，申请人在项目申请之初，就理应同自己的合作对象、科研团队中的其他成员充分沟通，在合作目标、研究分工、资源分配、成果归属、署名先后等议题进行讨论，达成共识，签订合作协议，以避免其后发生不必要的分歧乃至纠纷。

总之，项目申请环节存在诸多值得注意的细节，不便在本节一一罗列。申请人理应仔细查阅其所申请科研项目的具体申请要求或本年度的《项目指南》，确认无缺漏。特别是初次接触项目申请的科研人员，更应主动了解相关规定、要求；其所属依托单位也应主动说明、介绍在项目申请环节的具体、常见的问题和注意事项。

4.3   项目申请中的常见不端行为

科研不端行为潜藏在科学研究的整个过程，往往从项目申请开始就会出现。其常见的不端行为，主要包括：提供虚假的学术信息、有意剽窃或代写或重复使用项目申请书、提供不实的身份信息等。

4.3.1   虚假学术信息

过往的科研成果是遴选项目时的基本信息和重要参考。科研人员若想从项目基金中获取资助，其科研能力无疑是主要的评判依据。但这与应试答卷不同，并不能有一个数值式的准确评判。因此，科研人员的过往科研成果，或是项目的预期成果，往往被用来从侧面反映科研人员及其团队的学术能力乃至其所申请项目的重要性。毕竟，过往成绩斐然，大抵其之后的成绩也不会差；预期成果重大，大抵最终所得成果也会更好。基于以上思路，个别科研人员不免"心思活泛"，以致走上歪路，出现各类科研不端行为。

学术信息造假的手段多种多样，或通过冒名顶替、篡改署名、捏造论文的方式将非本人的学术成果据为己有，或夸大事实地描述其以往的研究成果。具体而言，常见的学术信息造假，可以分为以下五类。

篡改论文作者署名及顺序。尽管作者的署名与顺序未必能完全表明作者在研究中贡献几何，而且在不同领域中也有不同的规范，但由于有些机构在统计成果、评审职称或颁发奖励时只承认第一作者或通讯作者，这便导致高顺位署名作者（如第一作者）有时有远胜于其他顺位署名的价值意义。因此，学术信息造假的案例中常有篡改论文作者署名顺序之行为。篡改论文作者署名及顺序常表现为：删除共同通讯作者署名、删除共同通讯作者标识、变造自己为通讯作者、删除共同第一作者、变造自己为第一作者、虚构自己的作者身份等。譬如，有的科研人员会在基金项目申请书中篡改论文署名顺序，将自己的第三、第四作者身份改为第一作者，希望以此谋得评审专家更多的青睐。

顶替同名人员成果。造假者行此举通常是为丰富履历，假借同名之便，盗用他人的成果，据为己有，这一行为若无深入调查常难以被人察觉。尤其是，中国的科研人员在国际期刊发表论文时，其署名常使用拼音缩写，这便使得重名情况更加常见。因此，国内顶替同名人员成果的案例屡见不鲜，有的科研人员趁此机会，假借其相同的姓名缩写，冒认他人论文，甚至在研究方向大相径庭时也仍敢冒大不韪。但不管冒名顶替如何"天衣无缝"，终究都有暴露之时，难逃惩处。

捏造学术成果。个别科研人员并不愿处心积虑地在论文署名、冒名顶替上做文章，而是直接无中生有地编造出"符合自己幻想"的学术成果。此类不端行为，所造成的恶劣后果与前二者亦不遑多让，科研人员切不可为之。

夸大预期成果。在诸多造假的科研不端行为中，预期成果造假较难判定，其主要表现为申请人对其项目成果的过度自信，或夸大描述该项目的预期成果，以达到获得基金资助的目的。若因未能充分了解与把握前人研究或当前的研究水平，而使得科研人员错估其预期成果，盲目声称其开创性意义，必定是不负责任的行为。例如早些年"水变油""浅水船"等事件，便夸大了其预期成果，最终造成人力、物力的大量浪费。

夸大前期成果。科学技术部 2020 年所发布的《科学技术活动违规行为处理暂行规定》中明确指出，科学技术人员的违规行为包括"故意夸大研究基础、学术价值或科技成果的技术价值、社会经济效益，隐瞒技术风险，造成负面影响或财政资金损失"[①]。有些急功近利的科研人员会在个人学术信息中夸大描述其以往研究成果的事实，伪造丰富有力的学术信息以达到晋升职称或获取奖项的目的，而这于项目材料的审核人员而言，有时也难以查明。譬如曾有科研人员在其主持的项目中，声称其掌握某项核心技术，夸大其研究的经济效益。不仅借此骗取高额经费以组建公司，甚至在该公司亏损破产后，竟然还在各类申报材料中声称其研究产生高额经济效益。夸大前期成果，意味着不仅可能会着重"修饰"某一项研究，更可能将某些"暧昧不清"的研究列入"已有研究基础"之中。科研人员在填写基金项目申请书时，或许会出现一些模棱两可、令人捉摸不定的情况。比如，业已投稿尚未录用的期刊或会议论文能否列入、实际参与却未有署名的课题项目能否列入等，这些都未有明文规定，但一旦科研人员确定需要将其列入申请书中，则理应注明此类细节。

除以上五类常见学术信息造假类型外，还存在一些较少出现的不端行为，不便归入其类。例如，将过往的"参加"基金项目写成"主持"基金项目，将其他高校的硬件条件谎称为自己所在高校的，将其他地区相关的研究问题无依据地套用在自己所研究的地区上，不一而足。

4.3.2 申请书的剽窃、代写或重复使用

申请书剽窃，是指申请人剽窃他人的项目申请书，以获得项目资金资助。在常见案例中，以剽窃内容而言，可分为直接剽窃，搬用他人项目申请书内容，剽窃他人的数据、思想等；而以剽窃者身份而言，评审专家利用职务之便行剽窃之举最应当被警惕与重视。

---

① 科学技术部.科学技术活动违规行为处理暂行规定 [EB/OL]. (2020-07-17) [2022-06-19].http://www.gov.cn/ zhengce/zhengceku/2020-08/09/content_5533566. htm.

剽窃他人项目申请书，指的是直接挪用他人项目申请书中的内容。不过，由于相似度检查技术的快速进步，自然科学基金委已在 2012 年开发并启用项目相似度检查系统，该系统会分别比对申请书的整体，以及立项依据、研究内容、研究方案和创新点方面的相似度，以探明项目申请书是否存在剽窃现象。经比对，自然科学基金委确实发现了不少具有高相似度的剽窃案例。同时受益于项目相似度检查系统，近年来全文剽窃申请书的案例已经较为少见。但正所谓按下葫芦起了瓢，剽窃他人项目申请书中的思想、实验材料、公式等现象开始更为常见，并成为比全文剽窃更加隐蔽的不端行为。毕竟，相较于大段成篇的剽窃，在文章的细微之处所做"工夫"更难被察觉。

评审专家对申请材料负有重要的管理职责，每位评审专家都被要求保密、不外传，然而如今却仍出现不少剽窃申请书的案例。究其原因，不只存在因其管理不善而泄露的风险，更有其监守自盗、利用职务之便以作剽窃的可能。前者，曾有评审专家未能妥善处置他人申请材料，随意放在其办公桌上，而被人乘机拍照从而泄露出去，导致剽窃之事发生；后者，则有评审专家从其所审的项目申请书中剽窃其框架和内容，而丝毫不顾及其身为评审专家的职业操守。当然，评审专家所涉的申请书剽窃可能不止于此，甚至还可能存在一种更为恶劣的存在利益冲突的情况：个别科研人员利用其审稿人等身份，吸纳乃至剽窃他人的新颖观点或研究成果，并拒稿其所投文章，而在同一时间以个人名义抢先发表。

除剽窃行为外，请他人代写或重复使用申请书的不端行为近年来逐步增加。个别申请人为增加中标的可能性，委托第三方机构修改申请书乃至完全代写。而这自然违背申请人所应担负的职责，以及《国家自然科学基金项目指南》中所规定的"申请书应由申请人本人撰写"的要求。至于重复使用申请书，亦违背《项目指南》所规定的"不得同时将研究内容相同或相近的项目以不同项目类型、由不同申请人或经不同依托单位提出申请，不得将已获资助项目重复提出申请"[①]。

---

① 2022 年度国家自然科学基金项目申请规定 [EB/OL]. (2022-01-19) [2022-06-19]. https://www.nsfc.gov.cn/publish/portal0/tab1100/.

4.3.3 不实身份信息

身份信息抑或是项目申请中的重要参考。理想状态下的学术界，其资源分配应做到将尽可能多的资源向对知识目标与社会进步具有卓越贡献的研究项目倾斜。但在实际中，由于科学研究的创新性及其类同"黑箱"的特性，即使是长期深耕于某一领域的资深科研人员，也很难准确预判某一研究可能的价值或意义，更不用说科研管理者。因此，为兼顾评判效率与分配的准确性，学术界不免会将科研人员过往的学术成绩、背景同其研究申请材料相结合，共同作为资源分配的依据。

为争取这可能的"便利"，希冀于在这愈发激烈的竞争中占得先机，个别科研人员开始动起歪脑筋，抱着侥幸心理伪造履历，以夸大自己的身份信息。这种做法不仅损害学术界的诚信与公正，平添诸多事端，而且对伪造履历之人而言，一旦事情败露便将导致其身败名裂，从此再难立足于学术界。具体而言，常见的身份信息造假，可以分为以下三类。

一是学术经历造假。常见为在个人身份信息中编造其未曾获得的学历。在申请时，由于申请人不必为其学历提供学位证书以作证明，且优异的学术经历或有利于其在申请中占得先机，个别申请人便走上学术经历造假的不归之路。学历造假或许能为其带来一时的利益，但一旦被发现，造假之人将被暂停项目申请资格或被撤销基金项目，乃至丢掉在高校的工作，得不偿失。

学术经历造假，也可能并非故意，而是对相关规定并不熟悉，无意中违反，或是受欺骗、蒙蔽取得不符合资质要求的学历。例如，刚刚通过毕业答辩的博士研究生尚未正式取得相应学位，便在无意中违规，以博士学位身份申报基金项目。

学术经历是身份信息中被"不少人"所最为看重却也是"执念"最深的部分。对科研人员而言，"名牌院校"出身的背景应是其求得更高学问的敲门砖，而不应成为其科研能力的"代名词"。科研人员拥有好的学术经历，并不意味其自身拥有与之匹配的科研能力，"师傅领进门，修行靠个人"便是此理。但依旧有个别科研人员未能认清这一点，选择舍本逐末，妄图以欺骗的方式捏造一个"光鲜亮丽"的院校背景，以彰显自身科研能力之强,殊不知踏踏实实做学问才是最正确的道路。个别科研人员可能谎称其为海外某知名高校的访问学者,或谎称其有硕士生导师乃至博士生导师身份等。凡涉及其学术经历的,皆在造假之列。

二是团队成员信息造假。主要是指在基金项目申请书的主要参与者部分,申请人未经同意,有意将不在科研团队中,但身份信息优异的科研人员列入其中,以便凭借此人的学术能力与声望获得项目资金资助。例如,曾有科研人员在他人不知情的前提下,伪造某位特聘教授的签名,冒用其名义申报基金项目。毕竟在其看来,若其科研团队中有特聘教授,其"实力"便可大大提升,更有可能获得项目资助。

团队成员信息造假的目的,有时不只是需要利用身份信息优异的科研人员,以便申报,还有可能是希望借他人身份以申请资助,比如曾有导师冒用其已毕业的学生名义和签名,申报科学基金项目并获得资助。再如,在读的硕士、博士研究生不能算在团队成员之列,为了筹措一支"看得过去"的研究团队,便曾有科研人员在申请基金项目时,令其所指导的硕士、博士研究生,冒用助理研究员的身份参与申请,将其违规纳为团队成员。

团队成员是申请课题时的必填项,其重要性在于成员间能否勠力同心、踏实合作。团队成员信息造假,盖因诸多科研人员不能认清团队成员本应为何。个别科研人员将团队成员信息视作自身得以成功申请课题项目的重要筹码,因而倾向于在团队成员中罗列一些并无关联的知名科研人员,或是尽可能多地增加团队成员数目,以求多多益善,"壮其声势"。但这实为一类"异化",偏离主要参与者这一项目的设置初衷,即鼓励科研工作中的合作,通过踏实合作促成科研工作,使其更富有成效。因此,科研人员在申请课题时,首先应当端正这一态度,再同科研合作者取得联系,并将"真正的"合作者纳入团队成员中,在申请课题项目时都务必确保项目组各位成员个人信息的真实性,并征求其书面意见,不可擅作主张、未经他人同意便将无关科研人员纳入其中,更遑论伪造他人的同意书或签名。

三是年龄造假。这一不端行为常发生于青年科学基金项目的申请中。由于申报年龄的限制,许多不满足要求且在要求年龄边缘的人为申报项目不惜篡改年龄、伪造履历。例如,有科研人员为享受"青年"身份带来的红利,而将其出生年份改晚 2 年，并制造假的学生证，编造个人简历，以此申请青年科学基金项目，并借此逃避单位组织的基金申请项目形式审查。

4.4　本章小结

项目申请是开展科学基金项目的第一步，是极为重要的开始。科研人员在研究选题阶段，应坚持面向世界科技前沿、面向经济主战场、面向国家重大需求、面向人民生命健康。为此，自然科学基金委也对资助导向进行了改革，以鼓励与引导科研人员开展更有学术价值与社会责任的研究。

身为科研人员，应在项目申请的全流程中坚持诚信原则、实事求是，遵循《项目指南》中的诸多具体要求。不论是学术信息、身份信息，还是项目申请书本身，申请人都不应在其中弄虚作假，而应提供正确无误的学术与身份信息，并认真准确地填报项目申请书。

4.5　推荐扩展阅读

《画说科研诚信》编写组. 画说科研诚信[M]. 北京: 科学技术文献出版社, 2018.

国家自然科学基金委员会. 2022 年度国家自然科学基金项目指南 [M]. 北京: 科学出版社, 2022.

教育部科技发展中心. 科学技术研究项目经费申请指南:2008 年版[M]. 长沙: 中南大学出版社, 2008.

克林顿, 戈尔. 科学与国家利益[M]. 曾国屏, 王蒲生, 译. 北京: 科学技术文献出版社, 1999.

李真真, 黄小茹. 科研伦理导论: 如何开展负责任的研究[M]. 北京: 科学出版社, 2020.

第 5 章

项 目 执 行

项目执行是保障研究成果的重要过程，包括研究资源的调配与使用，尤其是研究过程中对数据的记录、收集、使用、保存与共享。科学的目标是追求客观性的知识，是精确、客观、理性地描述和解释世界。①项目执行的任务则是利用有限的研究资源实现科学的研究目标。因此，科研人员在项目执行过程中，应该合理使用研究资源，杜绝滥用或破坏研究资源，严格遵守原始数据记录、收集、使用、保存与共享规范，以确保研究成果的真实性与客观性。但是，在项目执行过程中，仍存在篡改与伪造数据的科研不端行为。本章将主要从研究资源的合理使用及篡改与伪造的不端行为两方面展开论述。

5.1 研究资源的合理使用

数据、时间、设备、材料与经费均是关键的研究资源，合理地使用这些资源是保证项目顺利执行的重中之重。本节将从以下三个方面来阐释如何合理使用研究资源：数据的记录、收集、使用、保存与共享；研究时间的配置；设备、材料与经费的使用。

---

① 杨怀中, 高兮. 科学技术活动中真善美的价值融合[J]. 理论月刊, 2010(7): 38-40.

5.1.1 数据的记录、收集、使用、保存与共享

数据是科学研究之源。科研数据是科学事实的表征，科学事实是指人们对科学实践中所观察到的客观存在的事件、现象和过程的真实描述或判断，科研人员通过记录、收集、分析和解释科研数据来还原或解析科学事实，解决既定的研究问题。

科学事实的根本特点是可靠性。[①]因此，在数据的记录、收集、使用、保存与共享中，要充分保证科研数据的可靠性，这是对科学事实的尊重，也是维护科学求实求真精神的重要举措，能够避免浪费宝贵的时间和科研经费，不让其他科研人员陷入毫无结果的科研死胡同。相反，若是对科研数据造假，破坏科研数据的可靠性，相当于伪造和掩盖科学事实，无疑是对科学事实可靠性的极大损害，还可能导致出台不完善的公共政策，如糟糕的环境标准或公众健康标准；在生物医学领域，甚至可能会危及生命。[②]

1. 数据记录、收集与使用规范

科研活动会产生大量的科研数据，这些数据犹如尚未开采的矿藏，只有正确记录、收集与使用，才能从中挖掘出珍贵的宝藏。所谓"正确记录、收集与使用"，无疑是指始终保证原始数据的真实性与完整性。科研是追求真理的过程，不是加工真理的故事。

科研人员要真实、客观地记录、收集与使用其数据或结果。首先，不能为使自己的结果看起来比实际的更好或者更有利于支持自己的假说，而对原始数据加以删裁取舍。[③]其次，处理科研数据时也要确保科研数据的可靠性。例如，在图像处理中，可能会对图像进行调整，在此过程中需谨慎对待，确保处理后的图像信息与原始图像信息保持一致。最后，作者应该对自己论文或专著中的数据进行认真审核，确保数据的处理和呈现能够清晰、完整、准确地反映实物资源和实际研究的真实属性，符合描述规范，使审稿人或读者能够检验其真实性。

---

① 彭湘庆. 关于科学事实的几个问题[J]. 社会科学, 1990(4): 13-17.
② 王蒲生. 科学活动中的行为规范[M]. 呼和浩特: 内蒙古人民出版社, 2006: 166.
③ 王蒲生. 科学活动中的行为规范[M]. 呼和浩特: 内蒙古人民出版社, 2006: 19.

总而言之，正确记录、收集与使用数据要求科研人员始终保证数据的完整性、真实性和原始性，不能为了某种目的而对原始数据进行篡改或不当的二次加工。与之相对的编造数据、篡改数据与修饰数据行为等都属于科研不端行为，科研人员在从事相关研究时要极力避免。

2. 数据保存规范

在科研过程中，科研人员不但要诚实地记录、收集和使用数据，还必须妥当地保存数据。数据可以储存为多种形式，如纸本、计算机软盘、录音磁带、缩微胶卷、幻灯、录像磁带和光盘等。

保存数据之所以重要，主要有以下几个原因。首先，保存数据可以方便科研人员检查自己的工作。科研人员在研究过程中常常需要重新查阅确凿的数据，或重新分析原始数据。其次，保存数据可以使批评者或评议者能够仔细核查或验证一项研究，以证明该项研究的操作过程是否与作者描述的一致。假如有人质疑研究的真实性，或者试图验证该项研究是否有假，就必须核实原始数据。再次，保存数据可使其他科研人员能够在研究中使用原始数据。原始数据包含的信息要比从论文中得到的信息多，那些想借鉴先前研究的科研人员，常常希望看到原始数据。最后，数据是科研资源，不应随意处置或丢弃。

为了加强科研数据管理，有效保护和利用科研档案，国家档案局与科学技术部制定了《科学技术研究档案管理规定》，对科研数据的保存做出了重要指示。保存对象包括科研项目在立项论证、研究实施及过程管理、结题验收及绩效评价、成果管理等过程中形成的具有保存价值的文字、图表、数据、图像、音频、视频等各种形式和载体的文件材料，以及标本、样本等实物。

在科研数据保存过程中，应当遵守如下规范。

第一，明确责任人。科研项目负责人对归档科研文件材料的完整性、准确性、系统性负责。科研项目应当明确专人负责科研文件材料的收集、整理、审核，结题验收后按照要求及时归档。

第二，明晰归档范围。各单位应当根据科研内容和科研管理程序，结合科研项目特点确定归档范围。科研项目在立项论证、研究实施及过程管理、结题验收及绩效评价、成果管理等全过程中形成的，具有保存价值的各种形式和载体的科研文件材料，均应当纳入归档范围。

第三，科研数据的销毁。科研数据不断增加，储存数据的空间便显得不敷使用，管理数据的花费也相当高昂。在各种资源都有限的情况下，科研人员就需要在储存数据和有效使用资源这两个目标间权衡，需对保管期满的科研档案进行鉴定，经鉴定仍需继续保存的科研数据应当重新划定保管期限，确无保存价值的应当按照有关规定进行销毁。

第四，当今科学研究从小科学时代进入大科学时代，科研项目越来越具有高度综合性，当多交叉学科、跨学科项目涌现，科研也逐渐由单打独斗走向团队合作。对于分工合作完成的科研项目，应当以任务合同或分工协议条款等书面形式明确约定科研档案的归属、流向、处置和利用共享事项。①

保存数据可以促进研究的客观性，促进科学的合作和科研人员之间的彼此信任。因此，科研人员有责任维护数据，避免毁坏或丢失，同时还要将数据整理得井然有序，以便查阅和传输。丢失数据和毁坏数据，应视为失职行为。

3. 数据共享规范

随着科学研究逐渐朝着数据密集型方向发展，已有数据的复用在科学研究中占据着愈加重要的位置，科研数据的开放共享驱动着科学研究的发展。科研人员应遵照数据共享的科学公开原则，在保密和知识产权保护的前提下，加强交流与讨论，接受学术界检验。②在大科学时代，科研合作已是常态，一份科研数据可能有多名共同所有者。对于有多名共有者的数据，应事先确定数据共享的规范或协议。明确的数据共享规范可以保证数据的重用性和互操作性，促进科研数据以更高的效率在更大的范围内发挥价值。③

---

① 国家档案局, 科学技术部. 科学技术研究档案管理规定[EB/OL]. (2020-09-11)[2022-10-16]. https://www.saac.gov.cn/daj/xzfgk/202112/2618b69465e5469e9165116ddc1190f8.shtml.

② 王蒲生. 科学活动中的行为规范[M]. 呼和浩特: 内蒙古人民出版社, 2006: 285.

③ 刘莉, 刘文云, 刘建, 等. 英国科研数据管理与共享政策研究[J]. 情报资料工作, 2019, 40(5): 46-53.

根据国务院办公厅所颁布的《科学数据管理办法》，科学数据管理遵循分级管理、安全可控、充分利用的原则，明确责任主体，加强能力建设，促进开放共享。科研人员应当遵循的数据共享规范如下。

第一，科研人员应当按照有关标准规范进行科学数据采集生产、加工整理和长期保存，确保数据质量。具体而言，研究人员在科研数据生产、整理与共享过程中，要保证数据的可靠性，不得蓄意篡改或伪造数据，使之不能真实、客观地报告科学事实。

第二，要做好科学数据的保密和安全管理工作。需重视一些特殊数据的共享规范，例如，对于涉及个人隐私的敏感数据，务必要获得受试者的知情同意后，才能用于约定范围内的数据共享。再如，针对可能会对公众人身安全和健康存在威胁的数据，科研人员也应当将潜在风险及时告知有关部门，确保安全性后再进行数据共享。

第三，科学数据使用者应遵守知识产权相关规定。科研人员应当明确所共享数据的所有权归属，对于未公开发表的数据，须事先获得数据所有者的同意，并以适当的方式说明数据来源。对于已公开发表的数据，所涉及的研究数据应当遵守发表物的数据共享规范，明确数据的知识产权，合规共享数据。

第四，科研人员还应严格遵守所在机构的知识产权政策。若科研人员的学习或工作机构发生变动，其数据共享行为应当遵守原机构的相关规定或者事先的约定。

第五，政府预算资金资助形成的科学数据应当按照开放为常态、不开放为例外的原则，由主管部门组织编制科学数据资源目录，有关目录和数据应及时接入国家数据共享交换平台，面向社会和相关部门开放共享，畅通科学数据军民共享渠道。国家法律法规有特殊规定的除外。[①]

5.1.2 项目研究时间的配置

项目研究时间是研究活动中必要的资源，合理地规划时间资源是研究活动

---

① 国务院办公厅. 国务院办公厅关于印发科学数据管理办法的通知 [EB/OL]. (2018-04-02)[2022-10-15]. http://www.gov.cn/zhengce/content/2018/04/02/content_5279272.htm.

中不可或缺的部分，科研人员应当合理配置项目研究时间以保证科研工作的顺利开展。

一方面，科研人员应当对项目研究进行必要的时间投入。美国国家教育统计中心（National Center for Education Statistics）曾发布《2012 年教育统计摘要》，该摘要包含美国 2003 年对大学教师的工作时间的统计分析，数据表明，美国高校教师周平均工作时间约为 53.5 小时，工作内容主要分为教学活动、科研活动、其他（行政、专业发展等）三个部分，分别占教师工作总时间的 58.2%、20.0%、21.7%。[①]

在中国，有研究对清华大学、哈尔滨工业大学等高校教师的工作时间进行调查，结果表明中国高校教师周平均工作时间约为 52 小时，主要工作内容可分为教学、科研、管理与服务三个部分，平均周工作时间分别为 24.4 小时、21.3 小时、6.3 小时，约占周平均工作时间的 47%、41%、12%。[②]由此可见，国内外高校教师投入在科研上的时间都不到 50%。

科研人员减负工作如今虽已取得一定成效，但行政事务、科研管理等占用时间过多的问题依旧存在。据调查研究显示，一些科研人员用于科研的时间精力不能得到保障，受访的科研人员中近 7 成表示被杂务挤占了科研时间。而另一项调查则显示出逾 6 成受访的科研人员认同项目计划的申请评审占用其科研时间、令其疲于应付。[③]为更好地使高校教师投入到科研活动中，相关管理部门应当体恤高校教师教学及科研任务繁重，尽可能减少其在行政与服务上的时间花费，将更多的时间让渡给项目研究。

另一方面，科研人员也应当对其工作时间进行合理的安排。但实际上，部分科研人员常将精力用于科研活动之外。例如，部分科研人员在高校就职之余，会经营自己的公司，不仅十分耗费精力，还导致其在科研上投入的时间大大减少。科研人员必须保证有充分的时间履行其在任职机构的首要工作职责。若科研人员还在其他机构有任职，如担任顾问，承担管理职责，

① National Center for Education Statistics. Digest of education statistics: 2012[EB/OL]. (2013-12)[2022-05-27]. https://nces.ed.gov/programs/digest/d12/ch_3.asp.

② 刘贝妮. 高校教师工作时间研究[J]. 开放教育研究, 2015, 21(2): 56-62.

③ 薛姝, 张文霞, 何光喜. 从科研人员角度看当前我国基础研究存在的问题[J]. 科技中国, 2021(10): 1-4.

或是从事项目研究等，也应当预先获得其任职机构的批准。

总而言之，在项目研究设计中，科研人员应当根据实际情况，科学规划其项目研究时间，按时、高质量地完成研究任务。

5.1.3 设备、材料与经费的使用

设备、材料与经费是科学研究中的重要资源，科研人员不应滥用或破坏这类研究资源。滥用或破坏这类资源的行为主要有两种，一种是对研究设备或材料的不当使用，另一种是经费的使用与管理不善。

第一，就设备和材料而言，不当使用研究设备和材料也是对资源的破坏。科研人员不能私用公共的科研设备和材料。比如，部分科研人员将高校的设备或材料为私人企业所用，或是出于个人经济利益而滥用公共科研资源。更有甚者，违反研究资源管理的政策法规和有关规定，将设备、经费用于被明确禁止的研究，这些均是对设备和材料的不当使用。

设备和材料的使用还常常面临科研资源共享的问题。科学是一个整体，更多科研人员从资源共享中获益，将有助于其更好地获取或分析数据。因此，在设备共享时应该遵循公开和机会均等的原则，不应拒绝或阻碍符合共享或使用条件的其他科研人员共享数据或使用设备、材料等。

第二，就经费而言，科研人员将资助的经费用于资助条款中禁止使用的条目，或是编制欺骗性的财务账目，均属资金管理不善。由于科研人员的不诚实、粗心大意或铺张浪费，不负责任的财务账目并不道德，而且通常涉及违法。

科研经费的滥用可谓"花样百出"。一些研究者以举办会议、活动等名义将经费预存在宾馆酒店等单位账户，会议结束后也不及时进行结算，以方便个人消费使用；或是将经费发放给与项目工作不相关的人员（如亲友、学生等），借此少交个人所得税、套取资金据为己有；或是以发放人员费的方式替代真实的业务费支出，如替代餐费、礼品费、集体活动费等；或化整为零、拆分金额购买设备和材料以规避学校采购审批程序、招投标管理、资产管理或审计监督。一些研究者可能会虚构各类支出、巧立名目（如差旅费、材料费等），以虚开或购买发票等方式报销；或以调研出差、参加会议等名义报销本人、亲属或与工作无关人员的旅游费用；或

是虚列用餐人数、次数，将因私用餐以工作用餐等名义报销，变相开支接待费、工作用餐；或是在经费中直接报销个人及家庭消费支出事项，如个人房屋装修等。此外，在经费的使用中，研究者也应考虑利益冲突，个别研究者为获取更多利益，特意从自己或亲友名下企业购买仪器设备，这也是一种不当行为。

滥用经费的不当行为，不单单源自科研人员追逐个人私利，科研经费配置和管理中一些不符合科研规律的规定同样是这些行为的导火索。

近些年来，科研经费管理中存在诸多不合理之处，备受诟病，主要有以下四个方面：①严苛的经费预算控制，做预算是科研人员最头疼的事，常有"打酱油的钱不能买醋"的调侃；②间接经费比例较低，科研人员的智力投入得不到有效激励；③结余资金往往不能被留用，需要一概收回；④经费的使用效益未得重视，如何更好地"把钱用到刀刃上"仍是值得关注的重点。

有鉴于此，针对当前科研经费在申请、管理、使用方面存在的"难点""堵点"和"痛点"，相关部门出台了有针对性的改革措施。国务院于 2021 年 8 月正式印发《关于改革完善中央财政科研经费管理的若干意见》，以期借此激励科研人员多出高质量科技成果。[①]国家自然科学基金是中国基础研究领域最重要的经费资助渠道，其项目资金管理和使用办法也随之调整。财政部和自然科学基金委修订《国家自然科学基金资助项目资金管理办法》，对原有框架进行了结构调整。主要调整如下：①简政放权，扩大经费管理自主权；②尊重规律，合理确定经费拨付计划，结题项目的结余经费留归原依托单位使用；③提高效益，强化绩效评价和经费监督。[②]

自然科学基金委的一系列改革举措旨在使科研人员能够更方便地将经费用于科研，是在科研经费配置和管理上改革的重要尝试。同时，相关管理部门也应给予科研人员一定的自主空间，不在细枝末节上过分考察。这样自主性与严格性相结合的规范才能使得科研人员对资金滥用"不能为、不敢为、不想为"。

---

① 国务院办公厅印发《关于改革完善中央财政科研经费管理的若干意见》[EB/OL]. (2021-08-18)[2022-05-28]. http://www.gov.cn/xinwen/2021-08/18/content_5631872.htm.

② 国家自然科学基金资助项目资金管理办法[EB/OL]. (2021-09-28)[2022-05-28]. http://jsz.mof.gov.cn/zt2019/ysjg/zcfg/202204/t20220426_3805803.htm.

总而言之，科研经费和实验设备、材料是重要的科研资源，三者密切相关。科研人员应严格遵守相关规定，避免经费、设备与材料的不当使用，有效处理科研设备及材料的资源共享，正当合理地使用研究经费。相关管理部门也应在经费管理使用方面积极配合，改进举措，为科研人员提供更多经费支持与使用便利。只有这样，才能提高经费、设备和材料使用效率，确保科研项目和人才培养的质量。

5.2 项目执行过程中的科研不端行为

5.2.1 伪造行为

伪造行为是科学研究中经常出现且危害性较大的一类科研不端行为，在科研不端的案例中屡见不鲜。其本质就是捏造事实，即无中生有，向壁虚构，未做实验、观察而编造数据或伪造事实。[①]具体对象主要包括数据、图片和实物，既可以是通过实验或设备观察到的数据，也可以是可直接观察的事物如生物化石、社会事件、历史记录等。

编造数据的不端行为可谓"历史悠久"，并非近几年才兴起。早在 20 世纪初，就有心理学领域的伯特捏造数据案等著名的编造数据事件。编造数据的不端行为主体不乏知名学者和团队，如德国顶尖心理学家，美国诺贝尔奖获得者团队等。足见编造数据的不端行为历史之久，波及范围之广。编造数据的行为既可出现在科研数据的形成过程中，也可出现在科研数据的分析过程中。[②]

编造数据这种不端行为的主角可不乏学术界的"大佬"。汉斯-乌尔里希·维琴（Hans-Ulrich Wittchen），是德国顶尖的心理学家，亦是治疗焦虑和恐惧症的专家。根据科学网（Web of Science）的数据，维琴发表有近千篇文章，被引用近 7 万次。可也正是这样的"明星人物"犯了身为资深学

---

① 王蒲生. 科学活动中的行为规范[M]. 内蒙古人民出版社, 2006: 16.
② 王蒲生. 科学活动中的行为规范[M]. 呼和浩特: 内蒙古人民出版社, 2006: 16.

者所不应犯的铁律。

维琴曾承担过一项负责检查精神类诊所工作量的课题，而其中最直接的研究内容便是需要其去调查德国近百家精神病院的人员配备水平和质量。工作量虽大，但对维琴这样的专家而言，并不算复杂。结果，维琴偏偏想要在这里偷工减料、弄虚作假。维琴所参与实际调查的精神病院仅有 73 所，而其余未经调查的医院，他则有意指使其团队成员从其他医院中复制数据，以此充数。当然，维琴所犯的过错可不止这些。在被人举报而接受调查时，维琴采用各种手段掩盖其造假的痕迹，以欺骗来遮掩欺骗。更有甚者，维琴竟然以威胁手段警告其调查人员"不要参与该项目"，勒令其停止调查。犯下此等过错的维琴自然难有好的结果。在接到指控后，维琴便因此失去了他慕尼黑大学客座教授的重要职位。[①] 身为这样的学界泰斗，理应更加爱惜自己的羽毛，带头净化学界风气，为广大科研人员做好示范作用。

同样令人咋舌的是，有人竟因数据造假而非卓越的科研成果"创下纪录"[②]。藤井善隆（Yoshitaka Fuji）是日本著名的麻醉学学者，他曾在 183 篇科研论文中编造数据，以致创下当时单人撤稿量最多的纪录。其被撤稿论文中包含大量伪造数据，例如伪造随机分组实验数据、伪造患者实验数据等。最终，藤井因多项科研不端行为数罪并罚，于 2012 年被日本东邦大学扫地出门。

藤井善隆的造假行为长期被纵容，直到生产大量假论文而震惊学术界。藤井的科研不端行迹暴露于他在论文中声称药物研究结果数据"非常好"。这样的论断让人不得不怀疑其过分傲慢，或者存在伪造数据的可能。英国麻醉师约翰·卡莱尔（John Carlisle）将藤井 1991 年至 2011 年发表的 196 项临床研究结果与其他科研人员的研究进行比较，并使用统计学方法测算出藤井的研究并不符合受试者随机分配的条件，最终致使藤井的

---

① HRISTIO B. Top German psychologist found to have fabricated data[J]. Science, 2021, 372(6538): 117-118.

② Nautilus Magazine. How the biggest fabricator in science got caught[EB/OL] (2015-05-11)[2022-03-19]. https://nautil.us/how-the-biggest-fabricator-in-science-got-caught-235421/?sp=96f5bed4-9f62-475f-8d1d-dd3b8aff4c47.1675844076824.

造假之举暴露。由此可见，科研人员不能心存侥幸，认为伪造数据不会东窗事发，恶小而为，日积月累，最终酿成大错。

伪造图片的造假行为同样比比皆是，其主要体现为凭空杜撰图片，以支持其研究假设或结论。美国肯塔基大学的两位教授，其研究团队曾获得高额研究经费。但在次年，校方便接到称此二人在申请项目经费时伪造数据的指控，二人所合作的 3 篇论文也因图片造假行为而被撤稿。科研不端事件败露后，二人因伪造图片等重大科研不端问题，双双被肯塔基大学开除，其实验室也被关闭。①毫无疑问，这种不端行为不仅会使他们曾经在学术界打拼所获得的一切付诸东流，更会给他们今后的学术生涯打上失信的烙印。这不仅仅是对学术环境的破坏，同时也是对科研资源的浪费，这些科研资源本可以投入更有价值的研究中。科学作为公共事业，需要一定的经费支持。如果学术研究尽是变幻戏法的闹剧，就会失去公众的信赖和支持。

此次事件中，肯塔基大学严格而细致的调查值得其他学校借鉴。根据肯塔基大学发布的声明，除被撤稿的 3 篇文章外，委员会还发现二人在至少 13 篇学术论文和 7 份项目申请中存在伪造数据的行为，大学调查委员会为此提交了 1000 多页关于其科研不端的调查报告。高校在杜绝科研不端的行为中扮演着举足轻重的角色，不仅需要在事后进行详尽的调查，更为重要的是严格要求学校的科研人员，对在校学生进行正面的教育和引导。

在校学生伪造图片的事件也时有发生。某大学博士生作为第一作者和通讯作者所发表的两篇论文，实验材料完全不同，但是实验结果却完全相同。经调查发现，两篇论文是针对不同材料体系的研究，但论文中部分图片却完全相同。据此判定并经该博士生本人承认，其中一篇论文图片造假属实。

任何人从踏入科研大门的第一天起，就应当认识到，遵守科研规范是科学界的共识，数据造假是不可逾越的红线。长期以来，以人工识别图片造假，不只效率低下，而且难免会有"漏网之鱼"。如今，随着人工智能、算法等技术的发展，已经有科研人员开发出能识别图像造假的程序，对论

① Kentucky Today. Married UK professors, scientist lose jobs over major health research misconduct[EB/OL].(2019-08-23) [2023-04-23]. https://www.kentucky.com/news/state/kentucky/article234301942.html.

文图片进行查重。① 在科学研究活动当中,自律和他律同时发挥着作用。

伪造实物也是伪造行为中的一类重要表现。例如,一些科研人员会对研究对象进行虚构,即伪造一个不存在的观察或研究对象,如化石。在 20 世纪初便发生过震惊世人的辟尔唐人古化石造假案,这场精心制造的骗局最终真相大白,给考古界带来巨大的教训。近年,日本又发生了其考古史上最臭名昭著的事件,那就是藤村新一考古造假案。

在 20 世纪 90 年代,藤村新一以极高的效率频繁创造日本旧石器时代考古领域的惊人发现,在日本各地参加过的遗迹发掘共计 184 处。他因此被誉为日本"神之手",其"考古成果"也被作为重要史料放进了当时出版的日本高中历史教科书中。但造假行为终有曝光之日。2000 年 11 月,日本《每日新闻》在头版刊出了一组令人瞠目结舌的图片,是藤村正在进行造假的"罪证"——藤村将已准备好的"旧石器"从塑料袋中拿出,将其埋进上高森考古遗址。这一系列的造假行为被摄影记者的镜头记录下来,藤村再也无从抵赖,只能承认自己受到"蛊惑",行此恶举。最终,藤村不得不黯然承认,至少在 42 处挖掘遗址中伪造考古发现。根据调查报告,由藤村新一参与的 62 处旧石器遗迹挖掘纯属捏造。报告中指出"藤村从最初参与对遗迹的调查就抱有造假动机,其目的只是为了获取名誉"②。藤村新一所"发现"的上高森考古遗址已被确认为毫无学术价值,其出现在日本教科书上的相关成果也被删除。

5.2.2 篡改行为

篡改行为,即按常规进行实验或试验,但没有如实记录结果,而是蓄意对实验、试验或观察过程中所获的原始数据、实验结果、相关图片加以更改或歪曲。③

美国某高校的知名学者就因篡改数据而"名声大噪"。2016 年接到举报后,该高校立刻对这位科研不端人员的行为展开调查,经查,其发表于

---

① NOORDEN R V. Pioneering duplication detector trawls thousands of coronavirus preprints [EB/OL]. (2020-07-21)[2022-10-15]. https://www.nature.com/articles/d41586-020-02161-3.

② 雅荐. 日频出考古作假案[J]. 中国防伪, 2003(10): 44.

③ 王蒲生. 科学活动中的行为规范[M]. 呼和浩特: 内蒙古人民出版社, 2006: 17.

2006 至 2014 年的 8 篇论文中有 14 处涉及造假，主要涉及图表及数据篡改。调查小组给出如下处理意见：①立即解聘该人；②要求其立即联系论文共同作者及期刊，撤回 2006 年至 2014 年的发表的 8 篇造假论文；③立即联系论文共同作者及期刊对 2004 年至 2014 年发表的 3 篇论文提出更正。[①]

除篡改数据以外，篡改图片也是常见的科研不端行为。篡改图片，往往有一定的手法或痕迹，譬如对已有图片进行人为的移动、旋转、剪切、涂抹、拼接等。根据《自然》杂志的要求，图片的处理仅可以在最低限度基础上进行，且绝不可使用复制、修复等的图片处理工具，并应能提供未经处理的原始数据或图片。[②]哈佛大学医学院前副教授大卫·潘卡（David J Panka）在美国公共卫生服务基金（U.S. Public Health Service，PHS）资助的研究中存在修饰图片数据的科研不端行为。潘卡在研究中，通过有选择性地剪切、翻转、重新排序和重复使用相同的原图片或不相关的图片来表示不同的结果，并故意篡改蛋白质免疫印迹图片。[③]事发后，美国科研诚信办公室对其处以三年的监管处罚，主要包括 3 年内任何时候申请 PHS 资助的研究项目都需要接受严格审查，接受主管机构的监督和指导，每半年向科研诚信办公室提交近期研究的报告等。此外，潘卡 3 年内自愿放弃 PHS 学术委员会评委及顾问成员资格，并撤回造假论文等。[④]

这样的篡改之举，对篡改者前半生所积攒的学术信誉造成极大破坏，其影响十分持久。不仅会对其过去的职业成就造成否定，也会对其再生产和机会意义上的信誉产生影响，使学术界质疑其在未来从事研究的能力。

涉及篡改行为的案例近些年来层出不穷。如上述案例中所列出的学术造假，以及美国著名干细胞学者皮艾罗·安维萨造假事件等，影响非常恶

① Charlesworth. 8 篇论文造假！台湾中研院前所长陷学术造假[EB/OL]. (2018-04-03)[2022-03-19]. https://www.cwauthors.com.cn/article/cqs.

② Nature. Image integrity and standards[EB/OL]. [2022-11-05]. https://www.nature.com/nature/editorial-policies/image-integrity#electrophoretic-gels-and-blots.

③ The Office of Research Integrity. Case summary: Panka, David[EB/OL]. (2011-09-19)[2022-03-19]. https://ori.hhs.gov/content/case-summary-panka-david.

④ ORANSKY A I. Former Harvard cancer researcher faked a dozen images, say Feds[EB/OL]. (2020-11-24)[2022-03-19].https://retractionwatch.com/2020/11/24/former-harvard-cancer-researcher-faked-a-dozen-images-say-feds/.

劣。案例主要表现在对数据及图表进行篡改，以伪造出期望获得的结果，而篡改数据这种不当行为，往往需要评审专家具有敏锐的洞察力才能得以发现，这便给了一些投机取巧的科研人员以可乘之机。但即便是如安维萨这样的资深专家学者，其篡改数据的行为也未能瞒天过海。因此，科学研究中切忌存侥幸心理，求真务实才是最稳妥的科研方法。

5.2.3　过度修饰行为

过度修饰行为是指科研人员为了使自己的研究结果看起来比实际的更好，或者更有利于支持自己的假说，而对原始的数据或图片、图像（如显微镜成像、胶体或、放射图像）加以过度美化（如不合理地去除异常值、提高图片亮度），从而不能真实、客观地报告其数据或结果。[①] 正如时任《自然》执行主编的米勒（Linda Miller）所言，"人们并不了解图片美化和欺诈之间的界限"，适当修饰和过度修饰间的界限应当明确。[②]

过度修饰行为的形式有多种：①科研人员的实验结果不支持他的假说，但他没有如实报告这一结果；②科研人员通过删除部分离谱的数据或修改图片，使结果看起来比实际的更好；③为消除同行对其结果的怀疑，科研人员设计一种可能获得支持性结果的实验或试验，或者规避可能产生不利结果的实验。[③]

在科学研究中，原始数据等材料往往在作者手中，个别科研人员便认为自己可以对这些材料进行随意操纵以达到自己想要的"完美"结果。因此，一些期刊会要求作者提供原始数据来源等，以便于结果复现。同时，一些科研人员也会索取自己感兴趣的研究数据以供参考。一旦出现以上情况，过度修饰行为便无所遁形。

因此，科研人员应该对自己论文或专著中的数据、图片进行认真审核，确保数据、图片的处理和呈现能够清晰、完整、准确地反映实物资源和实际研究的真实性，符合描述规范，使审稿人或读者能够检验其真实性。通常，在投

---

① 王蒲生. 科学活动中的伦理问题[J]. 中国青年科技, 2003(3): 14.

② GILBERT N. Science journals crack down on image manipulation[EB/OL]. (2009-10-09)[2022-11-05]. https://www.nature.com/articles/news. 2009. 991.

③ 王蒲生. 科学活动中的行为规范[M]. 呼和浩特: 内蒙古人民出版社, 2006: 18.

稿初始，科研人员即需要了解期刊的投稿指南，知道该期刊规定了哪些图片处理行为可被接受。在图片处理中，科研人员应当谨慎对待图片的调整，确保处理后的图片信息与原始图片信息保持一致。在研究方法中，科研人员可以说明如何处理图片，并声明是否有修饰数据的情况存在。

在一些学科领域，适当的修饰行为则可以接受。[①] 以图片处理为例，适当地修饰图片，即通过技术手段改进图片的可读性，在合理限度内调整对比度、亮度和饱和度，但这种处理必须用于整张图片而非局部，并且不会削减或歪曲原始图片所呈现的所有信息。与之相对，过度修饰行为即削减或歪曲原始图片，或在图片中引入新元素等不正确的技术操作，譬如调整亮度、对比度以使得某些结果"显著增强"，或使原始图片中的"污点"消失。[②]（过度修饰图片的案例，可参见本书 8.1.1"图像应用的疏忽和差错"。）

合理的数据取舍、图片处理应当给出理由说明。若存在过度修饰行为，即为不当的数据与图片处理行为，就会面临撤稿的风险。过度修饰行为通常比较隐蔽，难以发现；但一旦发现，就会造成严重的后果。如果论文标注基金支持，就可能会酌情撤销项目、追回资金，甚至解聘。科研人员须遵循求真求实的科学精神，秉持认真严谨的态度，严格要求自己，为人类社会拓展可靠的知识。

5.2.4 实验数据不当买卖行为

实验数据不当买卖，属于数据造假的不端行为，即科研人员所用的实验数据并非通过实验所得，而是从缺乏正当资质的第三方机构购买。科研人员可从正规权威的数据库中获取所需的间接数据，但从没有资质的机构处购买虚假数据则不可取，尤其是进行创新研究时，其实验数据所得不可假借他人之手。常见的实验数据不当买卖对象为实验图片和实验数据。在市场经济的影响之下，实验数据不当买卖成为新兴的数据造假方式。不知从何时起，实验数据不当买卖已成为行业内人员"公开的秘密"，使实验

---

① Nature. Image integrity and standards[EB/OL]. [2022-11-05]. https://www.nature.com/nature/editorial-policies/image-integrity#electrophoretic-gels-and-blots.

② 张建芬, 孙岩, 邓晓群. 科技论文中图像修饰尺度探讨[M]// 刘志强. 学报编辑论丛 2014（第 21 集）. 上海：上海大学出版社, 2014: 152-155.

数据不当买卖这个非法市场持续"蓬勃发展"。

科学技术部、国家卫生健康委员会曾通报多起关于实验数据不当买卖的部分科研不端案例，多在医学领域。一些科研人员从第三方机构购买实验数据或图片，以拼凑论文，不过仍难逃撤稿。[①]

实验数据不当买卖还多与其他科研不端行为同时发生。例如，有多名科研人员被发现同时涉及不当买卖数据、编造研究过程、不当署名等多种科研不端行为。[②]

实验数据不当买卖有时还会涉及论文代写、代投等科研不端行为，有从"论文作坊"购买系列服务之嫌。同时，在高度商业化的环境中，实验数据不当买卖市场已逐步形成产业链，一些第三方机构能够提供从伪造实验数据到代写、代投的"一条龙"服务。例如，一些论文被发现同时存在向第三方不当购买实验数据，且委托第三方代写、代投的不端行为，这些论文均已被撤稿。[③]实验数据不当买卖在很多情况下涉及"论文作坊"，具体参见本书第 7 章"论文作坊的特点与甄别方法"。

随着实验数据不当买卖的科研不端行为不断被查出，这个黑色产业链也终于浮出水面。相关部门高度重视，科学技术部和国家卫生健康委员会等纷纷公布关于实验数据不当买卖的科研不端案例，并给出详细的调查处理结果，以作警示。

[①] 科学技术部. 部分教育、医疗机构医学科研诚信案件调查处理结果[EB/OL]. (2021-12-15)[2022-03-19].http://www.most.gov.cn/zxgz/kycxjs/kycxgzdt/202112/t20211217_178580.html；科学技术部. 部分机构医学科研诚信案件调查处理结果[EB/OL]. (2021-10-15)[2022-03-19]. http://www.most.gov.cn/zxgz/kycxjs/kycxgzdt/202110/t20211021_177430.html；科技教育司. 部分机构医学科研诚信案件调查处理结果[EB/OL]. (2021-10-29)[2022-03-19]. http://www.nhc.gov.cn/qjjys/ycdtxx/202110/646e02c332564015ab2fd6f93edb1088.shtml.

[②] 科技教育司. 部分机构医学科研诚信案件调查处理结果[EB/OL]. (2021-10-29)[2022-03-19]. http://www.nhc.gov.cn/qjjys/ycdtxx/202110/646e02c332564015ab2fd6f93edb1088.shtml.

[③] 科技教育司. 部分机构医学科研诚信案件调查处理结果[EB/OL]. (2021-10-15)[2022-03-19]. http://www.nhc.gov.cn/qjjys/ycdtxx/202110/506681bfbc444f7ba1f053b5d4111f50.shtml；科技教育司. 部分机构医学科研诚信案件调查处理结果[EB/OL]. (2021-09-17)[2022-03-19]. http://www.nhc.gov.cn/qjjys/ycdtxx/202109/0167ab38230c4c529ee9377fc70912d7.shtml.

科学以实验为中心①，保证实验的完整性是科研诚信的重要准则之一。②就处理结果而言，在不端行为被查出后，实验数据不当买卖人员往往面临训诫、通报批评、取消评奖评优、暂停招收研究生、暂停申请项目和奖励等处理。

5.3　本 章 小 结

在项目执行阶段，要保证研究的科学性与可信度，这要求科研人员要合理地利用研究资源，保证研究的真实性与客观性。然而，科研不端行为中常见篡改、伪造与过度修饰的现象，往往表现为编造数据、图片以捏造事实，对原始数据或实验结果加以篡改，过度修饰数据或图片，不当买卖实验数据等。这些科研不端行为被揭发之后，行为不端者往往都面临严厉的处罚，包括撤稿、开除、取消基金申请资格等，情节恶劣的人员甚至会被驱逐出学术界。科学事实的可靠性是科研活动的基础，因此，对于科研数据造假行为，科研人员应当一直保持"零容忍"的态度，将其视为科研活动中不可跨越的红线。

5.4　推荐扩展阅读

国家自然科学基金委员会. 2022 年度国家自然科学基金项目指南 [M]. 北京: 科学出版社, 2022.

李真真, 黄小茹. 科研伦理导论:如何开展负责任的研究[M]. 北京: 科学出版社, 2020.

斯丹尼克. 科研伦理入门:ORI 介绍负责任研究行为[M]. 曹南燕,吴寿乾,姚莉萍,译. 北京: 清华大学出版社, 2005.

---

① SHUTTLEWORTH M. Conducting an experiment [EB/OL]. (2008-05-24) [2022-05-23]. https://explorable.com/conducting-an-experiment.

② Scientific misconduct [EB/OL]. (2009-10-25)[2022-05-23]. https://explorable.com/scientific-misconduct.

第 6 章

成果撰写与发表

科学是一项开放的事业，它要求科研人员将自己的科研成果公开发表，其数据、方法、思想、技巧和工具能够与其他科研人员共享，其成果能够接受其他科研人员的评价。

科研成果的形式有论文、专著、专利、研究报告、咨询报告、政策建议等。各成果形式不同，特点也不同，在撰写和发表过程中所遵循的规范也各不相同。本章将主要叙述成果撰写与发表中的规范，及其中常见的不端行为。

6.1　成果撰写与发表规范

撰写科研成果就是为了能够公开发表。在成果撰写与发表中，为便于交流、提高信息交换效率，科学界往往有约定俗成的相关规范，要求科研人员按规定参与学术交流与科研成果的公开分享。

6.1.1　参考文献引用规范

引用参考文献是科研工作中极为重要的学术行为。引用即在学术论文中以规定的格式、样式显示出所用信息的来源[①]，其作用通常可以被理解为

---

① BRENNECKE P. Avoiding plagiarism-cite your source[EB/OL]. [2022-02-09]. https://integrity.mit.edu/handbook/citing-your-sources/avoiding-plagiarism-cite-your-source.

五个方面：证明本研究确有参考过他人研究成果、引导读者了解更多信息、向其他科研人员展现自身诚信、在学术界积累自身信誉、避免被视作剽窃。[①]但在引用过程中，些微疏忽也有可能造成以上不好的结果。比如，个别科研人员会因遗忘而误将引用内容视为己出，或是搞错了实际的出处。因此，做科学研究应先学会如何正确引用文献。

首先，引用的文献需要精挑细选。在引用他人论著时，应遵从合理引用、规范引用的原则。避免引用不熟悉的领域、不了解的内容的研究成果；利益相关者之间不做非必要的引用。[②]在选择需引用的文献时，在内容相同或相似的情况下，应优先考虑选择学术期刊、出版图书，以及较高水平的学位论文等，而不能在网络上"一搜即用"，例如微信公众号、百度百科、微博等非正式出版物中的信息，若未经核查，草率引用，可能有损于自身研究成果的可靠性与科学性。同时，所引文献要保证是亲自查阅的原始文献，不是从其他参考文献列表中转抄的文献。在学术写作中，应当筛选出最为核心、关键、确有其用的文献予以引用。

其次，引用的内容需要标注清晰。学术写作并非一蹴而就，常常经历反复的推敲、修改，是一个历时较长的科研过程。因此，可能会出现以下情形：部分科研人员在写作初期或初稿阶段曾引用过某些内容，却未能标注清晰，而在之后的一次次修改中，这些内容同自身所原创的部分混杂在一起难以分辨（甚至直接被遗忘），从而导致在成稿后的查重阶段被认定为未作引用的剽窃行为。[③]这启示着广大科研人员，在进行科研工作时，凡遇到内容需要引用的情况，都应以清晰的标准做标注，比如，可以在所引内容前标注"引"这一字样以示区分，或以不同颜色、字体、字号等予以突出显示，或干脆直接以成稿标准及时注明脚注或尾注。总之，良好的引用习惯将避免绝大多数的无意识错误，使自己更好地远离剽窃困境。

---

① Lane Community College. Citation guide (MLA and APA) [EB/OL]. (2019-02-22) [2022-02-10]. https://libraryguides.lanecc.edu/citations.

② 中国科学院. 中国科学院科研道德委员会关于规范论著引用的通知[EB/OL]. (2021-12-10)[2022-09-05]. https://www.cas.cn/zcjd/202202/t20220218_4825606.shtml.

③ 李普森. 诚实做学问：从大一到教授[M]. 邸元宝，李小杰，译. 上海：华东师范大学出版社, 2006: 7.

最后，引用的规范需要明确遵守。引用规范主要体现在引文格式的选取和使用上。在长期的科研工作中，学术界形成了几类约定俗成的引文格式，用以规范复杂多样的引用结果。比较常见的有中国国家标准化管理委员会制定的 GB/T 7714、美国心理协会制定的 APA 格式、美国现代语言协会制定的 MLA 格式等。此外，一些学术期刊、学术会议、高校等科研机构也会制定其所要求的引文格式。因此，在科研工作中需要格外注意，应当根据需要选择适用的引文格式，并避免细节处的差错，如此方可避免陷入查重系统无法识别的窘境。

国外曾有研究者整理了正确引用文献的七步自查法（如图 6.1），以帮助减少不必要的剽窃风险。

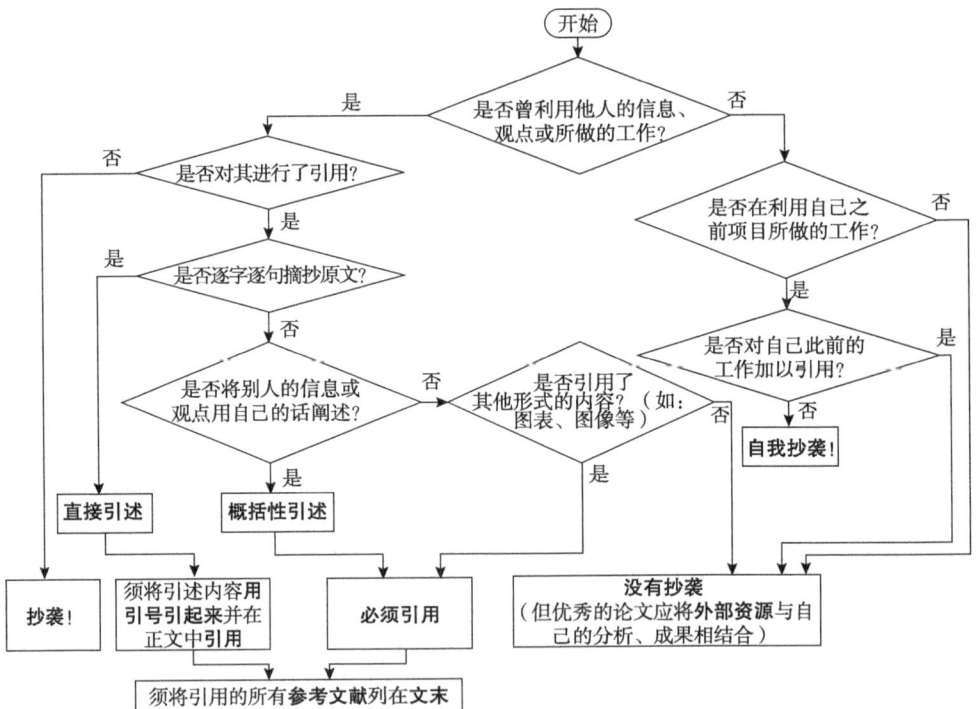

图 6.1　正确引用文献的自查流程图

资料来源：学位与写作. 学位论文建言|文献引用、查重分析与学术规范[EB/OL]. (2019-03-23) [2022-02-10]. https://mp.weixin.qq.com/s?__biz=MzU2NzcwNzk3NA%3D%3D&mid=2247484101&idx=1&sn=d401e9eecc8173228 f900b3b3c4f8dc3&scene=45#wechat_redirect.

6.1.2　署名规范

撰写与发表论文等科研成果时，应事先确定成果的作者署名。署名问题向来是备受关注的重点问题，因为署名意味着对成果的分配和占有，以及对成果的合法性承担相应的责任。对此，虽然不同学科、不同期刊之间的署名规范不尽相同，但在一些重要事项上却有共同的要求。

在科研成果发表前，作者之间应正确处理作者署名问题。作者署名应当不受职位、职称、学历、隶属关系等因素的影响，根据各位科研人员在研究中的实际贡献和责任大小顺次排列，譬如概念构思、数据获取与分析、论文撰写、论文审定等责任。比如，国际医学期刊编辑委员会（International Committee of Medical Journal Editors，ICMJE）提供了充分必要的作者署名标准：对研究的思路或设计有重要贡献，或为研究获取、分析或解释数据；起草研究论文或对重要的知识内容进行关键性修改；对将要发表的版本进行最终定稿；同意对研究工作全面负责，确保与论文任何部分的准确性或诚信有关的质疑得到恰当的调查和解决。只有满足以上全部条件，方可参与作者署名。[①]

作者之外的贡献者，也应被纳入致谢。对于科研成果做出数据提供、研究资助、实验保障等贡献的科研人员，尽管不足以进入署名作者之列，但其贡献亦不能被忽视，作者应在其科研成果中以致谢形式予以说明。参考 ICMJE 的署名标准，不完全满足全部条件的作者，也可纳入致谢声明中。ICMJE 的规范也提出了一点易被忽视之处，即标署被致谢者姓名时，也应得到其本人许可，如作者署名一样，不可在未曾告知的情形下，一厢情愿地书面致谢。[②]

6.1.3　投稿与发表规范

投递论文时要专稿专投，不可以在未告知期刊编辑的情况下，同时向

---

① ICMJE. Recommendations|Translations[EB/OL]. [2022-05-09]. https://www.icmje.org/recommendations/translations/.

② ICMJE. Recommendations|Translations[EB/OL]. [2022-05-09]. https://www.icmje.org/recommendations/ translations/.

两家或两家以上期刊投递同一篇论文，无论这篇论文是已发表还是正在评审中，都不可以一稿多投。① 例如，《柳叶刀》就在其投递页面明确提示：稿件必须完全是作者的作品，不得在其他地方发表过，且不得被其他期刊考虑。② 《中国电机工程学报》在投稿须知中也明确表示："请勿一稿多投，本刊不接收一稿多投稿件，在稿件受理期间，不得另投他刊。若录用后发现已在他刊刊出，本刊则不予刊登，作者应承担经济责任并记录在案，本刊以后不再接收该文通信作者的稿件。"③

投递的不同论文之间要有实质性差别，不能仅更改文体和语句，而核心内容和结论完全相同。如果作者发表与自己已发表论文大体相似的论文，并且不注明来源，也未经原版权持有者同意，就会构成重复发表。④ 重复发表会破坏学术公平性，这种试图用有限的成果套取多倍的荣誉的行为是违反学术道德和侵犯版权的表现。此外，将"基于同一项调查、实验或研究的成果"或"应当一次发表的论文"拆分发表，会破坏研究的完整性，亦是不应出现的不当行为。⑤ 总之，发表论文等科研成果，应保证其创新性和原创性，不论是一稿多投，还是发表重复内容，都应避免。

6.2 成果撰写中常见的不端行为

6.2.1 抄袭与剽窃

科研不端行为形形色色，而剽窃则是成果撰写阶段最主要的一类。剽

---

① 孙廷. 学术期刊论文不端行为的防控措施[C]//第十三届中国科技期刊发展论坛论文集：机遇与挑战——中国科技期刊发展之路. [出版者不详], 2017: 118-121.

② The Lancet. For authors: Preparing your manuscript [EB/OL]. (2019-10-21)[2022-05-08]. https://www.thelancet.com/preparing-your-manuscript.

③《中国电机工程学报》投稿须知[EB/OL]. [2022-05-09]. http://zgjd.chinabidingnews.cn/xuzhi/.

④ 孙廷. 学术期刊论文不端行为的防控措施[C]//第十三届中国科技期刊发展论坛论文集：机遇与挑战——中国科技期刊发展之路. [出版者不详], 2017: 118-121.

⑤ 学术期刊论文不端行为的界定标准[J]. 中国骨质疏松杂志, 2014, 20(6): 592.

窃之行为，如同偷人钱财、夺人资产，是切切实实有违科研规范的有害之举，断不可小觑。剽窃行为发生频次极高、社会影响极坏，被广泛报道于各类公众媒体平台上，其行事手法与内容可谓"日见日新"，因此有必要着重分析。

国内外对剽窃行为均有较为清晰一致的理解与定义。《辞海》中对剽窃的解释是"抄袭他人文字等以为己作"[①]。国内学者将剽窃定义为作者"通过删节、补充等隐蔽手段将他人论文乔装打扮，或窃取他人未发表成果作为自己的论文发表"[②]。美国科学、工程与公共政策委员会认为剽窃是"未给他人以恰当的荣誉就使用他们的想法或语句"[③]。

剽窃行为分有意为之和无意为之。蓄意剽窃指在自己的论文、著作、研究报告、申请书的实质部分大量引用他人的成果，却不注明出处或者颠倒所引观点的出处和作者归属，将他人有创意的思想、观点、方法，或资料、数据、语句、概念等，当作自己观点来陈述。无意为之的剽窃，比如个别科研人员会因遗忘而误将引用内容视为己出，或是搞错了实际的出处。无论是有意还是无意，剽窃都是不当使用他人学术成果的典型，是严重的科研不端行为，弊端甚大，不容姑息。

剽窃与抄袭是一对经常混用的概念。在英文语境中仅有 plagiarism 一词，但二者在具体使用细节上或有区别。抄袭一般是指"在自己的发表文章中，主观非故意地不正确标注地使用、套用他人论述、作品的行为"，而剽窃则是"主观故意地不作标注地使用、套用他人论述、作品的行为"[④]。以此而言，"是否主观故意"与"是否有作标注"便成为区别二者的主要依据，前者虽难断定，后者却可轻易分辨。由此，诉诸"引用"，便可做出判断：凡直接引用，若出处与引号二者缺一，便是学术不

① 辞海编辑委员会. 语词: 剽窃[EB/OL]. [2021-10-19]. https://www.cihai.com.cn/yuci/ detail? docLibId=1107&docId=5713251&q=%E5%89%BD%E7%AA%83.

② 任胜利. 案例分析: 抄袭与剽窃[J]. 科学新闻, 2009(21): 52.

③ 美国科学、工程与公共政策委员会. 怎样当一名科学家: 科学研究中的负责行为[M]. 刘华杰, 译. 北京: 北京理工大学出版社, 2004: 42.

④ 钱旭红. 拒绝抄袭 拒绝剽窃 拒绝造假 拒绝虚伪[N]. 科学时报, 2010-09-09(A01).

规范乃至抄袭；二者均无，则明显为剽窃之举（如图 6.2 所示）。[①]

诚然，剽窃与抄袭在实际中确有些微区别，但为简便起见，本书仅在此处简作辨析，以提醒读者应准确引用、规避抄袭；而在后文中则对抄袭和剽窃不做严格的区分，统一使用"剽窃"这一概念。

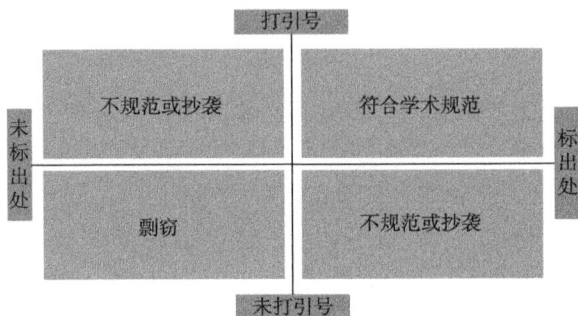

图 6.2　引用与抄袭、剽窃的象限图

研究内容是最常被剽窃的部分，而学术期刊中的论文则是最常被剽窃的对象。期刊论文因其公开发表于公共学术平台，更容易受人检索、被人剽窃。因此，在发生期刊论文剽窃后，学术界乃至社会公众可以较为轻易地发现此类剽窃行为。

学位论文是期刊论文以外另一个易遭剽窃的对象。学位论文的公开透明程度相对较低、社会公众关注程度不高，因此为不端行为所预留的"操作"空间较大，较难被发现。例如，曾有中国的科研人员剽窃国外高校学生的学位论文，并发表在学术期刊上，虽然该科研人员最后受到了所在高校的处罚，但距其剽窃发文已经过去了 5 个年头。由此足见，学位论文剽窃，相较于期刊论文剽窃更具隐蔽性。

翻译式剽窃，则是指将他人已发表的学术成果翻译为另一种语言，作为自己成果发表的一种剽窃手法。其目的是混淆视听，避开查重软件的查重搜索。世界上现存的语言有七千多种，由于各语种间差异较大，加之翻译水平不同，即使是专业查重软件，也很难从相似性维度对翻译式剽窃的文章给出准确的评判结果。同时，翻译软件技术的进步、个体翻译水平的

---

① 刘立, 等. 清华大学研究生学术道德规范手册(试用本)[Z]. 清华大学内部发行使用, 2013: 8.

提高，使翻译式剽窃的现象愈加普遍。譬如曾有某外语专业的科研人员，以高超的语言水平作为学术剽窃的倚仗，将国外学者研究专著中的大部分内容以翻译剽窃的形式"占为己有"。当然，经所在高校调查后，此人也受到调离教学岗位、停止教学活动、取消导师资格等一系列的惩处，翻译式剽窃这种看似"讨巧"的行为葬送了其学术前程。

翻译式剽窃的现象普遍出现于海内外的学术界。2012 年 1 月，匈牙利总统帕尔·施密特，被《匈牙利世界经济周刊》（*Heti Világgazdaság*）举报其在 1992 年撰写完成的博士学位论文涉嫌翻译式剽窃保加利亚学者尼古拉·格奥尔基耶夫于 1987 年所完成的学术成果。据施密特的母校塞麦尔维斯大学调查，施密特的论文中确有多达 197 页的内容是格奥尔基耶夫与另一位德国学者克劳斯·海尼曼研究成果的逐字翻译，并且施密特未以脚注、尾注等任何形式予以援引。[①]身居高位的施密特，最终不仅因为翻译式剽窃被撤销了博士学位，更被迫在国会宣布辞去总统职务。[②]

相较于对研究内容的直接剽窃，研究或实验方法的剽窃则更为隐蔽，更难觉察。例如，曾有科研人员剽窃了某国际会议中的一篇文章，虽然并未全盘剽窃，但是使用了该论文中的公式和算法而未加正确引用。

侵占他人未发表的成果也属于剽窃行为。这一般是指将他人未公开发表的成果占为己有，且用自己名义公开发表，也包括共同创作的学术论文中仅署自己姓名而不署合作者姓名，甚至未经其他作者同意直接侵占，如个别资深科研人员利用职务、导师等身份之便，迫使其他作者放弃署名权。多数涉及科研不端行为的研究成果，并未曾指明侵占他人成果这一不端行为，而是将其同其他剽窃行为归于一类，不做区分。

例如，澳大利亚某高校高级研究员穆尔蒂就被举报其涉嫌侵占、剽窃

---

① INDEX. Fénymásolt és fordítási hibát is vétett Schmitt [EB/OL]. (2012-03-28) [2021-10-19]. https://index.hu/belfold/2012/03/28/szoveg-azonos_forditasrol_ir_a_schmitt-bizottsag_egyik_tagja/ .

② FACSAR F. Hungary's president quits over alleged plagiarism [EB/OL]. (2012-04-02) [2021-10-19]. https://edition.cnn.com/2012/04/02/world/europe/hungary-president-resigns.

其学生的研究成果。经高校调查，结果证明举报内容基本符合事实。[①]刊载其论文的期刊《生物化学与生物物理学报》（*Biochimica et Biophysica Acta*）在撤稿声明中也强调：该论文的原作者应是该高校的学生，并且文中很大一部分内容是在其不知情、未同意与未有正确归属的情形下刊发的。[②]但如此鲜明的调查结果，却未能换来更加明确的处理意见。该高校并未对穆尔蒂有更进一步的处理，时至今日，穆尔蒂仍然受雇于该高校，并正常进行一切科研与教学工作，未受任何影响。对此，中国高校需作为反例、引以为戒。

6.2.2　伪注

伪注指不真实的参考文献或注释，是作者无中生有给予的标注[③]，这同样也是对科学界信誉分配公平性的破坏。教育部在 2004 年颁布的学术规范中明确指出："引文应以原始文献和第一手资料为原则。凡引用他人观点、方案、资料、数据等，无论曾否发表，无论是纸质或电子版，均应详加注释。凡转引文献资料，应如实说明。""学术论著应合理使用引文。对已有学术成果的介绍、评论、引用和注释，应力求客观、公允、准确。伪注，伪造、篡改文献和数据等，均属学术不端行为。"[④]

杜撰引文是典型的伪注行为。例如，某些期刊论文在引用他人成果尤其是外文学术成果时，杜撰其所注页码，在事后核查时，会发现根本没有与"标注"相同甚至相似的内容。此类无中生有的伪注之举并不鲜见。

---

① BAILEY J. Article retracted after senior research fellow accused of plagiarizing student[EB/OL]. (2021-02-23) [2021-10-19]. https://www.plagiarismtoday.com/2021/02/23/article-retracted-after-senior-research-fellow-accused-of-plagiarizing-student/.

② MURTHI P, VAILLANCOURT C. Retracted: Placental serotonin systems in pregnancy metabolic complications associated with maternal obesity and gestational diabetes mellitus[J]. Biochimica et Biophysica Acta (BBA) - Molecular Basis of Disease, 2020, 1866(2): 165391.

③ 周筱娟. 学术论文"抄袭""伪注"之个案分析及思考[J]. 社会科学论坛, 2016(2): 105-110.

④ 教育部关于印发教育部社会科学委员会《高等学校哲学社会科学研究学术规范(试行)》的通知[EB/OL]. (2004-08-16)[2022-03-19]. http://www.moe.gov.cn/srcsite/A13/moe_2557/s3103/200408/t20040816_80540.html.

关于论文中伪注行为的检查和处理如今已愈发严格。2021 年，《智能与模糊系统杂志》（*Journal of Intelligent & Fuzzy Systems*）便从该期刊的在线目录中撤回了发表于 2019 年 7 月至 2021 年 4 月的总共 49 篇文章。这些文章引用的文献来源与被引文章的主题毫无关联，被认为可能是故意设计科学文献引用的结果。所有作者都被要求提供对引用不相关文章的解释，但是他们要么没有回应，要么无法为此提供合理的解释。因此，这些已发表的涉及伪注的论文被要求全部撤回。①

在伪注的相关案例中，更有学者惊人地发现了一篇捏造的"幽灵文献"。彼得·克罗宁伯格（Pieter Kroonenberg）在试图寻找一篇关于学术写作的论文时，偶然发现该文章 *The art of writing a scientific article* 和其所刊登的期刊《科学通讯期刊》（*Journal of Science Communications*）并不存在。更离谱的是，这篇不存在的论文在 Web of Science 被引用了近 400 次。

哈尔钦（Anne-Wil Harzing）是第一个撰文描述克罗宁伯格的发现的人。据其深入调查，这篇论文确系编造。经过抽丝剥茧的调查，她发现大多数"幽灵文献"的引用都出现在相当低质量的会议论文中，而且作者大多来自非英语母语国家。最后，哈尔钦发现这篇"幽灵文献"被广泛引用的原因是，某会议模板列出了整个文章的格式，从标题、作者和所属机构开始，以鸣谢、附录和引用为结束，并且，在介绍如何引用时，会议模版将这个作者名为 Van der Geer 和 Hanraads 的"幽灵文献"用作展示期刊格式要求的一个范例，即"Van der Geer，J.，Hanraads，J.A.J.，Lupton，R.A.，2000. The art of writing a scientific article. J Sci. Commun. 163（2）51-59."显然，依照规定投稿时，作者应该将每个部分的模板文本替换成自己的文本。但是，他们也许在一开始替换文本时保留着这篇"幽灵文献"，将其作为自己引用时的格式参考，然后在完成自己的文献列表后忘了将其删除。②引用"幽灵文献"的科研人员，也在受访时将此归因于失误，譬如混淆两个相似

① IOS Press Content Library. Retraction notice regarding several articles published in the Journal of Intelligent & Fuzzy Systems[EB/OL]. (2021-11-17) [2022-09-04]. https://content. iospress. com/articles/journal-of-intelligent-and-fuzzy-systems/ifs219218.

② The mystery of the phantom reference[EB/OL]. (2017-10-26) [2022-03-19]. https://harzing. com/publications/white-papers/the-mystery-of-the-phantom-reference.

的参考文献。如此而言，"幽灵文献"出现的最直白简单的解释便是，科研人员撰写文章时不够仔细，或者论文编辑在质量把控中不够严谨。

总之，伪注的原因很多，且多由主观因素所造成。如作者为增加其论文的参考文献数量，不从论文本身的需求出发去作注，而是在其文章中大量堆砌参考文献，此即为滥注。还有的是出于人情需要，如个别作者使用"友好引用"，以增加熟人的引文次数。抑或是进行没有必要的自引，以提升其在科学界的信誉。或是科研人员有意拣选有利的文献或数据，而刻意忽略与自己研究结果相左的文献、数据。此外，伪注或源于科研人员在科研过程中的不严谨，个别作者不去阅读原文文献，而是从相似或相近的同类文章中转抄引文，以形成抄注的现象。当然，偶尔也有由作者粗心大意导致的在引用时出差错的情况。这便要求作者在写作时须多加注意。

参考文献是论文的重要组成部分。科研人员应充分尊重学术同行的创造性劳动，在使用他们的论文、论著等产出成果时，应规范地引用或以致谢形式标示其学术贡献。规范的引用应当是清楚"写明所用语句引自别人的书文，并且说清楚引文的出处"，应当确保每一个标注都真实有效。[①]在引用他们未发表的成果时，应征询其意见，获得同意后再行引用，并通过署名或致谢合理标示被引者的学术贡献。引用量是论文质量的重要评价标尺，也是科研考核、职称评定中的重要参考因素。[②]尊重并正确引用科学共同体的创造性劳动，才能使科学界的信誉得到合理分配，实现科研信誉与产出的正循环。

6.3　成果发表中常见的不端行为

6.3.1　署名不当

署名不当，是指作者署名与其对论文的实际贡献不相符。这种不恰当

---

① 邢福义. "复制"与"抄袭"[N]. 光明日报, 2011-03-25(16).

② 中国科学院. 中国科学院科研道德委员会关于规范论著引用的通知[EB/OL]. (2021-12-10)[2022-09-05]. https://www.cas.cn/zcjd/202202/t20220218_4825606.shtml.

地给予或剥夺署名权的行为，会引起信誉分配的不公平，从而导致诸多伦理问题，因此，不论作者是有意还是无意为之，这都是一种不端行为，会造成不良影响，甚至会违反法律。[①]

署名不当主要包括以下情况：①剥夺署名权，即剥夺有重要贡献者在成果或奖励中的署名权；②馈赠署名，即让没有贡献者在成果或奖励中署名；③排名次序不当，即未按贡献大小确定署名排序；④强制署名或绑架署名，是指因占有某种特殊科研资源如稀缺的设备，而强迫使用这种资源的科研人员在成果中给其署名；⑤虚假署名，即无中生有，虚假标注作者信息。

剥夺署名权是署名不当行为中较为恶劣的一种，常常表现为学术地位较高者对较低者署名权的剥夺。例如，澳大利亚纽卡斯尔大学的科研人员伊门斯（Andy Eamens）就因剥夺前学生署名权的投诉而被调查。伊门斯在 2019 年在期刊《农学》（Agronomy）上发表了一篇论文，其中包括他的前学生哈钦（Kate Hutcheon）的工作（其于 2017 年从该校博士毕业），但哈钦在这篇文章中并没有得到任何署名。2019 年 12 月，他向纽卡斯尔的科研诚信办公室提出了正式投诉。纽卡斯尔大学经调查，要求伊门斯立即撤回该论文。[②]

在此次事件中，导师认为其学生论文中的项目工作都在他的实验室里进行，是他研究计划的一部分，同时也是由他单独担保的资金资助的，因此他并不认为自己的行为不当。然而，不论是导师还是学生，不论是资金的提供者还是受益者，任何人对论文的知识贡献都应当受到承认，这是毋庸置疑的。有重大贡献的人员都应进入作者名单，而那些做出了贡献，但其贡献程度尚未达到作者水平的参与者，也应当在致谢中予以体现。

除了剥夺他人署名权，对署名权进行馈赠同样不可取。2019 年，《自然》杂志曝光了韩国学者为帮助子女考名校，把子女加进论文署名的科研不端行为。报告列出了 11 位科研人员，他们将并未参与过任何研究的初高

---

① 晏妮, 冷怀明. 科技期刊论文署名不端的法律意义及风险防范[J]. 编辑学报, 2014, 26(4): 325-328.

② Retraction Watch. University orders PhD supervisor to retract paper that plagiarized his student[EB/OL]. (2021-09-08)[2022-09-04]. https://retractionwatch.com/2021/09/08/university-orders-phd-supervisor-to-retract-paper-that-plagiarized-his-student/.

中生列为合著者。①这种不正当的署名被视为科研不端，会受到严厉惩罚。在中国，曾有科研人员的子女借其父母的研究成果，参加青少年科技创新比赛的事例。其未成年子女凭借极其专业与困难的研究内容，连获殊荣，从而引起社会对"学二代""学术造假"等话题的讨论，以及专业人士的实名举报。为此，赛事组委会特别进行专项调查，最终决定撤销其所获一切奖项，其父母也坦承其"过度参与"之举，并尊重和服从相关处理意见。

除馈赠署名外，一些科研人员还在确定署名顺序时不以参与人员的实际贡献大小，而是通过调整作者排名次序来进行信誉的不当分配，以达到其特殊目的。譬如，某高校科研人员曾私自将其子女列为自己论文的第一作者和专利的第一发明人，作者排序与其对论文的实际贡献显然不符，而其子女便利用父母的职务便利和科研优势获得保研资格。最终，不仅其子女被取消研究生推荐免试资格并给予记过处分，该科研人员自身有违师德、科研不端，也被给予警告、记过处理。

更有甚者，一些科研人员为达到某种目的，在论文中凭空捏造根本不存在的作者。曾有三篇期刊论文因涉嫌伪造作者而被撤稿，此三篇文章都有一名共同的合作者：来自丹麦某高校的尤西（Beatriz Ychussie）。然而，这位作者所在高校已确认并无尤西此人。②并且，针对撤回的信件，尤西本人也没有任何回应，这三篇文章共同的合作者无疑成了一位"隐形人"。与此相似，亦有其他科研人员假借莫须有的合作者在国际期刊发文，而后被撤稿。这种造假动机很难理解，极可能与机构鼓励国际合作研究有关。

个别科研人员将有资望的科研人员列入作者名单，是假权威之名，达到在知名学术期刊上发表论文的目的，或增加读者阅读的可能性和文章的引用率。防止这种情况出现的方法，是出版部门要求所有署名作者都必须在稿件上签名。如果出现不端行为，签名就可成为调查和追究相关责任的重要依据。

---

① Nature. More South Korean academics caught naming kids as co-authors[EB/OL]. (2019-11-12)[2022-09-04]. https://www.nature.com/articles/d41586-019-03371-0.

② Retraction Watch. Another whodunit: The author no one can find[EB/OL]. (2020-05-18)[2021-10-14]. https://retractionwatch.com/2020/05/18/another-whodunit-the-author-no-one-can-find/#more-119478.

6.3.2　一稿多投

一稿多投，也称为多重投稿，是指在未告知期刊编辑的情况下，同时向两家或两家以上期刊投递同篇论文的行为，包括向其他期刊投递已发表论文，也包括投递另一家期刊正在评审中的论文。

一稿多投的现象在国际学界并不鲜见。就职于澳大利亚某大学的纳扎里（Ali Nazari），被曝光其曾在伊朗伊斯兰阿扎德大学（Islamic Azad University）学习期间（2010—2011 年），在爱思唯尔（Elsevier）旗下期刊上发表了至少 5 篇论文，而这些文章都是同一项单一研究的成果，论文的研究结果和讨论内容也大致相同。时隔 8 年，这些一稿多投的论文于 2019 年 1 月份终被其他学者曝光，并在 7 月份被爱思唯尔杂志社撤稿处理，但这可能会影响到其他上百篇已发表的文章。因为从科睿唯安（Clarivate）上的数据统计来看，这 5 篇论文分别被引用 25～60 次；而从谷歌学术上来看，这一数据可能还要翻上一两番。①

一稿多投的现象在国内也时有发生，一旦被核实，其后果也将非常严重。例如，曾有科研人员违反学术规范，其已发表的论文中至少有十几篇存在一稿多投等科研不端问题，这名科研人员也因此受到严重惩处：取消导师资格，调离教科岗位，各类人才计划称号和教师资格全被撤销。一稿多投无异于投机取巧，一时便利最终换取的是一生悔恨。

论文发表压力是诱使科研人员一稿多投的重要原因。已发表论文的数量在如今的学术界是重要的科研评价指标，科研人员往往面临着较大的论文发表压力。但已有的刊物数量有限，大量的论文投向有限的刊物，导致期刊的审稿周期和出版时滞显著增长。因此，个别科研人员，出于提高发表概率的目的，往往会选择一稿多投，将同一篇文章投向不同的期刊。②此类行为无论是否有意，都无疑是科研不端行为，浪费期刊编辑的时间和精力，占用宝贵的学术资源。

---

① Retraction Watch. Researcher to overtake Diederik Stapel on the Retraction Watch Leaderboard, with 61[EB/OL]. (2021-04-26)[2021-10-13]. https://retractionwatch.com/2021/04/26/editor-declines-to-correct-paper-with-duplicated-image-after-earlier-study-disappears/.

② 侯风华, 黄莉, 颜峻, 等. 科技期刊一稿多投现象的分析及防范措施[J]. 编辑学报, 2013, 25(S1): 76-78.

6.3.3　重复发表

重复发表是指某作者将之前发表过的论文再次发表。原论文和新论文可能存在着些许没有意义的差别，例如：采用新标题或经过修改的摘要，但是数据集和研究结果完全相同。

国内学术界一般认为一稿多投是导致重复发表的主要原因，而多用一稿多投代指重复发表，但两者具有实质性的差别。一稿多投是一种行为动作，重复发表是一种行为结果。两者并不是对等关系，也就是说一稿多投并不一定导致重复发表，重复发表也并非全部是一稿多投导致的。[①]中国知网也对"一稿多投"和"重复发表"作了区分，根据中国知网的定义，"一稿多投"指的是同一作者发表的 2 篇文献全文重合度高于 90%；"重复发表"指的是同一作者不同时间发表的 2 篇文献全文重合度在 40%～90%。[②]至于达到多少的重复率算作一稿多投和重复发表，学界并未形成明确共识，不同领域有不同标准。

与一稿多投相类似，重复发表的行为在中国学术界也十分常见，令人警醒。譬如，在某科研人员业已发表的 18 篇论文中，有多达 16 篇名称完全相同，令人惊异。

作者如果考虑以另一种语言发表或出版同一篇论文或同一部专著，应遵守有关国际惯例和有关国家版权方面的规定，并根据相关期刊或出版社的规定，取得其明确同意后才可以再次发表或出版。再刊的论文或专著，应当在显著位置注明原始刊载处。

科研成果的发表形式除了论文、专著和报告等书面形式外，还包括电脑程序、照片和模型等其他形式，这些形式的科研成果的投稿与发表，同样要遵守上述的原则与规定。

① 刘宇, 魏峰, 杜云飞. 重复发表与学术失范: 以经济管理学科为例[J]. 清华大学学报(哲学社会科学版), 2020, 35(6): 189-198+204.

② 朱玲瑞, 李福果. "互联网+"环境下科技期刊对一稿多投和重复发表行为的防范方法——以《半导体光电》为例[J]. 编辑学报, 2020, 32(4): 435-438.

6.4　本　章　小　结

成果撰写与发表是科研活动中极为重要的环节。

就成果撰写而言，其焦点在于如何正确使用他人学术成果，而这正是所有科研工作开展的重要基础。除开有主观目的地刻意采用剽窃手段为自己谋取便利外，多数科研人员会因自己的疏忽大意而触及剽窃的禁区。因此，科研人员理当养成正确的引用习惯，选取合适的参考文献，在写作中进行清晰地标注，在成稿前依循引用规范调整其最后的引用格式。总之，任何人都不应有剽窃之举，任何剽窃行为都应受到严厉处置。

就成果发表而言，其焦点则在于署名分配与专稿专投。在投稿前，论文作者间就应当理顺其署名顺序，依据其实际贡献与责任进行合理排列。科研人员切不可在署名环节弄虚作假，或巧取豪夺。至于专稿专投，则要求科研人员在投稿时不可一稿多投或重复发表，每一篇论文都应保证其原创性。

6.5　推荐扩展阅读

李普森. 诚实做学问:从大一到教授[M]. 郜元宝, 李小杰, 译. 上海: 华东师范大学出版社, 2006.

复旦大学研究生院. 研究生学术道德案例教育百例[M]. 上海: 复旦大学出版社, 2018.

科学技术部科研诚信建设办公室. 科研诚信知识读本[M]. 北京: 科学技术文献出版社, 2009.

刘大生. 论文写作基本公式[M]. 北京: 中国民主法制出版社, 2016.

山崎茂明. 科学家的不端行为:捏造·篡改·剽窃[M]. 杨舰, 程远远, 严凌纳, 译. 北京: 清华大学出版社, 2005.

第 7 章

论文作坊的特点与甄别方法

论文作坊[①]（paper mill）指的是以商业买卖形式向学术界提供论文相关服务的除"作者"和期刊以外的第三方非法组织。论文作坊的买卖双方通常不直接见面，卖家借由网络等渠道向顾客提供伪造实验数据、代写论文、以润色为名修改实质内容、代投论文等服务。一些论文作坊隐匿在写字楼的格子间里，规模或大或小，少则几人，多则上百人。起初论文作坊主要提供代写学期论文服务[②]，其后形式不断变异，逐渐衍生出代写期刊论文、学位论文、基金项目申请书及结项报告等服务。

论文作坊的危害极大。不同于以往个人之间小范围违反学术道德的行径，论文作坊采用的是批量生产论文的商业模式，并且大多同时涉及剽窃、数据造假、不当署名等多种科研不端行为。其情节之严重、影响之恶劣、危害之深远，皆远超通常的科研不端行为。

目前有关论文作坊的学术研究相对较少，更多的是由大众传媒揭示披露。已有学术研究大多以"论文代理""中介机构""第三方平台"等现象开展研究[③]，且多为编辑结合所在期刊的实践经验以分析总结代写或代投

---

① 亦有学者译为"论文工厂"。

② STAVISKY L P. Term paper "mills", academic plagiarism, and state regulation [J]. Political Science Quarterly, 1973, 88(3): 445-461; APPLEBOME P. On the Internet, term papers are hot items [N]. New York Times, 1997-06-08.

③ 李岩, 段玮弘. 论文中介网可操作代写代发论文的医药卫生类期刊状况及防范措施探析[J]. 中国科技期刊研究, 2020, 31(7): 796-802; 胡泽文, 武夷山. 论文代写代发现象之研究[J]. 中国软科学, 2012 (7): 78-90.

等论文作坊的个别环节[①]，提出的识别特征与防范措施通常为零散的注意要点，也有研究基于稿件基本信息[②]、作者投稿 IP [③]、采编系统登录密码[④]等特定视角识别和防范代写或代投论文，尚无文献系统甄别论文作坊作伪的全流程，且较少研究全面深入分析论文作坊所涉及的多种不端行为及其危害性。

本章通过对撤稿观察（Retraction Watch）数据库 2016—2021 年涉嫌论文作坊撤稿的论文进行撤稿时间趋势分析和国别对比分析，揭示作坊论文滋蔓的规律和现状；并采用案例分析法解析自然科学基金委、撤稿观察等公布的多个典型案例，探究论文作坊涉及的科研不端行为及其对学术界造成的危害，进而系统性地提出甄别论文作坊作伪痕迹的有效方法。

7.1 论文作坊的滋蔓

论文作坊规模生产与批量买卖相结合的商业模式，使得其业务规模迅速扩张，直至席卷全球，接连引发国际学术圈的震动。

7.1.1 论文作坊的兴起与猖獗

据现有文献资料显示，论文作坊的出现，最早可以追溯到 20 世纪中叶的美国。[⑤]从最初的"文学服务"，逐渐演变成规模化的产业。20 世纪中叶，美国纽约一家著名报纸每周都会在书评区刊登一则名为提供文学服务

---

① 王景周. 代投论文的甄别与防范 [J]. 中国科技期刊研究, 2018, 29(6): 557-562；王雁, 苟莉, 刘丹, 等. 代写代投来稿的甄别及防范措施 [J]. 编辑学报, 2018, 30(2): 171-173；郑小虎, 何莉. 科技期刊"中介稿件"的识别及防范 [J]. 编辑学报, 2018, 30(1): 55-57.

② 刘清海. 从来稿基本信息着手发现学术不端的线索[J]. 编辑学报, 2014, 26(5): 449-451.

③ 白雪娜, 张辉玲. 基于作者投稿 IP 识别的中介代投论文特征分析与防范对策[J]. 中国科技期刊研究, 2019, 30(6): 582-587.

④ 余菁, 邬加佳, 徐杰. 由采编系统登录密码辨别代写代投学术不端行为[J]. 科技与出版, 2018 (9): 157-160.

⑤ STAVISKY L P. Term paper "mills" ,academic plagiarism, and state regulation [J]. Political Science Quarterly, 1973, 88(3): 445-461.

实则代写论文的广告。其他竞争机构嗅到了商机，也开始提供代写学期论文的服务。[①]20 世纪 70 年代，论文作坊渐成规模，相继出现在美国波士顿、纽约、华盛顿和洛杉矶地区，这些学术氛围浓厚的地区为论文作坊的野蛮生长提供了肥沃土壤。[②]美国旧金山湾区一位 22 岁的小吃店老板投资了这项新业务，起初只雇用了两位英语文学专业硕士毕业生，随着业务量的激增，又招募了大量未就业的研究生，向那些缺乏写作动力和技能的本科生兜售论文代写服务，每个学年能生产约 1 万篇论文。公司的交易记录详细记载着论文名称、机构、导师姓名，甚至课程名。其中，定制化的论文收费最高，但也有讨价还价的余地。[③]如果买家愿意额外支付一笔费用，成为论文作坊的 VIP 客户，即可获得更高效的服务。[④]不到 1 年的时间，这个投资规模不大的初创公司就成长为 120 万美元市值的庞大业务体。[⑤]

7.1.2　论文作坊的历时变化与国别比较

论文作坊的发展近年来在国际学术界有愈演愈烈之势，中国是"贡献者"之一。据撤稿观察数据库 2016—2021 年作坊论文撤稿的历时变化和国别比较结果（如图 7.1 所示）可知，被撤稿的作坊论文数量不断激增，且多数来源于中国学者。《肿瘤生物学》（*Tumor Biology*）期刊 2017 年 4 月宣布撤稿的 2012 年至 2016 年发表的 107 篇文章，作者来自 125 家中国机构和 4 家国外研究机构。[⑥]经科学技术部等部门组成的联合工作组调查，其中至少有 12

---

① STAVISKY L P. Term paper "mills", academic plagiarism, and state regulation [J]. Political Science Quarterly, 1973, 88(3): 445-461; APPLEBOME P. On the Internet, Term papers are hot items [N]. New York Times, 1997-06-08.

② STAVISKY L P. Term paper "mills", academic plagiarism, and state regulation [J]. Political Science Quarterly, 1973, 88(3): 445-461.

③ STAVISKY L P. Term paper "mills", academic plagiarism, and state regulation [J]. Political Science Quarterly, 1973, 88(3): 445-461.

④ GROARK M, OBLINGER D, CHOA M. Term paper mills, anti-plagiarism tools, and academic integrity [J]. Educause Review, 2001, 36(5): 40-48.

⑤ STAVISKY L P. Term paper "mills", academic plagiarism, and state regulation [J]. Political Science Quarterly, 1973, 88(3): 445-461.

⑥ STIGBRAND T. Retraction Note to multiple articles in Tumor Biology [EB/OL]. (2017-04-20) [2021-07-02]. https://link. springer.com/article/10. 1007/s13277-017-5487-6.

篇系向第三方中介机构购买。《自然》（*Nature*）新闻专栏 2021 年 3 月发表了《打击炮制伪科学的论文作坊》（*The fight against fake-paper factories that churn out sham science*），剑指中国论文作坊及数据造假。[①] 文中提及《英国皇家化学学会》（*Royal Society of Chemistry*，RSC）杂志在 2021 年 1 月撤稿的 68 篇论文的作者均来自中国的医院，RSC 杂志认为存在"一个生产'假'研究的系统"。自然科学基金委披露，自 2015 年 3 月起，英国生物医学中心（BioMed Central，BMC）、斯普林格（Springer）、爱思唯尔（Elsevier）、自然（Nature）等国际著名学术出版集团的 4 批集中撤稿中共涉及 117 篇中国学者发表的论文，其中 23 篇标注有国家自然科学基金资助，另有 5 篇被列入已获资助的项目申请书。[②]

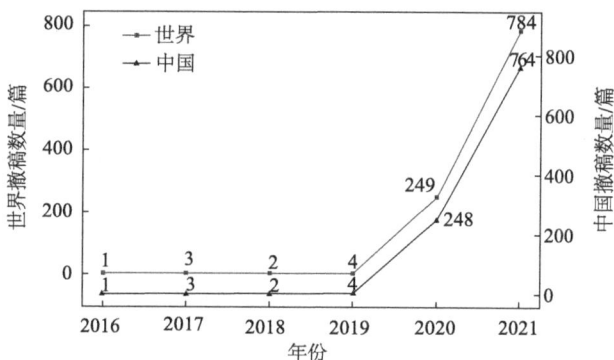

图 7.1　世界与中国作坊论文撤稿数量的历时变化

经监委会集中调查，上述 28 篇论文均为委托第三方中介机构润色、代投或纯粹买卖所得，其中有 13 篇与名为"某某信息科技有限公司"的第三方中介机构有关。

7.1.3　论文作坊的营销伎俩

论文作坊提供的是一种不正当的服务，其服务模式通常有两种：一是

---

① ELSE H, NOORDEN R V. The battle against paper mills [J]. Nature, 2021, 591(7851): 516-519.

② 国家自然科学基金委员会. 基金委召开"捍卫科学道德 反对科研不端"通报会 [EB/OL]. (2016-12-12) [2021-06-30]. https://news.sciencenet.cn/htmlnews/2016/12/363262. shtm.

按照论文买家的需求"量身定制"论文；二是直接售卖代发表录用稿的署名权，即"过稿转让"。俄罗斯一家面向全球主营"过稿转让"业务的商业机构，利用某些期刊接收拟发表论文后允许修改论文作者的制度漏洞，帮助有论文署名权买卖需求的双方牵线搭桥，从中赚取中介费用。①论文作坊所提供的论文生产服务已形成了"论文代写—代发表—代引用"的产业链，产业链的上游是专门从事论文代写服务的职业"枪手"，下游则是接收这些代写论文的"可操作期刊"。除此之外，部分论文作坊还创新经营模式，以投放广告为主营业务，免费为买家提供论文；或采用"以文换文"的方式，即提交一篇自行撰写的论文作为交换，便可免费获得另一篇所需论文。②

论文作坊的营销目前多采用线上渠道，互联网的兴起为其业务扩张提供了便利条件，论文作坊可借助各大互联网平台寻找潜在的买家。一些论文作坊假冒期刊网站发布广告，或将广告植入到发布学习信息的官方页面，极具迷惑性。此外，还有一些论文作坊通过社交媒体发布论文交易广告，广告中常包括"国家级""知网收录""见刊快"等高频词汇。

7.2　论文作坊的恶绩

论文作坊是滋生科研不端行为的渊薮，其生产论文的过程涉及剽窃、数据造假、图片重复使用、大规模同行评议造假、不当署名、基金标注不实、一稿多投和重复发表等，形形色色，花样翻新，为害甚烈。

7.2.1　剽窃

作坊论文的质量良莠不齐。多数"黑心商家"采用剽窃等方式，贩卖

---

① MARCUS A. Exclusive: Russian site says it has brokered authorships for more than 10, 000 researchers [EB/OL]. (2019-07-18) [2021-07-02]. https://retractionwatch.com/2019/07/18/exclusive-russian-site-says-it-has-brokered-authorships-for-more-than-10000-researchers/.

② GROARK M, OBLINGER D, CHOA M. Term paper mills, anti-plagiarism tools, and academic integrity [J]. Educause Review, 2001, 36(5): 40-48.

质量低劣的论文。论文作坊常雇佣"枪手"代写论文,这些写手的专业素养和学术能力参差不齐,其中大部分难以独立完成一篇合格的论文。因此,许多写手为了节省时间完成任务,常采用剽窃等方式改写或照搬他人的文章。剽窃是论文作坊中最常见的科研不端行为,也是作坊论文被发现和被揭露的主要原因之一。

论文作坊剽窃的手段近年来推陈出新,洗稿便是一种新型剽窃方式,即通过语言转换、同义词改写、句子结构变换等手段,仅从语言文字上修改他人的稿件而对论文内容不做实质性改动的剽窃方法,是一种更为隐蔽的剽窃形式。"洗稿"一词以前常用于新闻媒体行业,后来逐渐引申到学术期刊领域。传统大篇幅或段落的剽窃方式因期刊编辑部对论文查重系统的普遍使用而日趋减少,论文作坊为逃避论文查重系统的审查、提高录用率,不断革新剽窃手段。由于洗稿的目的本就是逃避论文查重系统的审查,这种二次加工论文的造假手段在剽窃认定上具有一定的难度,目前仅能依靠编辑人工识别。许多论文作坊正是利用洗稿难以被发现这一技术漏洞,大肆宣传"不涉及剽窃,包过查重系统"之类的广告。

人工智能的软件也可以实现洗稿。人工智能通过对输入语料库的深度学习可以完成一篇非常形似于学术论文的"高仿论文",甚至达到了"以假乱真"的地步。麻省理工学院计算机科学与人工智能专业的三位研究生2005 年开发编写了一款能自动生成计算机科学方向学术论文的网页程序SCIgen,该程序通过"学习"一定数量的学术论文后,能自动生成一篇具备标准 SCI 论文结构、形式、条件的学术论文,包括标题、摘要、关键词、参考文献、图片、表格和流程图等,但是内容不具备学术价值。直至今日,仍然有人使用该程序撰写论文并被期刊接收。计算机科学家 Cyril Labbé 从 IEEE 和 Springer 在 2008 年至 2013 年间刊印的论文中,发现了120 多篇由 SCIgen 自动生成的劣质论文。[1]有专家估计,计算机科学领域的所有文献中,每 100 万篇论文中约有 75 篇是由 SCIgen 生成的。[2]

---

① NOORDEN R V. Publishers withdraw more than 120 gibberish papers[J]. Nature, 2014(2).

② CABANAC G , LABBÉ C. Prevalence of nonsensical algorithmically generated papers in the scientific literature[J]. Journal of the Association for Information Science and Technology, 2021, 72(12): 1461-1476.

7.2.2　数据造假、图片重复使用

过度修饰、篡改数据和重复使用图片是论文作坊在论文内容方面造假的另一常用手段。科学论文的实验结果通常采用实验数据和实验图片的形式展示，同时，数据和图片也是论文核心成果和论文创新性的主要表现。许多论文作坊由于缺乏完成论文所需实验的条件和资质，常常擅自套用并过度修饰、篡改他人的实验数据，甚至直接凭空捏造数据；至于实验图片，则采用直接复制已发表论文的图片或胡乱堆砌经 PS 处理后的以前的实验图片。著名论文打假专家 Elisabeth Bik 在 2020 年 5 月揭露了发表在《欧洲医学药理学评论》（*European Review for Medical and Pharmacological Sciences，ERMPS*）杂志的疑似来自同一论文作坊的 121 篇论文。[①]其中，8 篇来自不同单位的不同作者研究不同肿瘤类型的论文竟然有着相同的结果：完全一致的 Kaplan-Meier 曲线、线形图和 WB 结果，甚至连病人的数据也一模一样。Elisabeth Bik 推测，这些图片均来自同一个收藏有百余张图片和图表的图像库。现代科学技术的基石在于实验及其可重复性，而这些试图通过过度修饰数据和图片美化编造实验结果的论文完全违背了现代科学精神。更让人唏嘘的是，这些以假乱真的论文极有可能误导缺乏经验的后来学者，扰人视听、混淆真相，与科学传播的初衷相去甚远。

7.2.3　大规模同行评议造假

同行评议造假是作坊论文发表过程中弄虚作假的一种方式。论文作坊自知生产的论文学术质量低劣，便想方设法通过其他方式来提高论文的录用率。论文作坊通常利用论文作者可以推荐审稿专家的制度漏洞，伪造同行评议审稿人的邮箱，并将自行撰写的虚假审稿意见通过该邮箱发送至期刊编辑部。例如，广东某大学周某通过论文作坊购买论文后，使用论文作坊为其伪造的同行评议审稿人邮箱提交虚假的论文审查意见，并以第一作者或通讯作者的身份在 *Journal of the Reni-Angiotensin Aldosterone System*

---

① BIK E. The stock photo paper mill [EB/OL]. (2020-07-05) [2021-07-02]. https://scienceintegritydigest.com/2020/07/05/the-stock-photo-paper-mill/.

（*JRAAS*）期刊上发表数篇论文。①这些虚假的审稿意见看似内容翔实且篇幅较长，甚至给出了一些似是而非的学术意见，造假手段极为隐蔽。期刊编辑若不审查审稿专家邮箱的真实性或第一次遇见类似的审稿意见，往往难以察觉其中的猫腻。不过，当论文作坊大规模作案时，通过对比多篇审稿意见就可以发现虚假审稿意见的套路和模板；通过追踪某一个虚假邮箱，便可以顺藤摸瓜找到其他相关的造假邮箱。

此外，有些期刊编辑也参与到同行评议造假的过程中。部分编辑与论文作坊共谋，为其予以便利以获取收入分成。大规模同行评议造假从一定层面上反映出部分期刊编辑的不作为和推卸责任。期刊编辑没有尽到学术期刊质量"守门人"的责任，相当于为论文作坊的泛滥敞开了大门，学术论文中充斥着论文作坊生产的论文也就不足为奇了。

7.2.4　署名不当和出售署名权

论文作坊为提高论文的录用率，常常在论文署名上做手脚。根据 2019 年颁布的《学术出版规范——期刊学术不端行为界定》，作坊论文常见的署名不当主要表现为两种形式，分别是对研究有实质性贡献的人未予署名，以及未经他人同意擅自将其列入作者名单。例如，在他人不知情的情况下擅自将该领域的知名专家学者列为论文作者或通讯作者。此外，在过稿转让的实际案例中，论文作坊还常采用在论文通过评审后要求期刊修改或增加作者名单的方式出售论文署名权。

7.2.5　基金标注不实

虚假标注获得科学基金资助也是论文作坊造假的惯用伎俩。由于基金项目通常会经历较为严格的审查程序，且代表了该学科领域的研究前沿，标注基金可视为对论文质量的一种认可和背书，相应地，学术期刊更青睐标注国家级或省级基金项目的论文。此外，由于"基金论文比"是非常重要的期刊评价指标之一，许多期刊甚至会给基金论文开辟绿色通道，减少

---

① 国家自然科学基金委员会. 2017 年查处的不端行为案件处理决定 [EB/OL]. (2017-02-24) [2021-06-30]. https://nsfc. gov.cn/Portals/0/fj/fj20180408_01.pdf.

审稿环节或缩短审稿时间。①因此，不放过任何一个可以提高录用率机会的论文买家或论文作坊常常会虚假标注基金。基金标注不实的常见表现形式有无中生有、挂名发表、利用出版时间迟滞添加、罗列多项基金等。②论文作坊通常涉及前两种形式，即擅自标注他人所获资助的基金项目或者直接编造不存在的基金项目且套用他人的基金号。例如，有科研人员通过网络联系委托论文作坊代写代发论文，并利用擅自标注他人基金项目申请号和一稿两发的手段提高论文录用率。

7.2.6　一稿多投、重复发表

为提高论文的录用概率，论文作坊还常采用一稿多投的策略。毫无疑问，这种"广撒网"的方式能够降低论文被拒的风险并减少论文从投稿到被接收的时间周期。如果多家期刊中有一家期刊同意接受论文，论文作坊便通知其他期刊编辑撤回论文不再发表。

7.3　论文作坊的危害

论文作坊给科研系统带来诸多危害，包括损害科学的独创性、割裂署名的权责关系，进而扭曲学术界的奖励体系、损害信誉分配的公平性，造成审稿和撤稿环节时间成本和经济成本的激增，甚至对某个区域的学术信誉造成整体性损害。

7.3.1　损害科学的独创性

论文作坊生产论文的过程严重损害了独创性这一科学的最高价值。③论

---

① 叶文豪, 洪磊, 唐梦嘉, 等. 科研论文基金项目"一文多注"和不实标注研究——以2014-2018 年国家社科基金项目为例 [J]. 图书与情报, 2020 (6): 65-72.

② 韩磊, 邱源. 学术期刊须警惕基金论文中基金项目不实标注现象 [J]. 编辑学报, 2017, 29(2): 151-154.

③ 默顿. 科学社会学 [M]. 鲁旭东, 林聚任, 译. 上海: 商务印书馆, 2009: 396.

文作坊不以产生新知识为目标，而仅以论文发表为目的进行论文生产，严重破坏了科学研究活动的传统伦理规范。自论文作坊处购买虚假数据或图表的所谓"论文作者"并未真正开展研究，无实验做支撑却能成功发表论文，并假借为科学共同体增进 "新知识"而获益。现代科学制度强调科学的公有性，"承认和尊重是科学家对自己的发现的惟一的财产权"①。如果让此类违反独创性的科学研究获得承认和奖励，将违背科学规范所认同的价值观，严重损害科学规范的道德有效性。

7.3.2 割裂署名的权责关系

署名不仅是作者对于科研成果享有的权利和承认，更是责任和信誉的体现。要荣誉，就应当负责任，署名的作者需对文章的真实性、准确性等承担相应的责任。但论文作坊的买卖双方对此全然不顾，未对文章做出实际贡献的论文购买者享有着署名权，论文的实际写作者却无人知晓。尽管作坊论文通常质量低劣、无人问津，但仍不应忽视其中的权责关系。一旦被质疑存在科研不端行为时，这些冒名顶替的购买者往往会将责任推卸给论文作坊的生产者，以外包实验室提供了偏倚的数据为由逃避责任。作坊论文一旦被引，署名作者的个人引用量将上升，凭借着这些虚假的"高级定制"论文，作者的声誉、知名度、研究经费、薪酬、津贴（如出席国际会议的差旅费）都可能因之增加。引用不仅会提高作者个人的学术指数，也能提高诸如科睿唯安（Clarivate）期刊引证报告（Journal Citation Reports，JCR）和爱思唯尔（Elsevier）引用分数（CiteScore）等期刊学术指数。期刊的影响力得以提高，就职于这些期刊的编辑的社会地位和声望也会随之提高。作坊论文看似让出版系统的各个环节都获益，实则严重损害科研诚信、学术形象和学术信誉。②

---

① 默顿. 科学社会学 [M]. 鲁旭东，林聚任，译. 上海: 商务印书馆, 2009: 370.

② SILVA J . Paper mills and on-demand publishing: Risks to the integrity of journal indexing and metrics [J]. Medical journal, Armed Forces India, 2021, 77(1): 119-120.

7.3.3 增加时间成本和经济成本

论文作坊快速生产的大量弄虚作假的产品，大大增加了编辑审稿所花费的时间成本和经济成本。论文作坊作伪手段的日益隐蔽和娴熟，给期刊的识别工作增加了难度。当发现科研不端的迹象后，调查存疑论文的过程也需要消耗大量的人力、物力和财力。更严重的影响在于论文自发表至撤销这一时段。许多学者的研究表明，从稿件发表到发现问题撤销稿件的过程具有时滞性，期刊审查并撤回造假论文的过程比一轮审查更加耗时。[①] 有研究发现，Web of Science（WOS）数据库平均撤稿时滞为 2.02～4.96 年[②]，Scopus 数据库中最长的撤稿时滞甚至达到 26 年[③]，且被引频次越高，撤稿时滞越长，净化时间成本越高[④]。

7.3.4 重创区域和机构的学术信誉

学术造假行为会严重影响事发地学者群体的学术信誉，导致国际学者不信任该区域学者的研究成果，从而减少甚至规避对该区域论文的引用。《分子治疗》（*Molecular Therapy*）杂志于 2021 年 2 月发表社论表示："'垃圾科学'的数量不断增加，将对来自事发地区其他研究的可信度造成破坏，期刊界会越来越多地对来自该地区的科学研究产生怀疑。"[⑤]

论文作坊的造假行为对学术期刊的危害同样巨大。学术期刊有其长期合作的论文审稿人，质量低劣的作坊论文会增加审稿人的工作量，长此以往会耗尽可信赖的审稿人资源，使得编辑只能选用作者提供的虚假审稿

---

① MARCUS A , ORANSKY I . Science publishing: The paper is not sacred[J]. Nature, 2011, 480(7378): 449-450.

② 姚长青, 田瑞强, 杨冬雨,等. 撤销论文及其学术影响研究 [J]. 中国科技期刊研究, 2014, 25(5): 595-604.

③ 包靖玲, 潘旸, 魏佩芳,等. 国际医学学术期刊撤稿原因的调查分析——以 Scopus 数据库为例 [J]. 编辑学报, 2018, 30(3): 323-327.

④ 付中静. 国际期刊撤销论文引证特征及其自身净化效果分析[J]. 中国科技期刊研究, 2016, 27(4): 346-351.

⑤ FREDERICKSON R M , HERZOG R W. Keeping them honest: Fighting fraud in academic publishing[J]. Molecular Therapy, 2021, 29(3): 889-890.

人，从而使得虚假论文"成功"发表，进而影响期刊的信誉。

7.4 论文作坊作伪的甄别方法

但凡造假，必留痕迹。作坊论文从写作、投稿到撤稿环节，都存在着诸多异常之处。在写稿环节，作坊论文的数据来源异常，修图痕迹明显；内容质量粗劣，专业素养缺失。在投稿过程中操作混乱，代投痕迹明显。这些作伪痕迹都能够帮助期刊编辑和评审专家甄别伪劣的作坊论文。

7.4.1 写稿环节

数据来源异常，修图痕迹明显。买家委托论文作坊代为收集数据，但在论文的正文及附注中均未披露数据获取的途径，或谎称研究数据由本人亲自收集；当被察觉外包的数据存在偏误时，部分买家虽在研究局限性中对此有所披露，但会将其归责于外包公司，且不写明数据存在的具体问题和外包公司的基本信息；图片存在严重的修饰或美化痕迹，甚至同一图片重复出现在完全不相关的论文中，有从"图片库"中任意拼接而成之嫌。[①]

内容质量粗劣，专业素养缺失。作坊论文的写手未受过特定领域的学术训练，缺乏学科专业素养和文献知识储备，对核心专业词汇往往使用不当，所做文章不符合学科的学术写作要求；作坊论文会使用所属学科模板实现规模制作，因此会出现相近领域的数篇论文在文本结构、研究假设和实验方法等方面均具有高度相似性的现象；论文实质内容与其所宣称的贡献极不相称，过分夸大论文的研究成就；文章内容与所投期刊的刊出宗旨严重不符；引用的参考文献与论文内容相关性较低，甚至风马牛不相及。

---

① SEIFERT R. How Naunyn-Schmiedeberg's Archives of Pharmacology deals with fraudulent papers from paper mills[J]. Naunyn-Schmiedeberg's Archives of Pharmacology, 2021, 394(3): 431-436.

7.4.2　投稿环节

投稿操作混乱，代投迹象难掩。在注册阶段，投稿者的注册信息不完整；绑定的邮箱为商业邮箱而非学术邮箱。[①] 在投稿阶段，投稿者并非作者本人；从注册到投稿之间的时间跨度过短[②]；投稿者通过在不同时间和地点发送邮件试图掩盖其真实位置所在[③]；投稿者登录投稿系统次数较少，与其他投稿者随时关注稿件处理进程的情况明显不同[④]；多篇文章投稿 IP 地址相同[⑤]；同一作者一次性投稿多篇稿件，这些稿件甚至并非来自同一专业领域[⑥]；等等。作坊论文的目标期刊也具有一些共性，大多是以收取版面费为主要资金来源的非核心期刊，审稿时间短、载文量大，且刊发的论文质量不高，剽窃现象严重；此外，这些学术期刊与论文作坊之间常常保持着"良好"的合作关系，可有偿缩短审稿时间，提高收录概率。[⑦]

7.4.3　撤稿环节

在被质疑科研不端、要求提供原始数据时，部分作者会公开承认数据

---

① SEIFERT R. How Naunyn-Schmiedeberg's Archives of Pharmacology deals with fraudulent papers from paper mills[J]. Naunyn-Schmiedeberg's Archives of Pharmacology, 2021, 394(3): 431-436.

② 王雁, 苟莉, 刘丹, 等. 代写代投来稿的甄别及防范措施[J]. 编辑学报, 2018, 30(2): 171-173.

③ SEIFERT R. How Naunyn-Schmiedeberg's Archives of Pharmacology deals with fraudulent papers from paper mills[J]. Naunyn-Schmiedeberg's Archives of Pharmacology, 2021, 394(3): 431-436.

④ 王雁, 苟莉, 刘丹, 等. 代写代投来稿的甄别及防范措施[J]. 编辑学报, 2018, 30(2): 171-173；白雪娜, 张辉玲. 基于作者投稿 IP 识别的中介代投论文特征分析与防范对策[J]. 中国科技期刊研究, 2019, 30(6): 582-587.

⑤ 白雪娜, 张辉玲. 基于作者投稿 IP 识别的中介代投论文特征分析与防范对策 [J]. 中国科技期刊研究, 2019, 30(6): 582-587.

⑥ 王雁, 苟莉, 刘丹, 等. 代写代投来稿的甄别及防范措施 [J]. 编辑学报, 2018, 30(2): 171-173.

⑦ 杨春华, 姚敏, 刘娜, 等. 代写代发论文的识别、防范及学术不端的治理 [J]. 中华医学图书情报杂志, 2020, 29(7): 65-68；谭春林. QQ 群消息及"代笔"交易的挖掘与学术不端诱因分析 [J]. 中国科技期刊研究, 2019, 30(7): 721-727.

存在瑕疵，但通常不会说明数据存在的具体问题，而是采用各种手段推诿塞责，如宣称有问题的数据皆由自己的研究生或博士后所生产，并且数据生产者已遭惩罚，但未见任何关于该惩罚的官方通告。

还有的作者采取迁延或逃避的策略，回复有关撤稿事宜的邮件速度极慢，有时长达 6 个月，甚至不予回复，这些作者对论文发表的关心程度远高于回应论文撤回。[①]

7.5　本　章　小　结

本章通过对撤稿观察数据库中涉嫌使用论文作坊服务而撤稿的论文进行撤稿时间趋势分析和国别对比分析，发现近年来被撤稿的作坊论文数量激增，且多数来源于中国学者。在对自然科学基金委、撤稿观察网等公布的多个典型案例剖析后发现，近年来因论文作坊引起的国际期刊集体撤稿事件频发，论文作坊常通过剽窃、数据造假、署名不当等多种手段作伪，形式隐蔽，为害匪浅，应予以杜绝。

7.6　推荐扩展阅读

CHRISTOPHER J. The raw truth about paper mills[J]. FEBS Letters, 2021, 595(13): 1751-1757.

GROARK M. Term paper mills, anti-plagiarism tools, and academic integrity[J/OL]. Plagiarism, 2001. https://er.educause.edu/articles/2001/9/term-paper-mills-antiplagiarism-tools-and-academic-integrity.

LEONARD P S. Term paper "mills", academic plagiarism, and state regulation [J]. Political Science Quarterly, 1973, 88(3): 445-461.

SEIFERT R. How Naunyn-Schmiedeberg's Archives of Pharmacology deals with fraudulent papers from paper mills[J]. Naunyn-Schmiedeberg's Archives of Pharmacology, 2021, 394(3): 431-436.

---

① SEIFERT R. How Naunyn-Schmiedeberg's Archives of Pharmacology deals with fraudulent papers from paper mills[J]. Naunyn-Schmiedeberg's Archives of Pharmacology, 2021, 394(3): 431-436.

第 8 章

无明显欺诈的过失

科研行为中有一类特殊的过失，这种过失与欺诈不同，无法判断它的发生是否伴随着研究者主观上的恶意，这种现象可称之为"无明显欺诈的过失"。刻意的欺诈让人痛恨，无明显欺诈的过失却好似应该得到原谅而网开一面。但随着科研成本的上升，科学共同体逐渐意识到无明显欺诈的过失依旧会造成严重的后果。因此，无论是由于研究者的不严谨，还是受客观条件限制导致的类似过失，都应加以防范。

8.1 违反严谨性原则的错误

科研中的不严谨行为，会把本可避免的错误带入科学，其后果和危害与彻头彻尾的撒谎并无二致。在科研过程中，需要秉承怀疑精神与严谨作风，对各类可能出现的误差予以校正或处理。

8.1.1 图像应用的疏忽和差错

图像是成果表述时的关键组成部分，研究者将各种实验操作的结果以图像的形式呈现，既简洁又直观，但也正是图像的大量使用，导致容易产生疏忽和差错。最常见的错误有上传图像时因疏忽导致图像重复引用、对图像处理不当等差错。

图像重复引用存在两种情况，一种情况是有意为之，这种情况被视为"欺诈"；另一种情况是由于研究者在整理和上传图像的过程中一时疏忽，出现重复引用和错位等问题，这种情况就属于"无明显欺诈的过失"。例如，上海某研究团队曾在《肝脏病学》（*Hepatology*）期刊上发表论文，其中图片就被质疑有重复使用之嫌（如图 8.1 所示）。[①]随后作者将左框中的图像纠正为右框中的图像（如图 8.2 所示），并表示非有意"欺诈"，而是图片不小心放错位置所导致，且此次更正也并不影响整个研究的科学结论。[②]

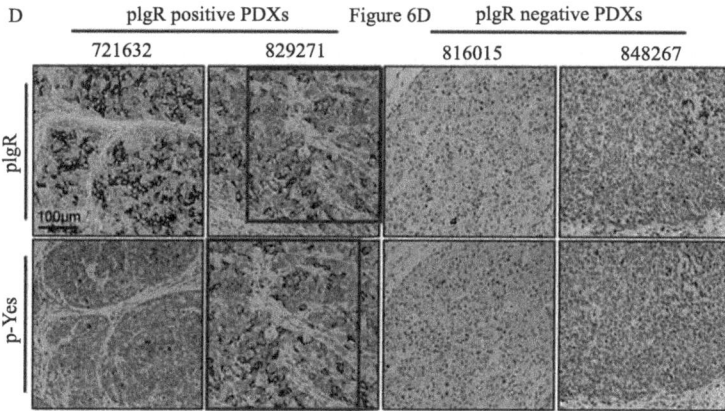

图 8.1　原 p-Yes 的 IHC 染色图像

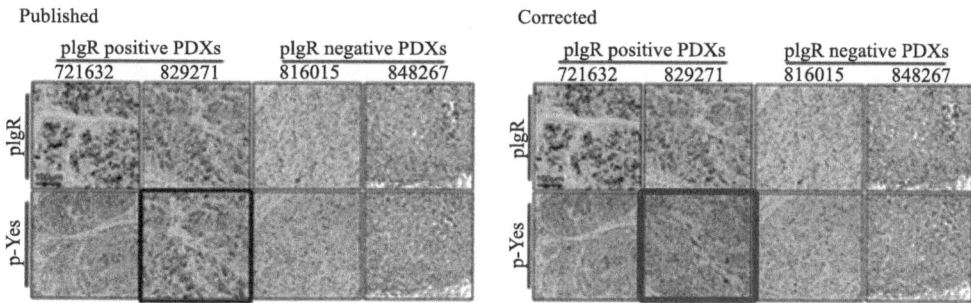

图 8.2　纠正后 p-Yes 的 IHC 染色图像

---

① YUE X, AI J, XU Y, et al. Polymeric immunoglobulin receptor promotes tumor growth in hepatocellular carcinoma[J]. Hepatology, 2017, 65(6): 1948-1962.

② Correction: Polymeric immunoglobulin receptor promotes tumor growth in hepatocellular carcinoma[EB/OL]. (2020-01-12)[2022-09-12]. https://aasldpubs.onlinelibrary.wiley.com/doi/10.1002/hep.31091.

图像重复现象在学术论文中并不鲜见。2018 年美国雪城大学的机器学习研究员丹尼尔·阿库纳（Daniel Acuna）带领研究小组开发出一个图片对比算法，能够在数十万条生物医学论文中自动搜寻重复图片。之后该研究小组运用此算法分析生命科学领域中 4324 本期刊开放获取的 76 万篇文章，提取出有效图片 263 万张，去掉和判断重复无关的图片后，发现剩余的 200 万张图片之中约有 18 万张图像存在高度重复，占总图片量的 9%。[①] 同年，《科学》（Science）期刊和"撤稿观察"（Retraction Watch）联合发布报告称，在过去的 10 年里，学术期刊撤回的论文数量增加到 10 倍，这些论文中约有 2%是因为图像问题。[②]可见图片重复的频率非常之高。

图像处理不当，指的是对原始图像进行不恰当的明暗度和对比度调整、旋转角度、重新拼接等处理。对原始图像的适当处理则有利于结果的呈现。因此，对图像处理较为恰当的态度是：将处理操作限制在能被确定为"必要"的情况下，且最终图像必须能正确地代表原始数据，并符合科学共同体的共识。可接受的处理操作和具有恶意欺诈性的处理操作之间的边界，有时十分模糊，很难判断，正如《自然方法》（Nature Methods）中一篇社论所说，"良好的意图并不能使所有的操作都被接受"[③]，诚实的人有时也会出现疏忽和差错。

以下是两个图像处理不当的例子。第一个例子表明不恰当的明暗度和对比度调整会导致部分原始信息的丢失。如图 8.3 所示，由 1 到 2 的调整是可以接受的，而由 2 到 3 的调整是不可接受的，因为如 4 所示微弱条带显示被丢失，而此类调整不应"掩盖或消除原始图像中存在的任何信息"[④]。

① ACUNA D E, BROOKES P S, KORDING K P. Bioscience-scale automated detection of figure element reuse[J]. BioRxiv, 2018: 269415.

② BRAINARD J, YOU J. What a massive database of retracted papers reveals about science publishing's 'death penalty'[EB/OL]. (2018-10-25)[2023-02-09]. https://www.science. org/content/article/what-massive-database-retracted-papers-reveals-about-science-publishing-s-death-penalty.

③ Nature. Not picture-perfect[EB/OL]. (2006-01-22)[2022-09-12]. https://doi.org/10.1038/439 891b.

④ ROSSNER M, YAMADA K M.Wha's in a picture? The temptation of image manipulation[J]. Journal of cell biology, 2004, 166(1): 11-15.

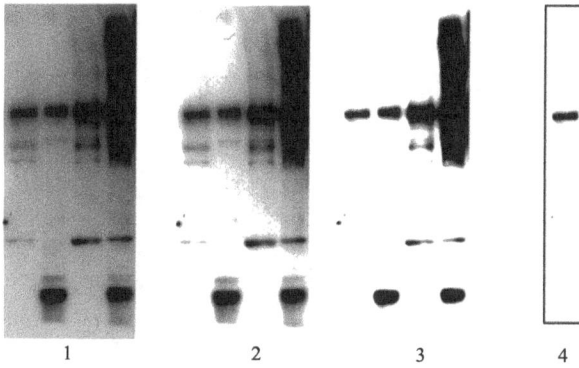

图 8.3　明暗度和对比度调整图像

第二个例子则表明，将不同显微镜视野的图片重新拼贴而不做区分和说明会误导读者以为图片来自单一显微镜视野。如图所示，图 8.4 为拼贴后的显微镜图片，无任何区分和说明，误导性极强。增强图 8.4 对比度后可得图 8.5，可见明显拼贴痕迹，证明图 8.4 并非原图，已构成对原始数据的歪曲。如果作者希望将来自多个视野的图像组合到一张显微照片中以节省空间，则必须用细线指示清楚，加以区分和说明。[①]

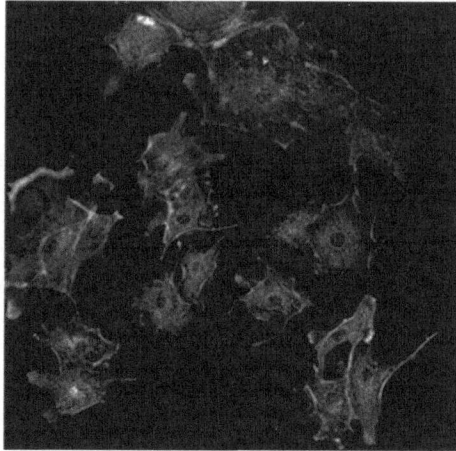

图 8.4　原显微镜图片

① ROSSNER M, YAMADA K M.What's in a picture? The temptation of image manipulation[J]. Journal of cell biology, 2004, 166 (1): 11–15.

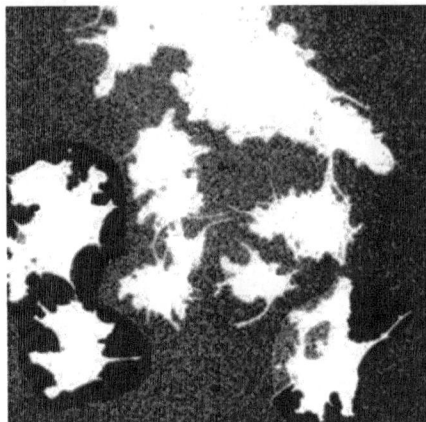

图 8.5　调整后显微镜图片

　　判定图像处理是否恰当很大程度上取决于对数据解释产生的影响，据此，有些期刊尝试发表准则来界定。《自然》（*Nature*）、《科学》（*Science*）、《细胞生物学杂志》（*Journal of Cell Biology*）和《PLoS 生物学》（*PLoS Biology*）等著名期刊近来纷纷发表针对投稿文章中图像处理的操作指南，并表示此举意在对那些日常修改中"无辜的"错误做规范。

　　各期刊的操作指南尽管不完全相同，但大多涉及以下四个方面：①规定允许操作的范围，使用数字处理软件所做的任何调整都必须应用于整个图像，而不能选择性地只应用于某部分，且如果这一调整导致原始图像中的信息被隐藏或删除，那么即便是应用于整个图像的调整也不应操作。②对图像的剪切和粘贴以及重新排列和分组的说明，如果存在通过剪切和粘贴将部分选定图像生成复合图像的情况，需要在图上明确描述各子图像，并在附图图例中说明图的复合属性。③图像处理操作过程的透明度，如该图像不是原始图像，则应在相关的图像标题中提供图像处理方式的详细说明。④要求作者保留所有与图像相关的原始数据。[①]

　　各期刊制定操作指南的主要目的并非打击故意欺诈行为，而是为促进常规科学实践中的规范性。许多科研人员做图像处理只为获得更加干净的图像，并没有意识到这些操作不恰当，已经越过可接受的操作范围。希望

---

① FROW E K. Drawing a line: Setting guidelines for digital image processing in scientific journal articles[J]. Social Studies of Science, 2012, 42(3) : 369-392.

通过制定这些操作指南，能够为科学界定义图像处理的最佳规范，避免不必要的疏忽和差错。

综上所述，由疏忽导致的图片重复和对图像处理不当导致的差错都是错误的行为，应该予以防范，以保证科研成果的准确性和可靠性。

8.1.2　研究方法不当

科学知识之所以具有真理性，最主要的原因在于它的研究过程遵从规范的方法。如果方法使用不当，就不可能得出正确的结论。一般来讲，方法影响着实验开展的步骤，体现着实验的逻辑。方法使用不当包括整个实验系统设计错误而导致的误差，实验操作中某个子系统的错误而导致的误差。

以下是实验系统设计错误的典型案例。路易斯安那州立大学的乌塔姆·波卡雷尔（Uttam R Pokharel）等人于 2014 年在《自然通讯》（*Nature Communications*）在线发表研究论文，题为"应用双核铜配合物将二氧化碳还原为草酸盐"（*Reduction of carbon dioxide to oxalate by a binuclear copper complex*），展示出一种能将二氧化碳还原为草酸盐的方法。然而 7 年之后，人们发现所谓的"转化"实际上只是一场乌龙，最终的产物草酸盐并非来自二氧化碳的还原，而是来自实验过程中另一种参与反应的试剂的氧化，作者在设计实验时并没有考虑到这一现象的发生。但截至被撤回之前，该文章已被引用 85 次。[①]

同样的疏忽发生在制备石墨烯纳米带的研究中。日本名古屋大学伊丹健一郎（Kenichiro Itami）和京都大学伊藤希多（Hideto Ito）等人，在合作中首次发现一种合成结构、宽度及长度均可控的石墨烯纳米带聚合方法，这是该领域的突破性进展，他们将相关成果发表在了《自然》（*Nature*）上。但在随后的继续探索中，该研究小组发现此项成果不具有可重复性，实验中关于碳原子的假设出错，导致最终合成物的分子量计算错误，实验结果并不可靠。[②]

---

① Retraction Note：Reduction of carbon dioxide to oxalate by a binuclear copper complex [EB/OL]. (2021-03-25)[2022-09-12]. https://www.nature.com/articles/s41467-021-21951-5.

② Retraction Note: Living annulative π-extension polymerization for graphene nanoribbon synthesis[EB/OL]. (2020-11-25)[2022-09-12]. https://www.nature.com/articles/s41586-020-2950-0.

　　错误的统计方法也会导致实验结果的不可靠。某研究团队在研究哺乳动物微小 RNA 对患有糖尿病合并脑梗死大鼠的神经细胞凋亡的抑制作用时，错用单向 ANOVA 分析，而不是重复测量 ANOVA 分析。虽然他们已将成果发表在了《分子神经生物学》（*Molecular Neurobiology*）期刊上，但依旧被要求撤回该文章，重新分析数据并提交新的手稿以供发表。[①]

　　实验方法的选择通常在实验之前，正确的方法可以有效指导实验。例如拉瓦锡对燃素说[②]的挑战就是建立在正确方法指导下得出的实验结论之上的。他先让金属汞与 50 立方英寸的空气发生氧化反应，产生了 45 英厘的汞灰，减少了 7～8 立方英寸的空气；之后，他又加热分解这 45 英厘的汞灰，产生了 41.5 英厘的金属汞和重为 3.5 英厘的空气，空气体积为 7～8 立方英寸。[③]至此，所有的物质都有下落，总质量是不变的。"从这个实验的各种情况来看"，拉瓦锡说，"汞在燃烧的时候，吸收了空气中适于养生和呼吸的成分……可见空气是由性质不同的、甚至可以说是性质相反的两种富于弹性的流体组成的"。虽然此时拉瓦锡还尚未提出"氧"的概念，但他抓住了一个极其重要的事实：燃素是不必要的。同时，他还用经过称量的不可反驳的证据，证明物质虽然在一系列化学反应中改变着状态，但物质的量是始终不变的，这也极大地冲击了具负重量的燃素的概念。[④]

　　同样，迈克耳孙-莫雷实验也是一次通过正确方法指导实验得出有效结论的案例。在流行"以太"学说的 19 世纪，阿尔伯特·亚伯拉罕·迈克耳孙（Albert Abraham Michelson）和爱德华·莫雷（Edward W. Morley）两位研究者共同设计了一项精密的光学实验，他们让两束光源成 90°夹角同时射出，再经由镜面反射后原路返回发射点，由于以太风的存在，两束光速度不同，到达时波动必然不同步，可据此计算出以太风速度。可是等实验开

---

① Retraction Note to: Effects of microRNA-21 on nerve cell regeneration and neural function recovery in diabetes mellitus combined with cerebral infarction rats by targeting PDCD4[EB/OL]. (2021-01-22)[2022-09-12]. https://pubmed.ncbi.nlm.nih.gov/33616860/.

② 注：早期化学理论中的一种假说，认为每种可燃性物质都含有火的要素，即燃素。根据这种观点，燃烧现象（现在称为氧化）是由于释放燃素而引起的，物质失掉燃素后，则成为灰烬或残渣。

③ 注：英寸，1 英寸＝2.54 厘米；英厘，即格令（grain），1 格令≈0.065 克。

④ 丹皮尔. 科学史[M]. 李珩，译. 北京: 中国人民大学出版社, 2010: 198-199.

展后，他们惊奇地发现两束光的波动居然是同步的，唯一的解释就是：不存在包裹着地球的"以太"。虽然在迈克耳孙-莫雷实验中，最终的实验结果与实验预期截然相反，但由于实验方法的正确性与缜密性，依然得出了有效的实验结果。①

8.1.3　统计学谬误

统计学谬误指使用统计方法，将大量不规则、无意义的数据改变成有意义、有规则的数字或图形，目的是夸大研究结果，或者满足一种社会情绪。常见的有平均数谬误、百分比谬误、威尔·罗杰斯现象、小数定律谬误、辛普森诡论、均值回归等。

平均数谬误会掩盖数据的真实分布情况。平均数只是描述总体的一个指标，当总体分布相对均匀，不存在大量异常值时，平均数才有意义；分布极其不均匀时，用平均数描述就很不适合，而中位数和众数在某种意义上更能体现分布。斯蒂格利茨（Joseph Eugene Stiglitz）等专家在《对我们生活的误测：为什么 GDP 增长不等于社会进步》书中也指出，"平均数"并不能说明可利用的资源如何在人群和家庭之间分配，以及人们如何有效地受益于这些资源，如社会福利的"被平均"现象，如全国平均收入，平均住房面积等；但实际上，大量物理、生物和社会符合幂律分布。较之于平均消费（收入、财富），中位数消费（收入、财富）能更好地衡量"具有代表性"的个人和家庭情况。②

百分比谬误也会引起人们对数据的错误解读。例如，美国针对药物滥用的全国家庭调查显示，从 1992 年至 1995 年，12～15 岁的美国人中服用可卡因的比例惊人地增长了 166%，但实际上 1992 年服用过可卡因的 12～17 岁美国人为适龄人口的 0.3%，1995 年则为适龄人口的 0.8%，这一组绝对数字的增长就显得没有那么夸张。

---

① 美国不列颠百科全书公司. 不列颠百科全书(中文国际版): 第 11 卷[M]. 中国大百科全书出版社《不列颠百科全书》国际中文版编辑部, 译. 北京: 中国大百科全书出版社, 2007: 186.

② 斯蒂格利茨, 森, 菲图西. 对我们生活的误测: 为什么 GDP 增长不等于社会进步[M]. 阮江平, 王海昉, 译. 北京: 新华出版社, 2011: 50-51.

　　威尔·罗杰斯现象指的是在做数据统计时，如果把一个样本从一个组移去另一个组，会同时提升两个组的平均值的现象。[①]这个现象的名字来源于美国喜剧演员威尔·罗杰斯（Will Rogers），他曾开玩笑地说："那些从俄克拉何马州搬到加利福尼亚州的人，能提高两个州的平均智商。"[②]无论是生活中还是科研中，威尔·罗杰斯现象无处不在。例如在销售行业，假设 A 组的 3 名销售员分别售出 1 份、2 份、3 份产品，B 组的 3 名销售员分别售出 4 份、5 份、6 份产品，会得出 A、B 两组的平均销量分别为 2 份和 5 份的结论，此时若将 B 组中售出 4 份产品的销售员移去 A 组，那么得出的结论就会变为 A 组平均销量 2.5 份、B 组平均销量 5.5 份。本假设中 6 名销售员的销量没有发生任何变动，只是将一名销售员从一组移去另一组，就同时提升了两个组的平均销量。同理，在医学领域，现代医学技术的进步能够帮助人们更早检测出疾病，若有人被确诊患有白血病，那么便会将其从健康人群移到白血病患者中，这样一来，由于健康人群中减少一位患者，这个群体的平均寿命便会"增加"。另一方面，由于这些患者在早期被检测出病症，因此也比晚检测迟治疗的病人更健康一些，因此，患者群体的平均寿命也得到"增加"。由于归类的变化，"健康"和"患者"两个人群的寿命平均值均得到提升，让人误以为单纯的医学检测能够帮助人们延长寿命。

　　小数定律谬误是指在不确定性情况下，由于思维定式、表象思维、外界环境等因素，人的思维产生系统性偏见，更容易偏离理性法则而走捷径的行为。例如人们知道掷硬币的概率是两面各 50%，但在连续掷出 5 个正面之后，就会忽略"50%概率的给出是基于大数定律"[③]这一理性事实，倾向于判断下一次出现反面的概率较大。此类行为大量发生于证券市场上，也被称为"赌徒谬误"。阿莫斯·特沃斯基（Amos Tversky）和丹尼尔·卡

　　① FEINSTEIN A R, SOSIN D M, WELLS C K. The Will Rogers Phenomenon - stage migration and new diagnostic-techniques as a source of misleading statistics for survival in cancer[J]. The New England Journal of Medicine, 1985,312(25) :1604-1608.

　　② 多贝里. 明智行动的艺术[M]. 刘菲菲, 译. 北京: 中信出版社, 2016 : 45.

　　③ 大数定律是指在随机试验中，每次出现的结果不同，但是大量重复试验出现的结果的平均值却几乎总是接近于某个确定的值。

纳曼（Daniel Kahneman）在其研究中将"赌徒谬误"总结为"小数定律"并沿用至今。[1]抛开证券与赌局不谈，由于小数定律直观上很难理解，所以即便在日常生活中，人们也常常会被小数定律所蒙蔽。例如，有某品牌在调查其连锁店的失窃事件时发现：损失严重的失窃事件往往发生在乡村地区，于是得出乡村治安不好导致失窃事件频发的结论，实则不然。乡村地区的店面规模较小，一旦发生失窃事件就会产生严重的影响，若同样的失窃事件发生在市内规模较大的店面，就不会导致同样严重的后果，所以决定性因素并不是地域，而是店面规模。[2]该品牌的经理就是没有意识到小数定律，才会认为"最严重的失窃事件发生在乡村"这一判断是正确的，恐怕他换个方向一查，又会得出"最安全的店面也在乡村"这一矛盾的结论。

辛普森诡论是由英国统计学家 E.H.辛普森（Edward Hugh Simpson）于1951 年提出的一个经典统计学现象[3]，即在某个条件下的两组数据，分别讨论时都会满足某种性质，可是一旦合并考虑，却可能导致相反的结论。例如，有人欲进行 100 场篮球比赛，然后以总胜率评价好坏，于是 A 专找高手挑战 20 场而胜 1 场，另外 80 场找平手挑战而胜 40 场，结果胜率 41%，B 则专挑高手挑战 80 场而胜 8 场，剩下 20 场找平手打个全胜，结果胜率为28%。单以总胜率来评价的话，B 的胜率远不及 A，但仔细观察挑战对象，后者明显更有实力。又比如，现有甲、乙两所中学正在同时招生，从上一年的升学率来看，甲中学文科 100 人中升学 10 人，理科 1000 人中升学 500人，升学率分别为 10%和 50%，乙中学文科 100 人中升学 20 人，理科 100人中升学 60 人，升学率分别为 20%和 60%，毫无疑问，无论是学文科还是学理科都应该选择乙中学就读，可是合并升学数据后的总升学率却不支持这一点，因为乙中学的升学率为 40%，低于甲中学的 46.4%。

均值回归是一个金融领域概念，常指一项资产的价格会随着时间的推

① TVERSKY A, KAHNEMAN D.Judgment under uncertainty: heuristics and biases[J]. Science, 1974,185(4157): 1124-1131.

② 多贝里. 明智行动的艺术[M]. 刘菲菲，译. 北京: 中信出版社，2016: 66-68.

③ SIMPSON E H . The interpretation of interaction in contingency tables[J]. Journal of the Royal Statistical Society Series B-Statistical Methodology, 1951,13(2):238-241.

移趋向于平均价格。[①]当市场价格低于过去的平均价格时，该证券就有可能被人购买，预期价格会上升。当目前的市场价格高于过去的平均价格时，预期价格就会下降。换句话说，偏离平均价格的情况预计会恢复到平均水平。在其他领域中，例如气温的变动、人类身高的趋势等也可以观察到均值回归现象。

8.1.4　数据的保存与管理中的差错

科研离不开数据。广义的数据包括实验的数字记录、影像记录、声音记录、问卷记录等一切原始材料，但在提起数据时更多的是指狭义的数据——数字记录。数据储存对科研的重要性不言而喻，它就像档案一样可以完整记录实验过程以供实验者回顾，也可以为其他研究者的重复实验提供参考，当有争议出现时，它可以验证科研成果，如若存在科研不端行为，那么它又是最好的"罪证"，可以据此追责。一项实验中往往涉及海量的数据资料，在保存和管理这些数据的过程中，极有可能发生差错，进而影响下一步实验操作的准确性，一步错步步错。

约翰·霍普金斯大学医学院的一个研究团队便出现过数据管理错误的情况。2019 年罗伊森·康诺利（Roisin M. Connolly）等人在《临床肿瘤学杂志》（*Journal of Clinical Oncology*）在线发表一篇文章，提及乳腺癌中病理完全缓解（pathologic complete response，pCR）相关内容。病理完全缓解指癌症患者在治疗后病理检查未发现有癌细胞残留，是分析主要目标所需的关键终点。然而在次年 5 月下旬，该研究团队在开展相关研究时，无意间发现数据库中 pCR 条目存在差异，将原本与 pCR 无关的 ypT1a/微浸润性疾病分类为 pCR 有关。

有关数据资料保存和管理的差错在所难免，发生错误不可怕，如何处理错误是关键。该研究团队做出了很好的示范。康诺利等人在发现错误之后，立即请求研究团队之外的病理学家对所有病理报告进行独立审查，发现最终有 10 个病例需要从 pCR 重新分类为无 pCR。虽然该错误并不影响最

---

① DAMGHANI B M. The non-misleading value of inferred correlation: An introduction to the Cointelation Model[J]. Wilmott, 2013(67): 50-61.

终结果的呈现，但是康诺利等人依旧选择纠正此错误，并决定撤回原稿，再将校正后的版本重新提交。

撤稿并非一定是令人羞耻、影响信誉之事，主动撤稿可能反而会赢得学术界的尊重。康诺利等人的行为便是撤稿的正面案例，首先在应对上，他们发现研究过程存在问题后第一时间请独立专家复核，经复核确认存在错误后立即撤稿，其次在态度上，他们决定对自己的错误承担全部责任，并向期刊、审稿人和读者表示歉意，最后在改进上，他们吃一堑长一智，正在修订内部数据输入程序，以消除将来再次出现此类错误的风险。①

8.2　仪器误差带来的争议

工欲善其事，必先利其器。仪器的使用是科研工作的重要组成部分。研究者通过仪器设备来探索未知领域，而仪器本身的精度不足或其他偏差也会导致测量结果产生误差，最终影响实验结论，并在一段时间内引起对于实验结果的争议，直至有更进一步的理论或实验结果产生。

人类探测引力波的曲折过程就是一个关于仪器影响最终结果并引起广泛争议的例子。

引力波是爱因斯坦广义相对论所预言的一种以光速传播的时空波动，理论上来讲可以被直接探测，但实际上引力波传播到地球时已变得非常微弱，想要直接探测尤为困难。因此，直到 1969 年约瑟夫·韦伯（Joseph Weber）宣称探测到引力波之前，引力波都只是一种存在于推论中的现象。无疑，韦伯在当时的学界引起了轰动，但其探测方法连同探测设备却没有得到当时学界的认同，这是因为学界开展的众多重复实验均一无所获。

其他科研人员的质疑不无道理，引力波的探测设备对灵敏度要求非常高，想要直接探测到引力波，就意味着要在韦伯设备灵敏度的基础上再提

---

① Retraction Note: TBCRC026-Phase II trial correlating standardized uptake value with pathological complete response to pertuzumab and trastuzumab in breast cancer[EB/OL]. (2021-05-17)[2023-02-09]. https://ascopubs.org/doi/full/10.1200/JCO.21.00752.

高 10 亿倍，这在当时的制造水平下并不可能。于是在韦伯宣称自己探测到引力波之后不久，三组研究者分别在《物理评论快报》（*Physical Review Letters*）和《自然》（*Nature*）杂志上发表文章否定韦伯的探测结果。1975年之后，随着越来越多付出时间和精力的科研人员提出反驳韦伯的案例，大多数科研人员认定韦伯是错误的，韦伯也在众人的批评声中意识到自己实验的局限性所在，他所谓的探测结果只是一个"美丽的巧合"。虽然韦伯没有放弃，仍在不断做着自我改进和进一步探究，但可惜，他依旧没有得出具有可靠性、被学界所认可的引力波探测结果。[①]

这场争论过后的几十年间，再也无人宣称自己探测到引力波。1974年，约瑟夫·泰勒（Joseph H. Taylor）和拉塞尔·赫尔斯（Russell A. hulse）通过对双星系统轨道的长时间观测才间接证明了引力波的存在。直到 2016 年，美国国家科学基金会召集来自加州理工学院、麻省理工学院以及"激光干涉引力波天文台"（LIGO）科学合作组织的科研人员宣布：人类首次直接探测到引力波。

通过以上案例可以看出：科学的可靠性依赖于仪器的精密度和准确性，若仪器达不到一定的水平，则得出的结论就不足以取信，哪怕它是一个"美丽的巧合"。随着仪器的更新换代，由仪器误差带来的争议会减少，但不会完全消除，仪器的使用本身就含有科学的理论在其中，研究者对此要有自身的判断，同时抱以更审慎的态度对待实验结果。

8.3　主观偏见导致的失误

8.3.1　自欺行为

自欺，就是研究者在结果的可靠性和重要性上自我欺骗，在科学研究或科学观察活动中朝自己希望的方向引导，只愿意相信有利于自己假说的

---

① 柯林斯. 改变秩序——科学实践中的复制与归纳[M]. 成素梅, 张帆, 译. 上海: 上海科技教育出版社, 2007: 67-98.

结果，对不利于自己的实验结果是"睫在眼前长不见"。当自欺行为发生时，研究者的观察是"渗透着理论"的观察，是受自己价值观影响而具有"前提预设"的观察，得到的经验事实或多或少、或明或暗都会干扰到研究者的判断，好比"情人眼里出西施"，未尝不是一场"爱的自欺"。

美国化学家兰米尔（Irving Langmuir）曾在 1953 年的一次报告中将科学中的自欺称为"病态科学"，有学者根据兰米尔的观点总结出以下几大"病态科学"的特征：①信噪比低，对自欺事例做进一步研究会发现，在它所呈现的现象中，原因和结果毫无关联，作者尚未弄清现象的真正原因，便陶醉于自行认定的"原因"或理论；②统计量不充分，将恰巧成功一次的事例当作奇迹，实则该事例经不起重复实验，所谓的"成功"不能稳定存在；③出现惊人的高精密度，一些科学家只沉迷于自己的惊人发现，而不考虑自己使用的仪器能否达到所需的精度水平；④提出的惊人"理论"违反已确立无疑的实验事实；⑤进入病态的科学家漠视一切有根据的反对意见或反面事实，对任何批评都不假思索地予以否定；⑥病态科学出现之初，往往是各家结果相互矛盾，支持者与反对者势均力敌，在之后的研究中，支持者往往都能重复出发明者的结果，反对者则无一成功。[①]

法国科学院院士、南锡大学教授布伦德洛（Rene Blondlot），是一名杰出的物理学家，在电磁理论与实验方面做出过许多贡献，但他发现"N 射线"的事例却是一出不折不扣的自欺闹剧。自 1895 年伦琴发现 X 射线后，物理学界对射线的探究热情开始高涨，1897 年卢瑟福又发现了 α 射线和 β 射线，1900 年维拉德也发现了 γ 射线，这些不断涌现的研究成果将人们对发现新射线的期望值推向高潮。在这样的研究背景下，布伦德洛在 1903 年开展实验验证 X 射线是粒子还是电磁波时，恰巧就发现了一种新的射线，意外又欣喜的他将其取名为"N 射线"，并在法国科学院的年刊上公布了这一大发现。随后，至少有 14 位法国科学家也相继声称观察到了"N 射线"，围绕着"N 射线"的各项研究活动进行得如火如荼，仅 1903—1906 年期间，就有 100 多名科学家和医师发表了大约 300 多篇论文来分析这种射线。就在法国科学界捷报频传的时候，同为科研大国的英国、德国和美

---

① 庆承瑞. 病态科学, 冷聚变及其它[J]. 自然辩证法研究, 1991(1): 47-53.

国的物理学家们却始终未得见"N 射线"真容，他们按照布伦德洛的方法进行重复实验，无一例外均失败了。为找到症结所在，对"N 射线"极其感兴趣的美国霍普金斯大学物理系教授伍德（R. W. Wood）亲自跑到法国拜访布伦德洛，可惜他此行依旧未能如愿，因为他在观看布伦德洛的演示实验时发现，布伦德洛判断"N 射线"是否产生完全凭借的是主观感受，在自己故意干扰了实验装置后布伦德洛依旧声称观察到了"N 射线"，伍德敏锐地意识到所谓的"N 射线"根本不存在，它只不过是布伦德洛及其追随者们因强烈愿望而导致的一种幻觉罢了。[①]

这一案例启示人们：研究者要防止自欺，要追求客观证据，要在科研过程中保证清醒的头脑和谨慎的精神，确保实验结果的真实性和可靠性。

8.3.2　偏见

学术上的偏见是指因意识形态、理论偏好、学派师承和旧说成见等引起的、偏于一端的主观认识。偏见是学术中的系统错误，偏见的强价值预设常常会引起高度的争议。

米特洛夫（Ian I.Mitroff）在阿波罗登月任务开展的过程中，对 42 名颇负盛名的月球岩石科学家进行一系列广泛的访谈活动，对"科学家的承诺"这一对象开展为期三年半的研究。研究发现，有些研究者对自己的假说有极强的"情感承诺"，或者说"情感价值的认同"，导致他们在面对可能不支持他们假说的证据面前依旧不改变自己的想法，甚至会倒置因果关系：不是因为月球是 P 所以假说 Q 成立，而是希望假说 Q 成立所以月球应该是 P（预设前提）。这些研究者的思维模式并不被同行所认同，甚至会引起公众对其科研人员身份的怀疑。[②]

在拉瓦锡提出"氧学说"之前，瑞典化学家舍勒就已提取出较纯净的氧气，英国化学家普里斯特利也发布了氧元素说明。可惜，因受"燃素说"的影响太过深刻，在氢气、氯气、氮气等气体的发现对"燃素说"构

---

① 卢天贶, 蔡国强, 杨建华, 等. 沽名钓誉: 鲜为人知的科学丑闻[M]. 长沙: 湖南科学技术出版社, 1999: 138-144.

② MITROFF I I. Norms and counter-norms in a select group of the Apollo moon scientists: A case study of the ambivalence of scientists[J]. American Sociological Review, 1974, 39(4): 579-595.

成一次次冲击的情况下，这些科研人员依旧固执地不肯接受新观点，导致其错失正确认识燃烧的本质的机会。拉瓦锡则能勇于打破偏见，向"燃素说"发起挑战，提出"氧学说"，最终掀起一场化学理论的革命，被后世尊称为"现代化学之父"。[①]

　　除上述科研人员主观上抱有强价值预设的情境之外，还有一类客观存在的利益冲突情境也容易使科研人员产生"不自觉的"偏见，尤其对越来越强调多方合作的现代科研人员来说，独立性的削减意味着面临的利益冲突情境的增多。例如受药企厂商资助的医药科研人员，在享受资助方提供的更广阔平台的同时，势必会考虑科研成果对资助方的影响，以及对双方后续合作关系的影响。此处需要强调的是：利益冲突并不必然导致"偏见"的发生，利益冲突只是一种需要科研人员妥善处理的情境，如何在多重利益中寻求平衡点、保证科学研究的真实性与客观性，才是关键所在。换言之，处理得当的利益冲突不会对科学事业带来危害，大可不必"谈利色变"，只有身处冲突中的科研人员"顾私利"而"弃公利"，采取不当的利益冲突处理方式，才会导致其在认知上产生偏见，进而下意识地采取不恰当的行为，最终影响科学研究结果。

　　由于偏见的产生往往是无意的，无论是主观上的偏见，还是客观情境导致的偏见，都或多或少、无可避免地发生在科研人员日常的科研活动中，但并非所有的偏见都具有隐匿性和极强的破坏性。科学实验往往具有严谨性和可重复性，有关结论在生成和传播过程中时时经受着大众的考验，一旦偏离正常轨道很容易被察觉和纠正，所以自然科学领域内的大多数偏见会在第一时间得以鉴别和消除，但人文社科领域常常较少涉及科学实验，更容易受到政治意识形态的干扰，因而成为偏见滋生的渊薮。

　　但也正如前文所述，科研人员的偏见并非有意产生，将道德或伦理的责备加之于他们并无裨益，相较于苛责，更应该从他们身上看到偏见对科学探索会产生阻碍，并尽可能避免。

　　所有科研人员，包括其中深孚众望者，都有可能在科研中陷入各种各样的自欺和各种各样的偏见。科研人员要防止自欺和偏见，就需要保证澄

---

① 徐飞. 科学家的失误[M]. 合肥: 安徽教育出版社, 1997: 71-75.

明的心智和怀疑的精神，在追求知识和避免无知的过程中，努力追求证据和推论上的最高标准。

8.4 本 章 小 结

本章中提及的违反严谨性原则的错误、设备误差带来的争议、主观偏见导致的失误只是"无明显欺诈的过失"中具有代表性的几项，还有很多其他种类的疏忽与失误。

通过对这些过失的分析，科学研究所倡导的科学精神可见一斑。首先，要遵守严谨原则，几乎所有针对科学研究的守则都会强调严谨在科研中的重要性。严谨与诚实一样，也能促进科学的目标，因为疏忽导致的差错和彻头彻尾的撒谎有相同的效果，都会阻碍知识的进步。其次，要在面对争议时始终保持一颗求真探实的心，设备带来的疑云终将散去，但做研究的心不能蒙尘。最后，要在科研活动中做到不自欺、摒弃偏见，正确处理利益冲突情境，追求科学的真理而非"自我的真理"。

8.5 推荐扩展阅读

柯林斯. 改变秩序——科学实践中的复制与归纳[M]. 成素梅, 张帆, 译. 上海: 上海科技教育出版社, 2007.

徐飞. 科学家的失误[M]. 合肥: 安徽教育出版社, 1997.

FROW E K. Drawing a line: Setting guidelines for digital image processing in scientific journal articles[J]. Social Studies of Science, 2012, 42(3) : 369-392.

MITROFF I I. Norms and counter-norms in a select group of the Apollo moon scientists: A case study of the ambivalence of scientists[J]. American Sociological Review, 1974, 39(4): 579-595.

第三篇　科研活动中的伦理

第 9 章

涉及人类参与者的研究[*]

科学的勃兴得益于实验方法的广泛应用，这一方法不仅为经验科学探索物质世界提供了推动力，而且为其深入探究人这一拥有自主意识的生命体创造了可能。近一百多年来，针对人类主体的研究不仅在生命医学领域蓬勃发展，也在诸多社会科学（如心理学、人类学和社会学）中如火如荼地进行。

人类作为研究对象所参与的科学研究在国际上被称作"人类受试者研究"，在国内则被统称为"涉人研究"，即"涉及人类参与者的研究"。该类研究的对象广义上包括活的身体和尸体，本章仅探讨以具有主体性的活着的人类受试者为研究对象的问题。涉人研究从方法上可分为人体实验和人体试验。人体实验是指以人体为实验对象，借由特定的工具和方法，有目的、有计划、有控制地对受试者进行观察、操作、测量和计算的过程。人体试验指的是根据已有标准（国际、国家、行业或组织标准），以人体作为试验对象，科学地测试和验证意图应用于人体的制品或技术是否达标的过程。

涉人研究具有特殊性。因为人是具有目的性与内在价值的主体，所以以人为对象的实验或试验区别于以物为对象的实验（如物理实验、化学实验）。涉人研究又是以活着的人作为对象来进行操作，从而又区别于以死去的人为研究对象的尸体解剖。涉人研究为科学理论的建构提供事实依据，对于现代科学发展而言不可或缺。同时，它也不可避免地面临各种各

＊ 本章内容亦受到 2018 年教育部人文社会科学研究规划基金项目（18YJA840011）的支持。

样的伦理争议，不断引发科学界和社会公众的关注和讨论。

9.1 人类受试者研究的应用范围

人类受试者研究筑就了旨在探索人本身或与人相关问题的实验科学的基石。研究对象不仅包括人体、人类生物样本和生物材料，也包括人的意识和行为等。相应地，涉人研究既可以是介入性的，也可以是非介入性（观察性）的。一般而言，介入性的涉人研究通常应用于自然科学（尤其是生命科学）领域，而非介入性（观察性）涉人研究则常见于社会科学领域。

介入性涉人研究即对研究对象采取某种技术操作以获得结果的研究。此类研究在高级生物学、临床医学、护理学、心理学等领域的研究中发挥着重要作用。生物医学领域的涉人研究通常涉及人类基因研究、生物样本分析、流行病学研究和治疗性研究等。其中，"临床试验"是最常规的治疗性研究方法之一，极大地推动了现代医学在药品、疫苗、医疗器械和治疗技术等研发和应用方面的进步。20 世纪以来医学科学所取得的一系列重大突破和进展离不开涉人临床试验，正是此类研究的常态化和规范化使得人们在短短百年里完成了医学史上 95%以上的发明和发现，有效抑制了众多可能引发人口大规模死亡的疾病，给人类社会带来了巨大福利。譬如，青霉素等抗生素的发明为许多急性传染病的防治带来了福音，猩红热、脑膜炎、梅毒等不再使人闻之色变。大多数儿童都会罹患的天花，曾给人类带来无尽灾难，而在 20 世纪，天花病源已经被彻底灭绝。婴儿、孕妇和产妇死亡率显著下降，全球人类平均预期寿命已经从 1900 年的 30～31 岁延长到目前的 72.6～73.2 岁。[①]可以说，医药科学的进步建立在人体实验和试验的基础之上，它极大减少了人体遭受疾病侵害的广度与频率，显著延长了生命持存时间。当前尚未攻克的重大疾病如癌症、获得性免疫缺陷综合征、心脏病等，仍需要通过涉人研究来尝试新的药物和疗法。

---

① ROSER M, ORTIZ-OSPINA E, RITCHIE H. Life Expectancy[EB/OL]. (2019-10) [2022-06-13]. https://ourworldindata.org/life-expectancy#how-did-life-expectancy-change-over- time.

此外，有不少心理学研究也会对人类受试者采取介入性的手段。科研人员通过饮食、药物、设备、技术等给特定的组织或器官以刺激来观察受试者的反应。20 世纪下半叶以来，此类研究日益增多，一个著名案例是米尔格拉姆（Stanley Milgram）的权力服从实验。1961 年，耶鲁大学心理学家米尔格拉姆组织了一系列实验来研究个体在多大程度上会违背自己的意愿而服从他者的指示。科研人员要求受试者扮演"老师"的角色，并与实验人员身处一个房间，而扮演"学习者"角色的实验参与者（演员）则处于另一个单独的房间内。当"学习者"对一组问题回答错误时，实验人员会要求"老师"按指示对"学习者"进行电击；电击强度随答错频率的增加而增长。在实验过程中，"学习者"并未遭受真的电击，但他们须引导"老师"相信自己遭受到电击——"老师"会听到预先录制的电击声和"学习者"要求停止惩罚的叫喊声。当"老师"有所犹疑时，实验人员坚持实验应该继续。研究发现，尽管许多受试者在实验过程中都对实验人员的指令提出了质疑并表现出各种不适迹象，但仍有 65% 的受试者选择服从实验人员的指示，持续给"学习者"以电击刺激，最终达到 450 伏的强度。[①]该研究因其对受试者可能造成较大的心理创伤而广受批评，这也使得后续的介入性涉人研究更加关注如何伦理地对人类参与者开展心理学实验。

观察性涉人研究则是通过对比、观察不同条件下研究对象的表现来获得结果的研究。此类研究在心理学、社会学、政治学和人类学的研究中较为常见；生物医学研究中也可用到该方法，譬如研究心理、社会或环境因素与人体疾病的关系。社会科学领域的涉人研究较多关注某一或某些群体的意识、行为、疾病等，研究方法包括问卷调查、访谈、焦点小组和实验等。以 1961 年的强盗洞穴实验为例，该实验的设计者所罗门·阿希（Solomon Asch）致力于发现和阐明群体竞争如何助长敌意和偏见。科研人员招募了 20 名 12 周岁的男孩，并将他们带到美国俄克拉何马州的强盗洞穴州立公园，而后将其随机分为两组，每组 10 名男孩。这些男孩对实验并不知情，彼此也不存在敌对关系，直到进入各自的小组后，他们开始与

---

① MILGRAM S. Behavioral study of obedience[J]. Journal of Abnormal Psychology, 1963, 67 (4): 371-378; MILGRAM S. Some conditions of obedience and disobedience to authority[J]. International Journal of Psychiatry, 1968, 6 (4): 259-276.

自己的团队建立紧密的关系。第一周，两组队员共同参加了远足和游泳等活动，在平静、和谐的氛围中互相保持着联系。一周后，科研人员要求他们在拔河和足球等游戏中相互竞争，并且允许队员在比赛中以辱骂和焚烧对方的队旗等方式来表达不满和增强内部凝聚力。随着彼此间的敌意持续恶化，三周研究期满后两组队员被迫坐下来共同解决问题。①此类研究在当下的社会科学研究中亦十分盛行，其关键在于如何伦理地创造实验条件和审慎地控制实验变量。

9.2　人类受试者保护的伦理

以人本身作为对象的研究活动古已有之，而近代科学则从标准、方法、工具和程序方面对这类研究活动进行规范和引导。然而，仅仅从科学的角度来规范涉人研究远远不够，原因在于人既是区别于无生命体和其他类型生命体的拥有自主意识和行动能力的动物，也是被赋予平等的生命权、健康权等基本权利的法律主体。因此，涉及人类参与者的研究应当慎之又慎，并受到以生命伦理学为基础的规范的严格制约。回溯以往，涉人研究走过漫长而曲折的历史，尽管饱受争议，但该类活动对于现代社会和科学进步来说有其正当性，需要得到更为审慎、理性和伦理地发展。

9.2.1　涉及人类参与者研究的特殊性与正当性

相较于其他生命体，人类参与者在科学研究中有其独特的地位和属性。在科学实验或试验中，不同于一般的实验室动物，人体绝不应以任何手段被杀死或不可逆转地被伤害，而存在于体内的细胞、组织、器官或从人体中提取出的基因、染色体等，也不应被随意地编辑、改造或转移。这源于人类参与者作为科学研究对象的三点特性。

其一，人体结构和功能的复杂性。人类作为目前已知的最智慧物种，拥有着最为复杂的生理结构。尽管人体解剖学在古希腊时期就已诞生，但

---

① MOOK D. Classic experiments in psychology[M]. Westport: Greenwood Press, 2004.

长久以来人们对于人体的结构和功能的认知相当有限，随着现代解剖学、细胞学、遗传学、分子生物学等学科的产生和相关观测工具的应用，人们才得以在宏观和微观层面深入地观察和认识人体。即便如此，人们对于身体各部分的复杂关联性及潜在作用机制的认识仍然十不足一。除身体内部系统外，外部环境也在塑造着人体的微观结构，而相关学科如表观遗传学也不过几十年的发展史，远远称不上成熟。此外，神经科学、精神医学和心理学等关注人的社会性及其物质基础的学科在最近一个多世纪中获得了巨大的发展，丰富了人们对于人这一智慧物种的认知。然而，诸如意识与神经系统乃至整个身体之间的深度关联仍然有待探索，这不仅关系到人们的生产生活，更决定着"人"究竟应该被如何定义。

目前，生命科学领域的科研人员对于人体的认识不尽相同，但他们均持有一个共识，即身体是一个整体，一个复杂的巨系统，对其任何不当的介入或改造，都有可能产生"牵一发而动全身"的结果。更重要的是，这些危害或风险可能是潜在的，需要更大的时间单位来观测和确证。

其二，人拥有自主意识和自由意志。趋利避害是生命的本能，而人的独特性在于其除此之外还具有自主性和道德性。所谓"自主性"，指的是人能够自己思考、判断和行动；所谓"道德性"，则指人能够作价值判断，不同的价值判断在不同的情境中定义了何为"利"、何为"害"，从而塑造人类认知和行为的多样性。因此，对于任何认识和实践活动，人都可以根据其对自身或他人的价值的判断做出符合自己（现时或未来）利益的选择。从这个意义上讲，人是自主的，其思考和行动受到自主意识的驱使；人也是自由的，其判断和选择究其根本遵循的是自由意志。人的这两项能力奠定其在涉人研究中与科研人员同等的地位。作为受试者，人们有权利了解研究的目的、内容和风险，以便做出合理的选择；对于风险性较高的研究，人们可以出于自我保护的考虑不参与或撤出研究，也可以出于促进科学进步的考虑接受研究并承担风险。无论如何，知情同意都是必须的。

人的自主意识和自由意志还可能给涉人研究带来负面影响。在某些时候，一些受试者并不可控，他们在研究过程中可能出现难以沟通、情绪崩溃或无端失联的情况，或者在研究结束后曲解研究意图甚至散布各种不利于研究或科研人员的谣言。这就需要科研人员预先评估研究风险，在充分尊重受试者自主性的基础上设计预防和解决方案，以便将伤害和损失降到最低。

其三，人是法律主体。人的法律主体地位是公民身份的象征，对于一个国家或地区来说，法律对公民最基本的保护就体现在保护人体相关的各项权利，这是尊重生命和重视生命价值的直接体现。2020 年颁布的《中华人民共和国民法典》（以下简称《民法典》）明确了包括中国公民在内的自然人享有的生命权、身体权和健康权，即自然人的生命安全和生命尊严、身体完整和行动自由、身心健康均受法律保护。《民法典》还特别规定了有关人体基因、人体胚胎等科研活动不得"损害人体健康""违背伦理道德""损害公共利益"；有关药品、医疗器械或治疗方法研发的临床试验需向受试者或其监护人"告知试验目的、用途和可能产生的风险等详细情况"，且"不得向受试者收取试验费用"。[①]除这三项基本权利外，中国公民还享有其他人身权利，包括人格权、身份权、人身自由权等。在人体相关的科研活动中，公民的人格尊严和隐私均受到法律的保护。由此可见，随着涉人研究日益复杂和规模化，中国法律对于研究中公民应享有的各项人身权利也日渐重视，并加大力度予以保障。当然，未来生命科学的发展还将持续对法律提出挑战，而人作为法律主体必须时刻以法律武器捍卫自身的合法权利，同时不断规范科学研究活动。

经过几个世纪的探索与发展，涉人研究对于保障社会公众的生命健康早已不可或缺，对于人类知识的发展进步更是意义深远。具体而言，涉人研究的正当性可以从两个方面来阐述。

理论研究方面，实验科学是现代科学的基石。无论是生命科学还是行为科学，人体实验都是认识人的感知、意识、行为和内部结构的最佳途径。如果只靠观察法和归纳法，科研人员对于人这个物种的认识永远无法取得实质性的突破；只有增加了可重复的实验，科学发现才可以被确证，科学理论才得以标准化和推广。

应用研究方面，试验研究是新产品进入市场前的必经之路。一种新药

---

① 详见《中华人民共和国民法典》第二章第一千零二条至第一千一十一条。

物或新疗法，如果没有经过人体试验就向公众投入使用，通常是非常危险的，不仅可能危害人们的健康，甚至可能引发大量死亡。涉人研究固然有风险，但相对来说，经过审慎设计的人体试验比未经检验的新药物在公众中使用所带来的风险要小得多。

9.2.2　规则法典的诞生

第二次世界大战以后，考虑到纳粹人体实验的疯狂和危害性，为涉人研究设立普遍的伦理规则成为燃眉之急。到 20 世纪 40 年代，尽管人体实验已经引发大量伦理问题，却没有产生得到普遍接受的有关人类受试的伦理指南。直到 1947 年，国际军事法庭在德国纽伦堡发布纳粹医生罪行判决书，其中第一节成为战后首个有关涉人研究的国际性规范——《纽伦堡法典》。该法典一经颁布便获得国际社会的普遍承认，涉人研究的无序时期终于宣告终结。《纽伦堡法典》主要原则如下。[①]

（1）只有在受试者自愿和同意的条件下才可从事研究。

（2）试验应当有望产生增益社会且富有成效的结果。

（3）人体试验前须先经动物实验。

（4）实验必须力求避免受试者肉体和精神的痛苦与创伤。

（5）事先预测会导致死亡或残废的实验一律不得进行。

（6）受试者所承受的试验风险不能超过试验要解决问题的人道主义重要性。

（7）试验须周密设计，应采取措施降低风险并最大可能地减小创伤、残废和死亡的可能性。

（8）试验只能由确实合格的科研人员操作。

（9）试验期间，受试对象有权停止参加试验。

（10）在试验过程中，如果可能导致受试者伤害或死亡，主持试验者必须时刻准备停止试验。

有关人类受试的伦理讨论从未断绝。《纽伦堡法典》发布后的数十年中人们又陆续制定了一系列新的规则和国际公约。1964 年，世界医学协会在

---

① The Nuremberg Code (1947) [J]. The British Medical Journal, 1996, 313(7070): 1448.

芬兰赫尔辛基发表《赫尔辛基宣言》[①]；1993 年，国际医学科学组织理事会制定《涉及人的生物医学研究的国际伦理准则》[②]。这些新的规则针对新涌现出的科学理论和技术进行更多的反思，并提出诸多附加原则。以下这些原则均来自上述两个规范性文件，目前已得到国际社会的广泛承认和接纳。

（1）公平。选择受试者参加所有方面的试验应当公平。

（2）隐私保护。试验应当保护受试者的隐私和秘密。

（3）脆弱人群保护。试验应当采取特殊防范措施，以保护知情同意原则可能遭受破坏的受试者，如病人、穷人、未受过教育的人，服刑犯人、失智/失能者和儿童。

（4）风险评估与持续监控。无论试验是否可能产生重要的知识，科研人员都应当持续监视试验过程以确定是否好处大于风险，等等。

对于上述三个基础性的国际公约，中国均承认并加入。随后，在充分汲取国际经验与详细考察国内情况的基础上，中国制定了适用于本国的涉人研究规范。2016 年 10 月，中国国家卫生和计划生育委员会发布了第 11 号令，宣布《涉及人的生物医学研究伦理审查办法》已通过并将于当年 12 月开始施行。该文件规范了中国涉人研究伦理审查的组织和程序，明确了涉人研究的基本原则。这些原则包括以下六个方面。

（1）知情同意原则。尊重和保障受试者是否参加研究的自主决定权，严格履行知情同意程序，防止使用欺骗、利诱、胁迫等手段使受试者同意参加研究，允许受试者在任何阶段无条件退出研究。

（2）控制风险原则。首先将受试者人身安全、健康权益放在优先地位，其次才是科学和社会利益，研究风险与受益比例应当合理，力求使受试者尽可能避免伤害。

（3）免费和补偿原则。应当公平、合理地选择受试者，对受试者参加

---

① The World Medical Association. Declaration of Helsinki: Recommendations guiding doctors in clinical research [EB/OL]. (1964-06) [2022-09-01]. https://www.wma.net/wp-content/uploads/2018/07/DoH-Jun1964.pdf.

② The World Health Organization, the Council for International Organizations of Medical Sciences. International ethical guidelines for biomedical research involving human subjects [R]. Geneva: WHO, 1993.

研究不得收取任何费用，对于受试者在受试过程中支出的合理费用还应当给予适当补偿。

（4）保护隐私原则。切实保护受试者的隐私，如实将受试者个人信息的储存、使用及保密措施情况告知受试者，未经授权不得将受试者个人信息向第三方透露。

（5）依法赔偿原则。受试者参加研究受到损害时，应当得到及时、免费治疗，并依据法律法规及双方约定得到赔偿。

（6）特殊保护原则。对儿童、孕妇、智力低下者、精神障碍患者等特殊人群的受试者，应当予以特别保护。

这些原则所涉及的生命伦理学理论主张和涉人研究伦理议题将在下文予以详细说明。

9.2.3　伦理要求与争议

生命伦理学兴起于 20 世纪下半叶，源于人文社会研究对于科学技术发展的反思与回应。西方现代医学在早期一直遵循固有的技术主义模式，重视实验研究、知识生产和技术开发；而人文学者关于生命科学的伦理探讨多集中于医学与哲学、宗教之间的关系层面，尚未形成成熟的学科理论范式。第二次世界大战结束后，纳粹非人道医学对人类社会的重创及生命科学领域的若干重大成就促使人们系统反思医学所涉及的伦理道德问题，生命伦理学应运而生。1970 年，美国肿瘤学家波特（Van Rensselaer Potter）首次明晰了“生命伦理学”这一概念，提出要建立一个综合生物学知识与人类价值体系的新学科。也有研究认为，生命伦理学的产生与 1969 年美国海斯汀中心（The Hastings Center）的成立直接相关，作为一家独立的公益研究机构，其宗旨是为对个人、集体和社会产生影响的健康、医疗和环境问题建立基础的伦理议题。[①]此后，不少学者在西方传统伦理学的基础上提出了针对生命科学领域的基本原则，其中，比切姆（Tom L. Beauchamp）和查尔德斯（James F. Childress）所提出的以自主性原则、不伤害原则、向善

---

① 李振良, 李肖峰, 席建军. 医学人道主义视阈下生命伦理学的思考[J]. 医学与哲学, 2014, 35(9): 21-25.

原则和公正原则为基础的原则主义一跃成为主流理论。[①]

就涉人研究而言，自主性原则作为首要原则，主张受试者作为一个理性人在生命科学研究活动中拥有独立、自主的选择权和决定权，其在实践中包含了知情同意原则和隐私保护原则等。不伤害原则明确了研究行为的底线，断言科研人员具有维护受试者现存利益、保护此种利益不被减损的义务。向善原则提出了涉人研究的至高道德要求，主张科研人员对受试者实施有利的研究行为。公正原则作为伦理学的基本原则，主张根据一个人的义务或应得而给予公平、平等和恰当的对待。在涉人研究中，它同样发挥着基础性的作用。

20 世纪 80 年代以后，应用伦理学和后现代伦理研究崛起，一些致力于反思和批判传统伦理学并为解决道德冲突提供更好的响应程序的理论学派迅速兴起，如俗世伦理学、美德伦理学、关怀伦理学、女性主义伦理学等。

生命伦理学研究主要聚焦于人体实验和试验过程中所涉及的伦理议题。当代生命伦理学的分析框架中，现代生命伦理学（原则主义伦理学）仍为主流范式，为涉人研究提供具体的伦理准则；而与此同时，以俗世生命伦理学为代表的后现代伦理学范式则针对实践情境中的具体道德冲突进行批判性反思，从而为理解这些道德冲突提供新的视角和思路（如表 9.1 所示）。[②]

表 9.1　当代生命伦理学分析框架

理论	特征	主张	核心价值	贡献
原则主义伦理学	总叙述；相信理性的可靠性，并把它作为归宿；相信人们终究能运用一个道德前提证明自己的选择	回答"我应当做什么"，为人们的道德决策提供一致性和内在逻辑性	自主性原则 不伤害原则 向善原则 公正原则	提出生命科学的伦理准则；指导实践情境中的行为选择和道德决策
美德伦理学	反理论；拒斥不偏不倚的道德观点；不强调理性的地位；关注人本身而非人的行为	品德高尚的人倾向于以行为展示美德；强调人的知性、情感与理性的统一	道德美德 实践美德	呼吁人们重视生命科学在道德和实践方面的力量

① 张大庆. 生命伦理学的演化[J]. 科学文化评论, 2008(4): 41-44.

② 参见:香农. 生命伦理学导论[M]. 肖巍，译. 哈尔滨: 黑龙江人民出版社, 2005; 恩格尔哈特. 生命伦理学基础(第二版)[M]. 范瑞平，译. 北京: 北京大学出版社, 2006.

续表

理论	特征	主张	核心价值	贡献
关怀伦理学	女性主义伦理学的产物；拒绝以抽象的原理作为伦理学的基础；认为道德冲突是价值冲突，而非原理冲突	理解复杂情况时，须运用智慧去领会关系、细节、形势和问题，运用同感去理解相关人士的情感	关怀伦理 公正伦理	研究或实践冲突中，矛盾的各方必须自由、公开地讨论各自的观点
女性主义伦理学	平等是伦理学的核心，尤其关注性别平等，目标是批判社会制度和实践，揭露它们使女性隶属于男性的方式	不能仅满足于计算幸福的增量和求助道德原理，须追问谁的幸福增加了及原理如何影响（受）压迫者	平等	通过对权力关系的研究提出解决特殊案例的伦理学方法
俗世伦理学	否认发现一种唯一正确的、俗世的、标准的且充满内容的伦理学的可能性；承认"允许"的中心地位，但并未预设个人自主的价值	俗世范围内可以得到辩护的道德权威只能来自个体；提供一种能够约束所有人的最小道德，以增进道德合作的可能性	允许原则 向善原则 拥有原则 政治权威原则	最小道德框架：在大范围内约束所有人的程序道德；在共同体内规范同质者的实质道德

生命伦理学的持续演进，使得人们在关怀自身利益的同时对尊重一切生命的生存权利具有更为深刻的认知，在尊重人的自由意志的基础上对观察、研究、评估和改善人体也有更为清晰的规范。人们越来越意识到，人的生命健康是最高价值；只有深入理解生命价值，才能够伦理地开展涉人研究，进而科学、系统、可持续地实现生命科学和人类社会的发展。

如今，几乎所有研究机构和很多私人企业都设有针对涉人研究的评价部门。该部门的功能是在伦理和法律上监护针对人类的实验或试验，就诸如知情同意、保护隐私、改进研究设计等方面向科研人员提出忠告和建议。

然而，不同的生命伦理学理论视角和纷繁复杂的地方实践也给涉人研究的伦理准则带来颇多争议。

一方面，这些准则强调保护个人权利和尊严的道德理论，可以证明上述讨论的所有原则的正当性。康德哲学为以下指导方针提供最直接的正当性：只有当我们遵守保护受试者的尊严、自主性和个人权利的准则时，才可以对人体进行实验。人类拥有内在价值，而不应受到豚鼠一样的对待。

另一方面，这些准则为涉人研究的方法设置了纵横交错的边界，很有可能在一定程度上阻碍科学的进步。譬如，许多前沿实验因为被一些科学界的权威或普通公众视为不道德的研究而无法开展，而这些研究的主导者为了获得科学知识则倾向于打破或拓宽这些预设的边界。从功利主义的观点来看，违反一些人的权利与尊严的实验，也许会带来更大的福利。而从现代伦理学的角度看则不然。因此，涉人研究在产生好的知识成果和保护个人权利之间常常存在着巨大的张力。

9.3　人类受试者保护的基本问题

开展涉人研究的前提是尊重和保护人类受试者的合法权益，在有条件的情况下为受试者带来增益。基于 20 世纪中叶以来国际社会共同制定的规则法典，对人类受试者的保护涉及四个基本面向：知情同意、风险与获益、受试者选择标准、隐私保护。本节将就这四个面向所关切的伦理议题进行简要阐述，以期为读者提供一个关于人类受试者保护的实践性的伦理框架。

9.3.1　知情同意

知情同意，指的是"个体在有充分的知识基础和理解相关信息的基础之上，自愿同意参与研究或采取某种诊断、治疗或预防方案"[①]。在涉人研究中，知情同意有以下两层意思。

第一，"知情"。首先要求科研人员充分告知受试者或其委托的代表研究的具体情况，使其知晓研究的性质、方法、期限、目的、风险、预期收益、个人权利及其他相关问题。其次要求受试者或其委托的代表充分理解以上信息，该要求暗示了受试者或代表需具备理解这些信息的能力，且科研人员应努力帮助受试者理解信息。

第二，"同意"，指向了达到法定年龄且具有行为能力的主体所做出的符合法律规范的"同意"。该"同意"应当为有效的"自由同意"，即研究必须得到受试者的同意，受试者有选择同意或不同意的合法权利和人

---

① World Health Organization. Global glossary of terms and definitions on donation and transplantation [R]. Geneva: WHO, 2009.

身自由，同意必须自愿，做出同意的过程中没有不适当的引诱、伪装、欺瞒、蒙蔽、挟持和任何形式的压制、约束、暴力与胁迫。

一般而言，科研人员必须为受试者提供的信息包括：①详细解释试验方案和目的，确保受试者明确自己参与其中的实验；②能够被预料到的风险和不适；③描述可能带来的好处或结果；④如果有的话，向受试者说明可能对其具有更优越、更适合的其他实验程序；⑤回答受试者提出的各种问题；⑥告知受试者可以在任何时候都可以撤出实验而不遭受惩罚。

知情同意原则是现代所有涉及人体的科学研究或医疗操作所必须遵守的首要伦理原则。其伦理基础来源于生命伦理学的基础性原则——自主性原则（详见本书 9.2.3 "伦理要求与争议"，下同）。知情同意原则既是对人的自主意识和自由意志的承认和尊重，也是对科研人员和受试者双方的责任的明晰和确认。《纽伦堡法典》的第一条即是对知情同意原则的阐述，"只有在受试者自愿和同意的条件下才可从事研究"。换句话说，当且仅当受试者或其委托的代表签署符合法律规范的知情同意书时，双方的合作契约方才达成，研究方可开展。知情同意的正当性体现在以下几个方面。

（1）保护受试者的自主性。受试者选择同意或不同意参与某项研究，意味着对自己的生命有控制权。一个心智健全的人拥有就自己身体做出决定的权利，任何其他人不能以国家、集体、集团、科学事业和大多数人的福利等名义来剥夺人的自主权。

（2）维护受试者的尊严。受试者有内在价值，是价值的中心，而不能成为被使用的目的，成为他人的手段。只有当受试者认同研究之目的，并将其当作自己的目的，并以这项风险事业的"共同参加者"身份、心甘情愿地参与研究时，作为手段的使用才是正当的。

（3）有利于受试者规避风险。因为受试者可以根据自己的身体条件或价值偏好，来规避可能产生的伤害和其他不利后果。

（4）有利于研究本身。受试者在了解研究的目的、方法、途径后，才能更好地配合科研人员，在完成研究过程中更专注。

（5）有利于生命科学乃至整个科学事业。它可以促进科研人员与受试者之间的信任，从而强化研究之外的广大民众对一般意义上涉及人体实验研究的信任和支持，会有更多的志愿者主动成为受试者。

时至今日，许多国家或地区的法律法规均涉及对生命科学（尤其是临床医学）活动中的知情同意的规定。我国于 2020 年新颁布的《民法典》在"侵权责任编"中对患者的"知情同意权"作了详细说明，使该项权利逐渐由形式要求转变为使之作为。①知情同意权的规则明晰进一步为涉人研究中的受试者保护提供了法律保障。

9.3.2　风险与获益

"风险"（risk）与"获益"（benefit）是现代生命伦理学中一组相伴生的概念。前者指向一种可能的损失，而后者则暗示一种可能的获得，两者均展现出对未来的预期。

在涉人研究中，风险与获益往往并存。尤其对人类受试者而言，风险意味着其在研究过程中可能遭遇的身体或精神伤害（如疼痛、器官功能损伤、焦虑、抑郁等），以及潜在的经济或社会危机（如欠债、家庭经济水平下跌、歧视、社群排斥等）。获益则意味着其因为参与研究而可能获得的直接益处（如有效的新药物、新疗法等），以及间接益处（如获取更多信息、结识专家或组织、未来作为潜在目标人群因该研究的进展而获益等），与此同时，其也可以作为社会公众的一员而享受该研究后续所带来的可以使全社会获益的新知识、新技术、新产品、新制度等。

风险获益评估是当代涉人研究的必要程序，它要求科研人员在研究开展前就研究可能带来的所有潜在风险和获益做出前瞻性的评估，并以"风险获益比"的形式呈现研究方案的可行性。

一般而言，风险获益评估程序包括：①评估研究可能产生的风险，包括风险的性质、程度、时间及发生概率，符合伦理的研究方案应当风险最小化；②评估研究可能带来的获益，包括获益的对象、性质、类型、程度和时间，风险最小化是获益的最低要求；③结合风险与获益形成风险获益比，比较分析受试者的风险获益比，以及受试者预期风险与社会预期获益的比值，以判断该研究方案是否或在多大程度上应当获得支持。②

---

① 王蒲生.《民法典》视域下患者知情同意权的规则阐释与合同进路[J]. 求索，2021(3): 144-151.

② 翟晓梅，邱仁宗. 生命伦理学导论(第 2 版)[M]. 北京: 清华大学出版社，2020: 189-190.

风险与获益在涉人研究中的正当性首先获得"生命价值论"的辩护，其伦理基础来源于生命伦理学的基础性原则——不伤害原则和向善原则。现代生命伦理学家、人道主义先驱施韦泽率先提出"敬畏生命"的伦理学主张。他指出，"伦理与人对所有存在于他的范围之内的生命的行为有关。只有当人认为所有生命，包括人的生命和一切生物的生命都是神圣的时候，他才是伦理的。只有体验到对一切生命负有无限责任的伦理才有思想根据"[1]。他认为生命伦理建立在对包括人在内的一切生命的敬畏之上，并强调人类应当对生命负担起"无限责任"。这意味着，人类不能对研究或改造生命所引发的次生伤害放任不管，也不能对由此带来的潜在福利视而不见，而应该秉持负责任的态度，审慎地开展关于生命的科学研究或技术操作，如此才是敬畏生命、尊重生命价值的表现。

从生命伦理学层面来讲，风险与获益既紧密相关，又存在显著的区别。二者的关联性展现出不伤害原则和向善原则对于生命伦理的一体两面性。不伤害原则是对涉人研究如何在底线上维护受试者利益的诠释，而向善原则则倡导涉人研究在此基础上进一步增进受试者的福利。换言之，"不伤害"定义了消极意义上的"向善"，因而不伤害原则相较于向善原则具有伦理优先性。正因如此，涉人研究首先要求研究风险的最小化，这是对人类受试者的底线保护，其次主张研究获益尽可能增加，这是更积极地保护人类受试者的表现。风险与获益的主要区别在于二者分别对潜在损失和潜在获益的强调，二者在预期结果上的背离性为风险获益评估的开展创造可能，这也使得人们能够更准确地比较不同研究方案的优劣。

9.3.3　受试者选择标准

受试者选择标准是研究设计需要着重考虑的难题。自 1940 年英国统计学家、生物学家费希尔（Sir Ronald Aylmer Fisher）提出随机对照试验[2]方法以来，越来越多的涉人研究开始使用该方法设计试验方案，而如何确定受试者的筛选标准则成为此类试验能否顺利开展的关键。

---

[1] 施韦泽. 敬畏生命[M]. 陈泽环, 译. 上海: 上海社会科学院出版社, 2003: 9.

[2] 研究者将根据研究目的设置试验组和对照组, 并采取随机分配的方法将受试者分配到不同组别开展研究。

　　设置受试者选择标准一般需要同时考虑技术性标准与非技术性标准。技术性标准即严格遵照研究所属领域的技术标准和操作规范，从不同技术维度精准确定研究的目标群体。譬如在针对某种疾病的治疗性研究中，科研人员应当就目标群体的性别、年龄、种族、身高、体重、病史、疾病相关生化指标等指标做出明确的规定，以确保试验可以找到足够的、合适的受试者。非技术性标准则多考虑社会、经济或政治的因素，以便在所有符合技术性标准的潜在目标群体中进一步缩小受试者的选择范围。同样在针对某种疾病的治疗性研究中，科研人员可能需要综合评估潜在受试者的医疗条件、支付能力、社会支持水平，甚至是社会贡献潜力等，那些被认为不符合上述标准（如家庭贫困者、年老者、服刑人员等）的潜在受试者很有可能被排除在外。

　　设置受试者选择标准的核心在于如何处理公平性的问题。尤其在治疗性研究中，受试者所处的组别决定他们是接受最佳药物或疗法进行治疗，还是接受非最佳药物或疗法甚至是安慰剂进行治疗。这就要求科研人员公平地、审慎地选择受试者。一般而言，公平选择受试者需要考虑以下几个问题。[①]

　　（1）研究所设置的标准是否合理和必要？选择标准（尤其是技术性标准）的设置首先要保证研究可以科学地、顺利地进行。在此基础上，科研人员应当尽可能减少非必要的准入标准（尤其是非技术性标准），以便更多的潜在受试者可以从中获益。

　　（2）研究所设置的标准是否可以最大限度地降低受试者的风险？研究应当确保所有受试者所承担的风险均达到最小化。这就要求科研人员在选择需接受非最佳疗法或安慰剂的受试者时应考虑他们能否承担相应的风险，在此基础上尽可能增加多数受试者的获益。

　　（3）研究所设置的标准能否保护脆弱人群？儿童、孕妇、老年人、精神障碍者、失能者、绝症病人、贫困者、社会边缘群体、服刑人员等均属于涉人研究中的脆弱人群，他们因为各种原因往往部分或完全不具备维护自己合法权益的能力，在研究涉及这些群体时，应着重关注对他们的保护。

---

① 翟晓梅, 邱仁宗. 生命伦理学导论(第 2 版)[M]. 北京: 清华大学出版社, 2020: 183-184.

公平选择受试者是涉人研究对于公正原则的维护和践行。在涉人研究中，公正原则暗示人类受试者在研究过程中将获得公正的待遇，随机对照试验和受试者选择标准的设置均是对公正分配试验资源的有益尝试，同时也是实现研究程序正义的一种努力。

9.3.4　隐私保护

隐私保护问题在涉人研究中同样关键，它涉及对受试者隐私权利的尊重和保护。隐私权是现代公民所享有的基本人格权利。联合国大会于 1948 年通过了《世界人权宣言》，其中第 12 条规定，"任何人的私生活、家庭、住宅和通信不得任意干涉，他的荣誉和声誉不得加以攻击。人人有权享受法律保护，以免受这种干扰或攻击"。这是战后国际社会对隐私权的最早阐述。2018 年新修订的《中华人民共和国宪法》第 38～40 条对公民的隐私权做出规定，明确指出公民的人格尊严、住宅、通信自由和通信秘密受到法律的保护。也就是说，公民的私人信息、私人领域和私人活动属于隐私权所主张的权利范围。

作为涉人研究必须遵从的基础性原则，隐私保护强调科研人员有保护受试者隐私的义务。就涉人研究而言，隐私保护涉及对受试者三个方面的保护：①私人信息，包括受试者的身体、精神、肖像、身份、社会关系等个人信息，以及受试者在研究过程中与相关人员的通信信息；②私人领域，包括受试者的身体未经允许不被他人观察，其精神保持自主和独立，其私人享有的空间未经允许不被他人涉足，以及其与相关人员互动中保持一定的社交距离等；③私人活动，包括受试者参与研究的活动不被无关人等围观、记录和展示，以及受试者在研究过程中与研究无关的个人活动不被他人偷窥、记录和展示。

隐私保护的伦理基础同样来源于自主性原则，其边界有赖于知情同意原则来确定。在当前的涉人研究中，只要科研人员和受试者双方在理性情况下就科研人员如何观察、操作、记录和展示与受试者有关的信息、领域、活动等达成充分且有效的共识，并且在研究开展过程中和结果发布时严格执行该知情同意原则，研究就符合隐私保护的要求。

隐私保护既是对受试者人格尊严的尊重，也是对科学无私利性的保护。此外，积极保护人类受试者的隐私还将增进社会公众对科学研究的信任与支持，促进涉人研究良性进步。

9.4　违背涉及人类参与者研究伦理的案例与争议

根据学科和研究目的的不同，涉人研究的样本规模从几个到数万不等。大样本涉人研究覆盖的群体往往更为复杂，有些甚至无实验对象数量的明确限制（可将任何一名符合条件的公民转化为实验对象），其目的在于将科学实验与社会应用相结合，常见于覆盖绝大多数社会公众的大型社会实验。这些不同规模的涉人研究可产生的社会效益也有所不同，但不可否认的是，一旦违背研究伦理，无论何种规模的涉人研究都将给受试者及其家庭以及科学本身造成难以弥补的伤害。本节选取了两个样本规模不同的典型案例来说明违背涉人研究伦理可能导致的恶果，并就其可能引发的伦理问题做出分析。

规则法典的出现使知情同意成为当代涉人研究的首要原则，然而知情同意不是解决一切问题的"万能钥匙"，很多时候科研人员与受试者之间完全的互通互信仅是一种理想化的图景，而现实中纷繁复杂的互动关系和实践情境则塑造着研究多样化的研究形态和过程。另外，科学本身也并非"无瑕疵"，尤其在前沿科学中，许多科学理论和实验在科学内部同样存在较大争议，科研人员们尚且不能准确评估研究的价值和可行性，更遑论使普通公众完全理解其内在逻辑和潜在风险并做出理性判断。因此，知情同意必然伴随着各种各样的伦理争议，是以本节还将列举当代涉人研究中常见的三种伦理议题，并提供部分案例以便读者理解和分析。

9.4.1　违背涉及人类参与者研究伦理的典型案例

1. 小样本涉人研究

涉人研究的样本量可低至个位数（如临床医学研究），但这并不影响其能引发的社会效益。自现代涉人研究诞生以来，小样本涉人研究始终占据重要位置，其中因违背研究伦理而引发大范围公共危机的并不鲜见——它们无一不造成受试者及其家属不可逆转的伤痛和严重的社会后果。

近年震惊国际临床医学界的典型案例要数造成 8 死 1 伤的"马基亚里尼案"。2008 年，意大利外科医生保罗·马基亚里尼（Paolo Macchiarini）在西班牙巴塞罗那通过器官组织移植的方式为一位女性肺结核患者进行了左支气管重建手术。为减少排斥反应，他创造性地剥离了移植气管的软骨细胞和 MHC 抗原并在其中植入了移植受者的干细胞。该手术在当年年末的《柳叶刀》杂志上一经发表，便引起了国际临床医学界的广泛关注。[①]沿着将受体的骨髓干细胞与可植入体内的生物材料相结合制作移植气管的思路，马基亚里尼在气管移植领域进行了广泛的探索，2010 年他受邀前往瑞典卡罗林斯卡学院访问交流和开展合作研究，而后于次年开发出首款人工合成气管。该气管使用生物人工纳米复合材料制成，在植入受者的自体细胞后便可用于移植。在为一位支气管瘤患者开展了长达 12 小时的人工合成气管移植手术后，马基亚里尼声称这场手术在再生医学领域具有"革命性"的价值——这是人类历史上首例使用人工材料与人体干细胞的结合物作为移植物的移植手术，同时这种新型材料的投入使用也将彻底解决供体不足问题。乘着手术成功的东风，马基亚里尼在随后的三年中相继为 8 名患者开展了同类型的手术，一些媒体也开始鼓吹他将是未来诺贝尔奖的获得者。然而，令人意想不到的是，首位植入人工合成气管的患者在术后半年便发生了植入气管脱落的情况，在历经一年的反复抢救和治疗后仍旧于 2013 年 1 月不幸离世。其余 8 位接受手术的患者有 7 位在术后半年到三年的时间因为各种原因死亡，唯一一位幸存者术后半年便已摘除了移植气管。[②]

2014 年，马基亚里尼遭到了四位前同事和合著者的联合指控，指控报告指出他在与卡罗林斯卡学院的研究中伪造了声明，故意夸大患者疾病的

[①] COWELL A, GRADY D. Europeans Announce Pioneering Surgery[N/OL]. The New York Times, 2008-11-19[2022-09-01]. https://www.nytimes.com/2008/11/19/health/19iht-20stemcell.17954698.html.

[②] 详见斯德哥尔摩郡议会(Stockholm County Council)于 2016 年 8 月 31 日发布的调查报告"The Macchiarini Case: Investigation of the synthetic trachea transplantations at Karolinska University Hospital", http://www.circare.org/info/pm/macchiarini-case-summ-eng.pdf。

严重程度和术后的康复情况，并且所开展的多起人体手术试验并未获得伦理委员会的批准。这一指控最初遭到马基亚里尼和卡罗林斯卡学院的双双否认和批驳，而后双方展开了长期的拉锯战。2016 年，随着英国广播公司（BBC）播出纪录片《致命实验：超级外科医生的垮台》（*Fatal Experiments: The Downfall of a Supersurgeon*），马基亚里尼不得不面对越来越频繁的公众质疑。纪录片显示，马基亚里尼在没有任何检验支架适用性的动物实验成果发表的情况下为 5 名患者实施了手术，且此后也并未开展过大型动物研究实验；此外，有 3 名患者术前未曾遭遇直接的生命威胁，但马基亚里尼仍在未获卡罗林斯卡大学医院伦理审查委员会批准的情况下擅自为他们实施了手术。随后，瑞典国家科学审查委员会审查了马基亚里尼的六篇出版物，认定其中存在科研不端行为，要求撤回所有论文。一波未平一波又起，2016 年 6 月瑞典警方开始调查马基亚里尼是否犯有过失杀人罪。[①] 2020 年 9 月，马基亚里尼因给接受手术的患者造成"严重的身体伤害和巨大的痛苦"而遭到瑞典检察长的起诉。2022 年 6 月 16 日，他最终被判犯有造成人身伤害的罪名，缓期执行。[②]该项罪名的成立也意味着瑞典地方法院采信了检察官提交的相关证据。从伦理学的角度来说，这些证据证明了马基亚里尼的手术给患者带来了不可逆的身体伤害和巨大的痛苦，严重违背了涉人研究的不伤害原则和向善原则，在增加患者不必要的医疗风险的同时也并未使患者从中获益。

2. 大样本涉人研究

涉人研究归根究底是关于人的研究，研究目的除了事实判断外还有社会应用（尤其是应用于制度或组织建设）。为了实现涉人研究的应用价值，其基本理论假设的可靠性与适用性通常要经过大样本的社会实验。此类研究覆盖群体规模巨大，因此研究过程一旦脱离伦理规范的限制，必将

---

① KREMER W. MACCHIARINI P. A surgeon's downfall[EB/OL]. (2016-09-10) [2022-09-01]. https://www.bbc.com/news/magazine-37311038.

② Sweden: surgeon convicted of bodily harm over synthetic trachea transplant[N/OL]. The Guardian, 2022-06-16[2022-09-01]. https://www.theguardian.com/world/2022/jun/16/sweden-surgeon-convicted-of-bodily-harm-over-synthetic-trachea-transplants.

出现极具争议的社会问题，甚至酿成不可估量的社会后果。涉及人类参与者的大样本社会实验最为人所知的就是第二次世界大战期间纳粹德国对被侵略国国民实施的一系列惨绝人寰的人体实验。除此之外，纳粹还针对万千少女和儿童实施了长达数年之久的"生命之泉"（Lebensborn e. V.）计划。

　　"生命之泉"是一项基于种族主义和优生学理论而开展的社会实验，目标是提高"雅利安人"人口的出生率，以最大可能地培育"优势种族"。1935 年底，在纳粹德国党卫军和政府的支持下，"生命之泉"机构在慕尼黑成立，隶属于党卫队人种与移民部。1936 年 9 月，党卫队头目海因里希·希姆莱明确了生命之泉的职责，即"协助种族、生理和遗传上有价值的家庭生育更多子女"。这一职责的实施主要落在"合适的母体"的寻找上，也就是说，机构成员需要尽可能安排那些有"种族优越性"的女性多生孩子。为此，该机构借助第二次世界大战在战火弥漫的每一个欧洲国家都建立了"生育农场"，专门生产纯种的雅利安婴儿——"超级婴儿"。该计划甚至将最终完成时间推至 1980 年，以便完成希特勒关于炮制 1.2 亿纯种雅利安人的蓝图。①

　　为实现这一目标，纳粹在军中精心挑选出一批血统纯正、高大强壮的"党卫军精英"，并鼓励他们与金发碧眼的雅利安女性发生性关系。在"爱国主义"的宣传号召下，许多德国少女遭到蒙蔽，纷纷奔赴前线与纳粹军官结合，希望可以为国家生育出最优质的下一代。然而，并非所有女性都会被这些种族主义的谎言蛊惑，为迫使她们就范，德军通过各种强硬手段抓捕育龄少女，并将她们送往各地的"生育农场"。发生性关系后，这些无辜的少女即被圈禁于此，等待着受孕和生产。"生育农场"由党卫军士兵严格把守，对外宣称是德国注册的私人公司，对内则将掳来的雅利安女性当作牲畜一样喂养，用"最科学"的手段协助她们生育子女。"生命之泉"计划不仅将千万少女变作"生育机器"，而且还对她们辛苦生育的下一代进行优生学意义上的筛选，以便"优胜劣汰"。新生儿诞生后，党卫军会帮他们办理假护照，然后将他们从生母手上夺走并送往"家世清白"

---

① Office of United States Chief of Counsel for Prosecution of Axis Criminality. Nazi conspiracy and aggression [Founding of the organization "Lebensborn e. V. ", 13 September 1936][M]. Washington D. C.: United States Government Printing Office, 1946: 465-466.

的德国家庭收养。而一旦发现身体不健全的婴儿，相关人员会立刻将其毒杀，以确保该计划中诞生的婴儿都能成长为"人种最优"的下一代。^①

更令人齿冷的是，"生命之泉"组织掠夺少女批量生产"超级婴儿"尤嫌不够，还在入侵他国时绑架了数以万计的具有雅利安血统或相貌特征的儿童，并将他们集中送往德国，交由德国家庭抚养，为"德国铁军"提供源源不断的有生力量。不幸的是，第二次世界大战后期德国资源日渐匮乏，许多家庭自顾不暇，导致这些被绑架而来的孩子还没被收养就在战火纷飞和营养不良中死去。据称，第二次世界大战中至少有 2 万（亦有估计数字可高达 20 万）欧洲儿童遭到绑架^②，更有不计其数的金发少女遭遇戕害，其中很多人在战争结束后都无法再找到自己的亲生父母或子女，只能与亲人永远分离。

这项惨无人道的社会实验最终随着纳粹的全面战败而告终，但它给全社会带来的巨大伤害缺失永远无法弥补。令人稍感安慰的是，随着战后生命伦理的相关规则法典相继颁布，如此大规模的涉人研究受到了国际公约的严格限制，数量和规模均大大减少。尽管如此，研究者仍应对此时刻保持警惕，尤其是在将一项科学研究成果应用于社会治理时更应慎之又慎。

回顾这些违背研究伦理、危害受试者生命健康的重大事件，不难发现，这类研究往往都是出于某种特殊目的且以牺牲人的生命健康为代价来进行的，其研究成果可能引发一系列严重的社会问题，导致公共信任危机。具体而言，它们带来了以下伦理问题。

其一，给受试者身心健康带来伤害。不规范的大型人体实验或试验会对受试者的身体造成一定程度的伤害，其中某些伤害甚至是不可逆和永久的。受试者需要长期忍受身体的痛苦，而由此产生的治疗或救助费用和潜在成本则难以估量。更有甚者，受试者可能因此而失去宝贵的生命。

---

① SIMONSEN E. Into the open – or hidden away? The construction of war children as a social category in post-war Norway and Germany[J]. NORDEUROPAforum-Zeitschrift für Kulturstudien, 2006(2): 25-49.

② MOSES A D. Genocide and settler society: Frontier violence and stolen indigenous children in Australian history[M]. New York and Oxford: Berghahn Books, 2004: 255.

其二，不尊重受试者的自主权利。许多受试者在被研究时并不知道或者至少不完全了解这项研究的目的、内容和潜在危害，而是在科研人员或欺骗或胁迫的手段下介入了研究，他们的自主选择权利遭到践踏。此外，部分前沿的或具有争议的研究虽然暂时未表现出任何危害性，但其对受试者未来生活的风险却难以预估。

其三，阻碍了科学的进步与发展。上述的涉人研究尽管在伤亡人数上存在较大差异，但无一不对人类社会和科学研究本身产生了巨大的负面影响。医学作为一种为人类造福的科学，以这样违背伦理的手段来获取知识，在科学进程中是史无前例的。残害受试者的医生或科研人员是受过科研训练的专家学者，他们以科学之名所犯的罪行，玷污了科学的声誉，极大地降低社会公众对科学，特别是以涉人研究为基础的生命科学的信任和支持，进而对全人类知识和道德体系建构产生了不可忽视的负面影响。

9.4.2　知情同意相伴生的伦理争议

1. 代理同意的风险

在一些研究中，受试主体可能是儿童或者智力不全、意识不清的成人，一般认为这类群体缺乏做出理性判断和独立承担后果的能力，因此很难承认他们的知情同意的效力。在这种情况下，科研人员会要求受试者委托一位有决策能力的代理人代其执行知情同意的程序，这个代理人常常是受试者的监护人、家属或相关专业机构的人员。

代理同意要求儿童的监护人在充分了解研究的内容、风险和预期获益的情况下对儿童是否参与以及怎样参与研究做出知情同意。儿童试验在医疗研究中十分常见，因为儿童和成人的疾病和疗法可能存在较大差异，因而需要专门采集儿童数据。如果儿童参加试验，家长或监护人可给出代理同意。如若家长为其子女做代理决定，他们有责任为其子女争取最大利益，但是家长的决定，可能并非其子女的最佳利益。并且，家长不应出于自身利益同意儿童参与研究，否则缺乏自我保护意识和能力的儿童（尤其是婴幼儿）则只能被动地接受未知的风险，这在伦理上并不正当。一个家长有权利将自己置于危险之中，但不能强迫他的孩子承担不合理的危险。

当然，风险即使合理、正当，也未必应当被承受。有不少人认为，只要危险小于其他正常儿童行为的危险，或者危险的益处大于害处，它就是合理的。例如，白血病药物试验的益处超过其对儿童的害处；对儿童记忆力的研究，可能没有其他儿童行为研究的危险大。这一点是值得商榷的，原因在于受试者本人可能并不需要或愿意参加这样哪怕危险系数很小的研究。

用于挽救他人生命的"救命宝宝"就是一个典型的案例。印度第一位"救命宝宝"卡芙雅（Kavya Solanki）18 个月大时，其骨髓被提取出来移植到罹患地中海型贫血病的哥哥阿比吉特（Abhijit）身上，帮助哥哥获得和正常人一样的寿命。2017 年，阿比吉特的父亲看到一篇关于为了捐赠器官、细胞或骨髓而创造出"救命宝宝"的文章，便说服印度著名的生殖医学专家班克（Manish Banker）为阿比吉特做出一个"胎儿"。胚胎先被消除某些基因，再与阿比吉特的基因进行配对，一旦筛选出完美的胚胎，该胚胎就会被植入母亲的子宫。班克表示，他花了 6 个多月的时间才创造出这个胚胎。早在 20 年前，美国便出现了首例救命宝宝纳什（Adam Nash），其诞生是为了拯救患有范科尼贫血（一种罕见的致命遗传病）的姐姐。关于救命宝宝的道德争议在于其是真的被期望出生还是为了拯救手足而被当作"一种医疗工具"，甚至有人认为这会不会导致优生学的泛滥。如果救命宝宝是第 15 个被创造出来的完美胚胎，那就意味扼杀了前面的 14 个胚胎，在一些文化看来，这等同于杀人行为。①

对于一些智力不健全、精神状态不正常或思考能力严重退化的潜在实验对象，代理人也不得不根据自己的经验来判断他们是否应当参与研究。但这种判断有时并不准确，因为他们自身并未介入研究，而参与研究的受试者在自身利益受损时却无权决定自己的去留。譬如说，在一些需要身体介入的研究中，受试者可能很难清晰表达自己在试验中遭受的身体上或心理上的痛苦，这种痛苦甚至可能一直持续下去，而代理人则永远无法体会到这一点。又譬如，一些针对边缘群体（如精神病患者）的研究在设计之

① 参见: DHAR S. Meet Kavya, India's first 'saviour sibling'[EB/OL]. (2020-10-15)[2022-09-01]. https://timesofindia.indiatimes.com/home/sunday-times/meet-kavya-indias-first-saviour-sibling/articleshow/78676267.cms. 另可见: India's first 'saviour sibling' cures brother of fatal illness[EB/OL]. (2020-10-27) [2022-09-01]. https://www.bbc.com/news/world-asia-india-54658007.

初就将最大获益者锁定为受试者的家属，其从本质上来讲是为了免除家属因获益人的非正常行为而产生的困扰，而受试者则很有可能成为此类研究的"牺牲品"，在家庭和社会中被进一步边缘化。

　　典型案例之一就是被称为"诺贝尔奖黑历史"的脑叶白质切除术。1935 年，葡萄牙神经外科医生安东尼奥·埃加斯-莫尼兹（António Egas Moniz）受到两位耶鲁大学教授关于将黑猩猩前脑叶与后侧脑区切断来控制其攻击行为的研究的启发，开始着手研究通过向额叶注射乙醇摧毁神经纤维来治疗精神病的方法。在实施了 20 多例手术后，莫尼兹发现研究对象的暴力和狂躁行为在术后均得到有效缓解，并且未发生较严重的不良反应，于是向世界发布这一最新研究结果。20 世纪 40 年代，脑叶白质切除术在欧美国家大行其道，众多精神病患者或疑似精神病人均被家人送去当地医院损毁脑前叶神经，这些接受手术者甚至还包括一些"不听话"的儿童和参与过第二次世界大战并被认为有精神创伤的士兵。这些人接受完手术后，尽管攻击行为和暴躁情绪大大减少，但也丧失了正常的情绪反应和思维能力，而变得沉默不语、反应迟钝、目光呆滞，丧失生机与活力。为推广这一治疗方法和获取暴利，莫尼兹的学生，来自美国的沃尔特·弗里曼（Walter Freeman）改进和简化了这一技术——先将一根钢针插入患者的眼眶中，再用锤子敲打钢针使之从眼眶进入大脑中，而后徒手转动钢针捣毁大脑前叶的神经。他将更新后的技术称为经眶—前脑叶白质切除术，也就是人们所熟知的"冰锥疗法"（Ice-Pick）。由于其简便性和低成本，这项技术在战后的美国迅速推广开来，弗里曼不久就在全国范围内完成 4000 多个案例。随后，他将这些案例提交给诺贝尔奖评委会，支持其导师于 1949 年获得了诺贝尔生理学或医学奖。[①]师徒二人凭借这项技术名利双收，而众多接受手术的人却在模糊的意识状态下度过余生，有些人甚至从此丧失自主行动能力，瘫痪在床。这项技术自诞生以来便饱受质疑和批评，1950 年苏联首先对该手术发布禁令，而后随着新的精神病药物氯丙嗪的推广，越来越多的国家立法禁止这一手术的实施，脑叶白质切除术逐

---

① JOHNSON J. American lobotomy: A rhetorical history[M]. Lansing: University of Michigan Press, 2015.

渐退出历史舞台。^①

由此可见，代理同意虽然在程序上正当，但在实际操作中依然存在着多种潜在的风险。鉴于此，对需要代理同意的涉人研究，必须在伦理和程序上更加严格地规范，以期最大限度地降低对受试者可能带来的风险。

2. 科学研究中的"信息差"问题

科研人员和被研究者之间往往存在着不对等的"信息差"，这一知识的沟壑很难在短时间内被填补。受教育水平较低的受试者通常可能因为缺乏判断力而不能给出完全的知情同意。即便对于那些受到良好教育的受试者来说，研究所涉及的专业知识也过于艰深而很难完全理解。更有甚者，科研人员本人对所做研究的知识也并不完全了解。因此，即使在对正常成年人的研究中，知情同意也很难完全实现。由于完全知情同意的要求过分严苛，对于科研人员来说，获得充分的知情同意是更现实的指导方针。一个人如果有足够的信息来做出负责、可靠的决定，就能做出充分的知情同意。大多数人每天都要在大量不知情或不确定的境况中做出负责的选择。因此，在实践中多强调充分的知情同意，而不是完全的知情同意。然而，"充分"的度往往很难把握，需要制定严格的标准进行规范。

一个典型案例是建立在区域经济和文化差异的基础之上的不对等研究。2018 年 4 月，以伊拉多（Melissa Ilardo）为代表的哥本哈根大学研究团队在《细胞》上发表了一篇关于印度尼西亚海上巴瑶族（Same-Bajau）基因突变的论文，后遭到印尼官方和学术界指责其有违伦理，是典型的"直升机研究""不公平研究"。巴瑶族是海上游牧民族，他们能够仅靠负重和木制护目镜潜到七十多米深的海域捕鱼，每天 60%的工作时间都在水下，并且每次能在水下潜水达五分钟。在该项研究中，伊拉多发现巴瑶人相比附近的其他地区居民拥有大 50%的脾脏，并且存在与脾脏尺寸相关的基因突变。对此，印度尼西亚官方和学术界均不乏批评之声。他们指出，

---

① 参见: ZAJICEK B. Banning the Soviet Lobotomy: Psychiatry, ethics, and professional politics during Late Stalinism[J]. Bulletin of the History of Medicine, 2017,91(1): 22-61. 另可见: GALLEA M. A brief reflection on the not-so-brief history of the lobotomy[J]. BC Medical Journal, 2017, 59(6): 302-304.

该研究存在以下伦理问题：①伦理审批程序不规范。研究小组在未获任何印度尼西亚官方的研究伦理委员会伦理审批的情况下拿到了印度尼西亚研究、技术和高等教育部的研究许可，不符合当地政策规定。②擅自采集DNA。研究小组在将人类 DNA 样本转运至哥本哈根的过程中未向印度尼西亚国家卫生研究与发展研究所提交转运申请，同样不符合当地政策规定。③文章发表前未通知研究对象。尽管研究小组承诺研究后将组织一场与巴瑶人的交流会，但直到研究成果发布时这些被研究的巴瑶人对研究情况仍然一无所知。④研究团队中本土科研人员太少。研究小组中仅有一位来自当地小型私立机构的研究员。事件发生后，《细胞》（Cell）期刊表示认同研究小组提交的关于伦理审批的解释说明，但该事件仍然引发了不少国家或地区研究者对此类研究的伦理反思。①

诚然，整个事件中或许有印度尼西亚当地研究审批机构管理存在漏洞的问题，但对于研究者来说，积极寻求和努力实现规范的伦理审批在任何时候都是必须的。更重要的是，此案例中研究的平等性问题应当受到充分关注：西方遗传学学者与从事捕鱼、海参买卖的巴瑶人明显不对等，研究过程可能会对弱势的被研究者的遗传资源造成掠夺。那么，研究人员应尽可能满足以下伦理要求：首先，原住民的自主权应当得到尊重，参与者的隐私权应当得到保护等；其次，为保障研究的公平性，当地学者也应该更多地参与到研究过程和最终的发表中；最后，当研究涉及当地居民的重要信息（尤其是人类遗传资源）时，应当尊重并遵守当地的法律法规，按照规定进行申报审批和备案。

从这个案例中可以发现，科研人员即便了解知情同意原则，也可能做出不向受试者提供充分信息的选择。有人或许会争辩说，这些插曲只不过是反常或病态的研究，而在大多数当代的人体受试研究中，很少违反或滥用知情同意。诚然，大多数人体受试研究在伦理上是可靠的，但反面的例子也提示，人们很容易以科学的名义违背知情同意，并滑向部分同意或完全不同意。因此，科研人员必须坚定地承担知情同意的义务，在研究设计

---

① ROCHMYANINGSIH D. Did a study of Indonesian people who spend most of their days under water violate ethical rules?[EB/OL]. (2018-06-26) [2022-09-01]. https://www. science.org/content/article/did-study-indonesian-people-who-spend-their-days-under-water-violate- ethical-rules.

之初就尽最大可能预防因信息差而产生的不完整或部分的同意。即使最终结果依然偏离预期，充分的沟通也可以建立起科研人员与受试者之间的信任和理解，从而维护人的权利与尊严。

3. 争议研究中知情同意的有效性

在前沿科学中，许多研究都充满争议，相关领域的学者对于这类研究的理论假设表示质疑，同时对其可能产生的危害和风险深感担忧。这类研究的特点在于：①有一定的理论基础，但还未获得实验科学的充分证明，所依托的核心理论仅仅是科研人员的假设；②可能给受试者的生命健康带来威胁，而由于研究本身尚未经过详细的科学论证，这种风险不可预估；③研究的伦理基础可能并不完备，一旦轻易进入研究阶段，可能给整个人类社会带来颠覆性的改变。在这类研究中，充分的知情同意是几乎无法实现的，因为科研人员自身都未必完全了解研究的结果和风险，向普通公众深入解释前沿科学更是天方夜谭。因此，受试者即使做出知情同意，其有效性也当存疑，不能被科研人员拿来为自己辩护。这就好比黑市交易，尽管买卖双方订立契约，具有程序的正当性，但这种交易本身缺乏法律和伦理的正当性，因此也不能被支持。人体基因研究是争议研究的一大"重灾区"，尤其是基因编辑和人体基因改造实验，其所涉及的伦理争议从未停止过。

"基因编辑婴儿"事件是近年来最引发关注的案例。中国某科研人员曾于 2018 年底公布了一条爆炸性信息——一对双胞胎在本月成功降生，他们的 CCR5 基因在胚胎期即被人工修改，以使其出生后具备抵抗艾滋病病毒的能力。这则消息一经发布便迅速登上各大媒体的头条，引发举世震惊。这不仅是世界首例免疫艾滋病的基因编辑婴儿，也意味着中国在基因编辑技术用于疾病预防领域实现历史性突破。在最初的惊喜过后，越来越多的关注者开始意识到这种所谓的"历史性突破"背后所存在的巨大伦理缺失——将风险未知的前沿技术应用于涉人研究中。

据此科研人员称，该研究已经获得人工编辑婴儿父母的知情同意，符合生命科学研究的伦理程序。然而，这些回应并不能掩盖该研究本身的巨大风险以及对基因编辑婴儿生命健康权利的损害。

面对国内外众多学者的指责，国家卫生健康委员会随即表示要依法依规处理，并派调查组进驻其所在高校。调查结果显示，此科研人员利用监管漏洞私自开展国家明令禁止的以生殖为目的的人类胚胎基因编辑活动，在两年间，其团队通过伪造的伦理审查书招募 8 对志愿者夫妇参与实验。由于 8 对夫妇均为男方艾滋病病毒抗体阳性、女方阴性的配置，该团队甚至安排他人顶替志愿者验血以规避艾滋病病毒携带者不得实施辅助生殖的相关规定。在一系列违规操作之后，2 名志愿者顺利受孕，其中 1 名生下了这对引发关注的双胞胎女婴，而另 1 名尚在受孕中。

发现这一情况后，公安机关立即介入，对相关涉事人员和机构进行进一步调查和处理，而国家指定的医疗机构则负责对已出生婴儿和受孕志愿者进行长期的医学观察和随访，以保障其生命安全。该科研人员则因共同非法实施以生殖为目的的人类胚胎基因编辑和生殖医疗活动被判处非法行医罪，并被依法追究刑事责任。[①]

另一个典型案例是扎伊纳（Josiah Zayner）的基因疗法 DIY 和生物研究平民化。2018 年，美国国家航空航天局前研究员扎伊纳自行设计了一种基因疗法，试图通过注射去除抑制自己左臂肌肉发育的蛋白质来增强臂力，随后他公开表示后续试验遭遇失败。有媒体称，这是全球首例正式公开的基因改造人案例。扎伊纳认为，应当将生物技术标准化和模块化以降低研发的门槛，并且让生物研究平民化来提高人们的生活质量和环境条件。为此，扎伊纳组建基因工程公司 The Odin 并担当 CEO，致力于人类基因工程技术的研究。借助互联网，扎伊纳公布编辑自身基因的过程，出售相关的基因编辑工具，并发布一套免费的操作指南，指导人们如何利用这些简易的工具来改造自身基因。

美国食品药品监督管理局发布警告，出售未经监管机构批准的基因疗法产品属违法行为。扎伊纳研究并出售基因编辑工具和疗法的行为未得到监管机构批准，官方认为这类研究可能会释放出新的病原体或造成其他不

---

① 参见：仲崇山，蔡姝雯，王拓，等. "基因编辑婴儿"打开了潘多拉魔盒?[N]. 新华日报，2018-11-28(15). 另可见：陈晓平. 试论人类基因编辑的伦理界限——从道德、哲学和宗教的角度看"贺建奎事件"[J]. 自然辩证法通讯，2019, 41(7): 1-13; KRIMSKY S. Ten ways in which He Jiankui violated ethics[J]. Nature Biotechnology, 2019, 37(3): 19-20.

可控风险。①然而，扎伊纳和他的公司仍然收获大批拥趸，他们或在互联网上大肆声援，或直接购买工具私下进行基因研究。这种狂热的信徒行为和无序的研究方式不得不令人感到忧虑。

面对前沿的生命科学，不应当因为害怕而止步不前，而应当给予那些真正为人类的生命健康谋求福利的科研人员充分的信任与支持。当然，考虑到普通公众和政府管理者不可能也不必要完全了解相关研究的科学性和风险性，必须再三申明应当审慎对待涉人研究，并通过相关政府部门和研究机构的伦理委员会严格审查研究提案，并加大对违反伦理的研究团队的处罚力度。

9.5　本　章　小　结

本章关注现代科学技术研究中以存活状态的人类参与者作为研究对象的涉人研究的历史、规则及相关伦理议题。此类涉人研究不仅涉及人体结构和功能的复杂性，而且涉及研究对象的主体性，即研究对象拥有自主意识和自由意志，且作为法律主体享有法律所赋予的各项公民权利。其滥用将导致研究对象的身心健康受到损伤、自主权利遭到限制，同时也可能致使科学知识的生产遭遇阻碍甚至退步。因此，面对这样一类研究对象，科研人员理应慎之又慎，在充分尊重研究对象的自主性的基础上，遵循不伤害原则、向善原则、公平原则等现代生命伦理原则进行研究，力求在尊重和保护生命价值的同时推动科学技术的进步和人类整体福利的改善。

人类受试者保护涉及四个方面的基本问题：①知情同意，即在科研人员充分告知、受试者充分理解的基础上，达成受试者对研究的有效的自由同意；②风险与获益，即充分评估研究的潜在风险与潜在获益，力求在风险最小化的基础上为受试者带来增益；③受试者选择标准，包括技术性标准与非技术性标准，公平选择受试者是标准设置的基础性要求；④隐私保

---

① ZHANG S. A biohacker regrets publicly injecting himself with CRISPR[N/OL]. The Atlantic, 2018-02-21[2022-09-01]. https://www.theatlantic.com/science/archive/2018/02/biohacking-stunts-crispr/553511/.

护，即保护受试者在研究过程中的私人信息、私人领域和私人活动，并通过知情同意设置隐私保护的边界。其中，知情同意是涉人研究的关键环节。当前知情同意相伴生的伦理争议包括代理同意的风险、科学研究中的"信息差"问题以及争议研究中知情同意的有效性。

以上是对涉人研究中一般性伦理原则的总括。综合本章内容，涉人研究在实践中还应遵循以下具有可操作性的伦理规范。

研究设计环节：①确保研究的必要性、不可替代性和公益性；②充分评估研究风险和获益情况，最大限度地避免研究可能给受试者带来的身体或精神上的痛苦和伤害。

受试者招募环节：①严格按照相关规定设置受试者选择标准，公平选择受试者并公正地为其分配实验/试验资源；②保护脆弱群体，监护人或法定代理人代受试者签署知情同意书，充分保障受试者的个人权益；③充分告知受试者研究的具体内容、研究方法以及相关责任机构，并帮助其充分理解相关信息，由其自主决策是否参与研究；④告知受试者在实验过程中享有随时中止或放弃参与研究的权利；⑤不得以任何方式强迫招募对象成为受试者；⑥不得以欺骗或诱导的手段使受试者参与研究，包括强调或暗示研究使用的药品或治疗方法的效果优于相似于目前使用的药品或治疗方法，强调或暗示受试者可获得免费医疗或费用补助，强调或者暗示研究的学术权威性，以及使用具有诱导性、鼓励性的文字、图片、图表、数据或符号等。

伦理审查环节：①严格执行伦理审查程序，在按规定获得有关伦理委员会的审查批准后方可开展研究；②在跨区域、跨国的研究中，充分尊重当地相关规定，严格执行本国和研究所在地的伦理审查程序；③涉及人类遗传资源的研究应当按照规定进行申报审批和备案。

研究开展环节：①严格按照批准的研究计划开展研究，并将相关的后续情况报告备案；②研究者的资格、经验、技术能力等应当符合研究要求；③检查和确认研究的硬件设施和相关准备，确保研究机构有足够能力开展研究，最大限度地保护受试者；④研究过程中应避免对受试者造成任何不必要的身体或精神上的痛苦和伤害，如有迹象表明操作可能会给受试者带来伤害，则必须立刻中止研究；⑤尊重和保护受试者的隐私，规范个人信息的处理。所有资料的获取、分析、处理和运用均须经过受试者的同意，在研究开展前后不能泄露受试者的个人隐私，也不能将实验资料用于预先协议范围之外的任何目的和用途。

唯其如此，对人类主体的研究才能越来越伦理化、规范化和科学化，才能真正为知识生产和社会发展做出日益突出的贡献。

9.6　推荐扩展阅读

翟晓梅, 邱仁宗. 生命伦理学导论(第 2 版)[M]. 北京: 清华大学出版社, 2020.

蒙森. 干预与反思: 医学伦理学基本问题[M]. 林侠, 译. 北京: 首都师范大学出版社, 2010.

香农. 生命伦理学导论[M]. 肖巍, 译. 哈尔滨: 黑龙江人民出版社, 2005.

恩格尔哈特. 生命伦理学基础(第二版)[M]. 范瑞平, 译. 北京: 北京大学出版社, 2006.

BEAUCHAMP T,CHILDRESS J. Principles of Biomedical Ethics[M]. Oxford: Oxford University Press, 1979.

第 10 章

涉及动物实验的研究

动物实验是涉及生命的研究的另一重要组成部分，指在实验室内，为生产新知识、新技术或新产品以满足科学探索需要或解决现实问题而将人工饲育的动物作为实验对象进行的科学研究。涉及实验动物研究一般要求用于实验的动物遗传背景明确或来源清楚，且其所携带的微生物在研究过程中需要得到控制。

动物实验的广泛应用促使人们关注涉及实验动物研究的伦理。长久以来，动物实验是众多领域的科学研究中不可或缺的一环，尤其是关系着人类生命健康领域的进步与发展。随着人类文明的进步和道德水平的提升，保护动物、与动物和谐相处成为人们的共识，善待动物亦成为人类尊重生命的体现。然而在多数情况下，人类利益与动物利益并不完全一致，有时甚至相悖。这一点在动物实验中时有出现——实验动物往往是被牺牲的一方，它们的生命健康掌握在科研人员的手中，意识和行为往往不能自主支配。尤其在涉及人体生命健康的研究中，科研人员在开展人体实验之前往往先进行动物实验，通过增加实验动物的风险来减少人类科研人员的风险，这种出于人类自身的利益而伤害实验动物利益的行为在现代科学研究中并不鲜见。正因如此，必须以更加审慎、人道的态度构建动物实验的伦理框架，以确保在达成实验目标的同时最大限度地减少对实验对象的伤害。

10.1 动物实验的应用范围

动物实验筑就了现代生命科学研究的基石。作为生命科学和生命技术由理论走向实践的桥梁，动物实验在生物学、药学、医工交叉等学科的科研和教学以及各种疾病模型的建立等方面发挥着重要作用。"巴甫洛夫的狗""摩尔根的果蝇"等是科学史上有名的实验动物。俄国生理学家巴甫洛夫在每次给实验犬送食物之前，先打开红色的灯，并响起固定的铃声；经过一段时间后，一旦红灯亮或铃声响，实验犬就会开始分泌唾液。据此，巴甫洛夫建立了条件反射学说。美国遗传学家摩尔根借助果蝇发现了染色体的遗传机制。类似的例子不胜枚举。

制药、化工领域产品的安全性检验也常依赖于动物实验。通过动物实验，该类产品的安全性、有效性、副作用和产品对生命体的影响程度可以得到有效验证。1957 年，联邦德国一家制药厂生产了一种安眠药反应停（Thalidomide），推广给孕妇用于治疗妊娠呕吐，结果该药在 5 年内导致畸胎 1 万余例，其中仅有 60%的胎儿得以存活，数千婴儿降生后需安装人工肢体，这是 20 世纪著名的药物灾难。[1]自此药物的致畸性在药学研究中得到高度重视，动物实验成为研究的关键。科研人员可根据受试动物在实验中出现畸胎的数目和活产胎仔总数计算畸胎发生率，根据动物活产胎仔中出现畸形的频数来计算畸形总数，或根据出现畸胎孕鼠数在活产孕鼠总数中所占的百分率来确定受试物是否有致畸作用。

动物实验在航天、畜牧业、农业、轻重工业、环境、军事科学等领域得到广泛应用。人类进入太空前，科研人员用动物做了很多实验。1948 年至 1949 年，美国通过火箭多次将猴子送到六万多米的高空；1949 至 1958 年，苏联发射生物火箭 30 多次，把几十只小狗送上高空；同时代美国也多

---

[1] MILLER M T. Thalidomide embryopathy: a model for the study of congenital incomitant horizontal strabismus[J]. Transactions of the American Ophthalmological Society, 1991(89): 623-674.

次通过飞船把猴子和黑猩猩送上太空。①这些实验都证明，哺乳动物能够适应太空的生活环境，消除了人进入太空的种种担心。中国从 20 世纪 60 年代中期开始发射生物火箭，大白鼠、小白鼠和小狗均作为实验对象被送入太空。加入太空实验大军的动物，还有诸如鱼类、果蝇、蚂蚁、青蛙等小动物。这些动物实验的成功，加速了人类的太空之旅。

10.2　动物实验的原则和标准

在动物实验出现伊始，动物权利并未受到人们的关注，科研人员对实验动物的处理方式各有不同，主要取决于研究方案和处置者个人的考虑，因此虐杀或滥杀动物的现象并不鲜见。

随着动物实验在越来越多的自然科学和工程科学研究中占据不可或缺的地位，实验室管理者和政策制定者开始日益关注作为实验对象的动物，并制定了一系列规范以便其能更好地服务于科学研究。两次世界大战之后，人们对生命的关注和反思达到了空前的高度，越来越多的人士举起人道主义的大旗，要求科学实验尊重生命权利、保护生命健康。也正是在这一时期，动物实验的原则和标准在欧美国家相继确立，作为代表的"3R"原则和"5F"福利在世界范围内得到了广泛传播和普遍承认。

10.2.1　动物实验的原则

现代动物实验原则的形成源于西方国家自 18 世纪以来逐渐形成的以"动物福利"为核心的动物保护理念。1776 年，英国牧师普里马特（Humphrey Primatt）公开发表了一篇关于对仁慈的义务与残忍对待动物的罪行的论文，提出了早期的动物福利思想。1822 年，爱尔兰国会议员马丁（Richard Martin）主导并推动了"反虐待牛法案"的出台，而后于 1824 年

---

① BEISCHER D E, FREGLY A R. Animals and man in space: A chronology and annotated bibliography, through the year 1960[M]. Washington:Office of Naval Research, Department of the Navy, 1962.

与英国牧师布鲁姆（Arthur Broome）以及国会议员麦金托什爵士（Sir James Mackintosh）、威尔伯福斯（William Wilberforce）等共同创建世界上第一个动物福利组织——防止虐待动物协会（the Society for the Prevention of Cruelty to Animals，SPCA），并通过舆论宣传的方式向公众传播不虐待动物、关心家养动物生存状况和合理照料动物的思想，以及雇佣检查员识别施虐者、收集证据并向当局报告。1840 年，该协会在动物福利运动中的成果受到了英国维多利亚女王的肯定，并被授予皇家称号，改为"英国防止虐待动物协会"（the Royal Society for the Prevention of Cruelty to Animals，RSPCA），该称号一直沿用至今。在一系列动物福利运动的推动下，英国议会于 1835 年率先颁布《虐待动物法案》（the Cruelty to Animals Act 1835）；1911 年，英国又颁布了《保护动物法案》（the Protection of Animals Act 1911），越来越多的动物实验开始引入麻醉剂。

第二次世界大战之后，伦理研究者逐渐将动物福利的保障聚焦于动物实验领域。1959 年，英国动物学家罗素（William M. S. Russell）和微生物学家珀琦（Rex L. Burch）出版了《人道主义实验技术原理》一书作为对《物种起源》一百周年的献礼，书中首次提出动物实验的"3R 原则"，即在可能的情况下，优化（Refinement）实验流程，减少（Reduction）实验动物的使用数量以及使用非生物材料来替代（Replacement）实验动物，尽最大努力减少实验动物的痛苦。①

具体而言，3R 原则包括：①优化原则指在符合科学原则和实验目的的基础上，或改进动物的培养条件，或改进实验采用的技术以进一步完善实验程序，从而减轻甚至避免给实验动物造成任何与实验目的无关的紧张和疼痛。例如以小鼠开展药理实验时，往往需要依次给数十只小鼠灌药、称体重，然而在目睹实验小鼠被给药、称重或打针后，后续的待实验小鼠往往表现出极度惊恐、亢奋状态。对此，科研人员的经验是另辟实验操作空间，以尽量避免待实验小鼠的异常反应；在动物实验结束后往往还需采取见效较快、痛苦较少的方式处死小鼠。②减少原则指在科学研究中，使用较少量的动物获取同样多的试验数据的科学方法。③替代原则指使用除动物实验

---

① RUSSELL W M S, BURCH R L. The principles of humane experimental technique[M]. London: Methuen & Co. Limited, 1959.

以外的其他实验方法，或者选用没有知觉的实验材料来代替意识清醒的活体脊椎动物。然而科研人员也必须承认替代不等同于取代，非动物模型无法完美复刻人类对药物效应的反馈，替代实验和动物实验的结果之间可能存在一定的偏差。

与此同时，动物福利伦理原则的完善也进一步受到国际社会的广泛关注。当代动物福利关切动物在饲养管理和科学实验过程中的生存状态，要求饲养者或科研人员为其提供适当的生存条件，使之免受不必要的伤害、饥渴、不适、惊恐、折磨、疾病和疼痛等，并尽可能保证那些为人类健康做出贡献的动物受到良好的管理和照料。1966 年，美国国会通过了《动物福利法案》（the Animal Welfare Act of 1966），用以保障实验动物的福利；该法案此后又经多次修订，逐渐扩充了动物福利的覆盖范围。此外，各种动物福利组织也如雨后春笋般地纷纷出现。英国政府曾委托布兰贝尔（Roger Brambell）对集约化养殖动物的福利进行调查，以回应学界质疑和社会担忧，进而于 1967 年成立"农场动物福利咨询委员会"（the Farm Animal Welfare Advisory Committee）。①该委员会的第一条指导方针建议动物需要"站立，躺下，转身，梳洗自己，伸展四肢"，这些指导方针随后被详细阐述为"五项自由"。

5F 动物福利主要包括以下五个方面。①不受饥渴的自由，即通过随时获得淡水和饮食来保持健康和活力，免于饥饿和口渴。例如，幼犬、成年犬、受孕犬和老年犬都需要按不同的时间表获得不同类型的食物。②生活舒适的自由，即为动物提供适当的环境，包括庇护所和舒适的休息区，使之免于不适。这意味着人们应该提供柔软的床上用品和具有适当温度、噪声水平和自然光的休息区域；如果动物在室外，它必须有避风的地方以及合适的食物和水碗。③不受痛苦、伤害和疾病的自由，即对动物进行预防或快速诊断和治疗，使之免于疼痛、伤害或疾病。这包括为动物接种疫苗、监测其身体健康、向其提供治疗和药物等。④生活无恐惧和无悲伤的自由，即为动物提供避免精神痛苦的条件和治疗，使之免于恐惧和痛苦。动物的心理健康与其身体健康同样重要，这些健康服务可以通过防止过度

---

① 1979 年改组为农场动物福利委员会。

拥挤和提供足够安全的空间来实现。⑤表达天性的自由，即向动物提供足够的空间、适当的设施和同类的陪伴来帮助其表达正常行为。动物需要与其他同类互动，同时也需要足够空间来伸展身体以及跑、跳和玩耍。①

动物实验伦理基于上述动物实验原则和动物福利要求，在 20 世纪下半叶逐渐建立起来。目前，国际社会普遍承认的动物实验伦理建立在 1985 年由国际医学科学组织理事会（The Council for International Organizations of Medical Sciences，CIOMS）和世界卫生组织（WHO）共同制定的"涉及动物的生物医学研究的国际伦理准则"的基础之上，该准则要求动物实验与保护人类和动物健康之间必须具有相关性，实验中动物数量最小化、痛苦最少化。此前，1979 年英国反活体解剖协会（National Anti-Vivisection Society，NAVS）发出倡议，将每年的 4 月 24 日定为"世界实验动物日"，并将该日前后一周定为"实验动物周"。世界实验动物日现已是国际性纪念日，世界各地的动物保护者参与其中，举办各种活动，向大众倡导科学地、人道地开展动物实验。

中国动物实验伦理的理念于 21 世纪初逐渐形成。遵循国际公认的动物实验原则和动物福利主张，2006 年中国科学技术部发布了《关于善待实验动物的指导性意见》，其中第二条明确提出："在饲养管理和使用实验动物过程中，要采取有效措施，使实验动物免遭不必要的伤害、饥渴、不适、惊恐、折磨、疾病和疼痛，保证动物能够实现自然行为，受到良好的管理与照料，为其提供清洁、舒适的生活环境，提供充足的、保证健康的食物、饮水，避免或减轻疼痛和痛苦等。"在该意见的指导下，中国的动物实验伦理日渐系统化并走向成熟。

10.2.2 动物实验的标准

从动物实验伦理的角度出发，进行科学研究时要尽量少地使用动物，但是受试动物数量太少又容易导致假阴性结果，反而造成实验动物的浪费。因此执行何种标准来进行动物实验对科学研究来说至关重要。

---

① The Five Freedoms for animals[EB/OL]. [2022-09-01]. https://www.animalhumanesociety. org/health/five-freedoms-animals.

国外动物实验标准主要包括国际组织标准、区域性标准。1956 年，联合国教科文组织、国际医学组织联合会及国际生物科联合会共同发起并成立了国际实验动物科学委员会，旨在推动全球涉及实验动物的相关标准的制定和执行，以及出版有关实验动物的科学公报和技术资料等。欧盟成员国通常共同依据 2013 年生效的《用于科学目的的动物保护欧共体条例（2010/63/EU）》，同时各成员国原有的动物保护法也并行不悖。美国及其所辖各州则指定相关动物实验指南或手册，确保科研用途的动物受到人道对待。

中国动物实验标准体系主要依据国家标准、行业标准和地方标准。国务院于 1988 年批准颁布《实验动物管理条例》，之后相继出台一系列管理办法。2018 年，国家质量监督检验检疫总局联合国家标准化管理委员会共同制定并发布《中华人民共和国国家标准 GB/T 35823—2018 实验动物 动物实验通用要求》。该文件对各类动物实验中基本技术操作、实验动物质量、实验条件等内容做出了规定和要求。近年来，中国还陆续出台一系列关于实验动物的规范和标准，对实验动物的安乐死、健康监测、实验鱼质量控制、生殖和发育健康质量控制乃至实验动物的一些在体病毒检测方法都提出明确的标准和指导方案。

10.3　违背伦理的动物实验

对非人主体的研究往往牵涉诸多伦理问题，动物实验尤甚。动物实验伦理是现代社会中动物权利与人类权利博弈的产物。其基本原则在于，在满足人类生存发展需要的前提下，最大限度地保障动物的权利和利益——首先是保障动物的生命健康权不受或少受损伤，在此基础上尽可能满足动物的天性表达、同类互动、自由伸展等其他生存需求。与此同时，动物实验还应审慎对待动物与人、动物与自然的关系，避免对物种和生态造成不可逆的损伤。一般来说，违背伦理的动物实验主要包括两类：一类是为了满足研究需要或其他目标而在非必要情况下损害动物的基本权利；另一类是在动物身上进行"造物"实验。

10.3.1　对动物基本权利的损害

如何让实验动物在实验前后感受到更多的舒适和更少的痛苦是每一个科研人员应当考虑的问题。为达成这一目标，科研人员不仅应当为实验动物提供必要的治疗和充分的照料，而且应当在知晓实验动物因实验而必然疼痛或死亡的情况下为其注射麻药或实施"安乐死"以减轻其痛苦。然而，由于动物无法表达自我意识和捍卫自身权利，实验动物权利的保障完全依赖于科研人员、研究机构和相关监督管理机构的意识和行动，因此在有些情况下，实验动物的基本权利可能并没有得到很好的保护。

一个典型案例是某医学院虐待实验用犬事件。某医学院曾将 30 多只实验用犬丢弃在学校实验楼 6 层露天楼顶处，部分实验犬伤口裸露，甚至一些已经奄奄一息，濒临死亡；放置处还有许多药物注射液包装盒与无菌巾，但没有任何食物。有目击者称这种情况已经持续一周以上，被遗弃的实验犬每日都在增加，叫声凄惨，耳不忍闻。学校表示，这些实验犬主要用于盲肠阑尾切除术研究，实验后会进行外科缝合，并且后续注射完药物后需要等待专业机构来进行处理。然而，知情者却透露许多实验犬的刀口接近 10 厘米，且无一不裸露在外。更重要的是，由中国实验动物信息网实验动物许可证查询管理系统可查知，该医学院并不具备使用犬类作为实验动物的资格。

中国实验动物学会实验动物福利伦理专业委员会认为，这是一起"严重的虐待实验动物的违法、违规事件"，不仅需要有关单位自我审查和反省，更需要当地实验动物主管部门积极介入，并依法予以查处和整顿。[①]

面对此类虐待实验动物事件，中国早有各类指导意见出台。科学技术部 2006 年发布的《关于善待实验动物的指导性意见》就明确规定了实验人员在饲养实验动物和开展动物实验的过程中应尽可能地"将动物的惊恐和疼痛减少到最低程度"，并且在实验结束后如有必要则"按照人道主义原则实施安死术"。该医学院的所作所为显然漠视了这些规定。

虐待实验动物的恶性事件不仅在中国时常见诸报端，在欧美国家也屡

---

① 关注某医学院虐待实验动物事件[EB/OL]. (2015-12-15)[2022-09-01]. http://www.calas. org.cn/index.php? m=content&c=index&a=show&catid=20&id=593.

禁不止。2016 年，美国农业部对圣克鲁兹生物技术公司（Santa Cruz Biotechnology，SCBT）开出 350 万美元的罚单，并注销了其动物研究资格及出售、购买和进口动物的许可证。据美国农业部披露，SCBT 蓄意违反美国《动物福利法案》（the Animal Welfare Act）的严格要求。SCBT 是抗体生产巨头，在对山羊、兔子等动物实施免疫接种后，从其血液中提取和纯化相关抗体，并将抗体制品投入市场进行销售。由于抗体供应的持续性取决于动物的存活时间，SCBT 为尽可能多地生产抗体制品，便不顾农业部和动物保护组织的劝阻让被注射疫苗的动物长时间存活，给其中一些身体健康严重受损的动物带来巨大痛苦和负担。根据《动物福利法案》，健康重度受损的动物应当实施安乐死，而不应不顾动物消瘦、疾病和肿瘤等健康问题强行延长其生命。

后经进一步查证，SCBT 的实验动物保管不善现象早有发生：自 2007 年起，该公司生产抗体的山羊身上便出现了狼咬伤和肿瘤；更有甚者，为逃避联邦关于保护实验动物福利的要求，该公司秘密圈养了 841 只未纳入美国农业部监管的山羊，用于伪造动物保护数据。这一事件一经报道便引起美国社会各界的广泛关注，人们在声讨 SCBT 虐待动物行为的同时，也在不断反思如何更好地平衡动物保护和商业利益之间的关系。①

保护实验动物和谋求商业利益并非不能共存。实验动物状态的良好稳定对于科学研究的开展十分必要，不仅能够减少实验误差，为实验结果的可靠性提供充分保障，而且可以减少不必要的重复实验和耗材浪费，从而帮助科研人员更经济地完成科学实验。从这一角度来说，SCBT 的行为显然相当短视。应当鼓励企业从更长远的角度看待实验动物，重视动物福利，保护动物健康，通过改善动物实验的环境、食物、操作等因素，减少实验动物在实验过程中的身心痛苦，同时为科学研究和产业发展的持续进步提供源源不断的动力。

---

① 高虹. 引起动物福利伦理争议的动物实验[J]. 科技导报, 2017, 35(24): 54-56; In re: SANTA CRUZ BIOTECHNOLOGY, INC., Respondent[EB/OL]. (2016-05-19)[2022-09-01]. https://awionline.org/sites/default/files/uploads/documents/USDA-SCBT-Filed-consent- decision.pdf.

10.3.2 对动物物种状态的修改

科学技术成果近代以来的爆发式增长使人的主体意识不断膨胀，人类越来越拥有"造物主"的自觉，不再满足于仅生产无生命的"人造物品"，而逐渐将目光投向具有生命活力和繁衍功能的"人造物种"。在基因研究日新月异的今天，动物实验已不仅仅关注基因信息本身，而迈向由基因理论和基因编辑技术共同构筑的转基因生物的研究。值得注意的是，转基因动物并不同于转基因大豆等业已投入市场的转基因植物，它们拥有自主行动的意识和能力，很难完全受人类的控制，一旦进入自然环境中生存繁衍，将对物种本身和整个生态环境产生不可预估的影响。

"恒河猴研究"是近年来饱受诟病的基因研究案例。某动物研究所曾首次将人脑基因 MCPH1 移植到恒河猴体内。科研人员认为，该基因很可能在人类大脑中调控特定基因的表达方式。为了理解人类认知能力的发展过程，科研人员培育了 11 只携带人脑基因 MCPH1 的恒河猴，发现其大脑发育表现出接近人类大脑的特征，这也是人类与非人类灵长类动物的关键区别。在实验中，科研人员给恒河猴展示不同的颜色与形状，而后使用核磁共振扫描它们的相应脑区，发现它们的短期记忆和反应能力都比其他野生猴要好，以此证明其智力提升的可能性。[①]该研究成果随后发表在《国家科学评论》（*National Science Review*）期刊。

该研究成果一经发表，便受到来自学界的批评与质疑。部分批评者指出，尽管该研究的目的是探索人类起源并且通过了伦理委员会审查，但使用和人类基因如此接近的动物做研究势必会引发诸多伦理问题。美国科罗拉多大学遗传学家斯科拉（James Sikela）表示，"利用转基因猴来研究与大脑进化相关的人类基因是一条非常危险的道路"。这不仅关系到实验中的灵长类动物能否得到规范处理，而且可能引发后续科研人员更加极端的基因编辑行为。不同于小鼠、青蛙等动物实验的一般对象，猿猴是和人类基因最为接近的灵长目动物，二者基因相似度可达 99%。恒河猴基因的人

---

① REGALADO A. Chinese scientists have put human brain genes in monkeys-and yes, they may be smarter[EB/OL]. (2019-04-10) [2022-09-01]. https://www.technologyreview.com/2019/04/10/136131/chinese-scientists-have-put-human-brain-genes-in-monkeysand-yes-they-may-be-smarter/.

为修改显然是漠视动物个体的行为。与此同时，考虑到该基因的特殊性，这一行为从长期来看很可能导致灵长类动物的基因和表达方式的改变，从而引发严重的生态危机。

动物与人类、自然息息相关。科研人员不应将实验室当作一个与自然无涉的人造封闭环境，肆意地创造、改动实验动物的生命状态，而应该审慎地对待实验动物基因的改动，系统地评估该基因研究对动物本身、实验室乃至自然中的相关物种及其生存环境可能产生的影响，以便做出科学和负责任的选择，避免触碰"人造物种"的红线。

10.4　动物实验的替代方法

鉴于科学技术的进步和人们对动物福利认识的提升，动物实验不再是科学研究的唯一选择，许多替代方法相继进入人们的视野。虽然取消动物实验尚言之过早，替代方法也只是针对部分产品，尚不能覆盖所有品类，但其发展潜力和产业前景值得期待。目前动物实验的替代方法主要包括体外方法、计算机建模方法、志愿者方法等，应用领域涉及医疗器械、生物制品检测、药物临床前实验、临床教学、3D 构建器官等。

动物实验的替代，在化妆品生产领域应用较早。尽管也有反对声音表示，全面禁止动物实验可能不利于化妆品对人体的安全性研究，但是尽可能地减少动物实验是大势所趋。1997 年，英国禁止了针对化妆品成品和成分的动物实验，其他国家也陆续颁布化妆品动物实验禁令。2003 年，欧盟化妆品 76/768/EEC 指令在第七次修订中明确表示欧盟境内的化妆品将逐步地、全面地禁止动物实验，包括某些过去未被禁止的动物实验，例如反复染毒毒性、生殖毒性及毒物动力学测试等。同时该指令还强调替代实验的重要性，规定一旦有动物替代实验方法经过验证和被欧盟法规采纳，那么原本的动物实验就必须采用替代的方法。近年来，澳大利亚也相继禁止了化妆品原料制造的动物实验的开展，以及实施过动物实验的化妆品原料和成品的销售。韩国、新西兰、土耳其等国家则是部分禁止化妆品行业开展动物实验。中国也已做出针对动物实验禁令的相关措施，中国国家食品药品监督管理总局于 2013 年印发的《关于调整化妆品注册备案管理有关事宜的通告》，针对国产"非特殊用途"化妆品则删去需要进行强制性动物实验的要求。

由此可见，动物实验并非不可取代。尽管动物实验仍将持续存在很长一段时间，但随着微生物/细胞培养、计算机仿真等技术的进步，未来将会有越来越多的科学研究采取无生命损害的实验方式替代动物实验，这也是动物实验伦理所倡导的和当代实验科学研究所努力的方向。

10.5　本 章 小 结

本章关注现代科学技术研究中以动物为对象的研究规则及相关伦理议题。动物实验是一种历史悠久的研究手段，不仅在生命科学领域得到普遍应用，而且在制药、化工、航天、环境、军工等领域发挥着日益重要的作用。20 世纪 50 年代以来，国际社会逐渐就如何伦理地开展动物实验和保护动物权利达成共识。目前，动物实验需遵循的基础性原则为包括优化实验流程、减少实验动物使用数量和使用非生物材料替代实验动物在内的"3R原则"，需关注的基本动物福利为包括不受饥渴的自由，生活舒适的自由，生活无恐惧和无悲伤的自由，表达天性的自由，不受痛苦、伤害和疾病的自由在内的"5F 福利"。在此基础上，不同国家和地区制定了各自的动物实验标准。就以往研究来看，违背伦理的动物实验主要表现为在非必要情况下损害动物的基本权利以及人为地修改动物的物种状态，这两类动物实验都将对动物本身以及科学知识生产造成难以挽回的伤害，更有甚者可能危及所有生命赖以生存的自然环境。

科研人员应当更加伦理地开展动物实验，首先从关怀动物（生命）角度出发设计实验方案，并取得充分的研究资质，进而严格遵守动物实验原则、地区法律和专业标准进行实验操作。在研究过程中，科研人员应理性评估和精确控制实验动物的使用数量，最大限度地减少实验动物的使用；

积极保护动物权利和提升动物福利，最大限度地减少实验动物在饲养、管理和使用中可能遭遇的痛苦和健康损伤，避免实验动物遭受任何非必要的伤害或死亡；在实验动物即将面临剧烈或慢性痛苦且该病症无法治愈的情况下，需为它们实施无痛苦的死亡操作。此外，科研人员还应不断探索动物实验的替代方法，尽可能通过无生命损害的方式完成实验研究；在不具备非生物实验条件的情况下，科研人员也可尽量考虑以较低进化水平的物种替代较高进化水平的物种。通过这些举措，实验动物可以得到更加人道的对待，同时动物实验在科学技术研究中也可以发挥更加积极的作用。

10.6　推荐扩展阅读

雷根,柯亨. 动物权利论争[M]. 杨通进, 江娅, 译. 北京: 中国政法大学出版社, 2005.

GUERRINI A. Experimenting with humans and animals: from Galen to animal rights[M]. Baltimore: The Johns Hopkins University Press, 2003.

DEGRAZIA D. Animal rights: A very short introduction[M]. Oxford: Oxford University Press, 2002.

YARRI D. The ethics of animal experimentation: a critical analysis and constructive Christian proposal[M]. Oxford: Oxford University Press, 2005.

CARBONE L. What animals want: expertise and advocacy in laboratory animal welfare policy[M]. Oxford: Oxford University Press, 2004.

第 11 章

科学活动中的利益冲突

科研活动的主体是科研人员。科研人员生活在一定的社会关系之中，科研人员之间，科研人员与各种机构和社会群体之间，都不可避免地存在着千丝万缕的利益关联。特别是在当代，科学研究带来的经济利益已日益凸显，许多商业公司加强了企业与学术研究之间的合作。身处其中的科研人员自然成为各种利益争夺的对象，不免陷入利益冲突纠缠之中。

"利益冲突"是指当事人的私人利益与其公务职责所代表的义务或利益发生冲突，进而干扰其做出可靠、公正、客观的决定和判断，导致当事人所受托的利益受损的境况。在科研领域中，利益冲突的现象几乎无所不在，诸如研究方向的选择，研究方案的设计实施，数据收集、分析、解释和发表，乃至材料采购、受试者的参与过程和统计方法的使用，以及科研人员的聘用和晋升等，都可能受到其影响。

本章将就利益冲突的概念、各种科研活动中利益冲突的实例，以及规范和处理利益冲突的对策进行系统陈述。

11.1 利益冲突概说

"利益冲突"一词的词源，最早可追溯到古罗马恺撒时代，然而直到

1951 年才作为法律术语正式载入英语词典。① 1953 年，美国艾森豪威尔总统欲任命前通用汽车公司总裁威尔逊为国防部部长，遭到国会的反对；国会要求，只有威尔逊将其通用汽车的股份全部售出才能出任此职，因为通用汽车公司是美国政府的合约商，威尔逊潜在的利益冲突有可能会损害公众利益。事实上，利益冲突法案的订立，就是出于担心当某人在承担公众职责时，因其私人方面利益导致公众利益受到损害的可能性。

《大美百科全书》对于"利益冲突"词条的解释是：某人的利益或职责与他另外的利益或职责发生冲突。这里的利益特指两类：其一是公务人员或受委托人履行责任以免责的利益；其二是公务员或受委托人自身的经济利益。②《布莱克法律词典》第七版中对于"利益冲突"词条的解释则为：公职人员或受委托人职责与其私人利益，或获取私人利益之间的关系。③综合以上定义，所谓利益冲突，实际上是指当事人的私人利益与其职责所代表的（公共）利益发生冲突。

科学领域对于利益冲突的讨论，肇始于 20 世纪 80 年代。当时由于生物医学领域出现了一系列不当行为，引起对学术界特有利益冲突的广泛关注。以瑞曼（A.S. Relman）在《新英格兰医学杂志》发表系列文章为开端④，汤普森（D.F.Thompson）、凯斯勒（J.P. Kassirer）、罗得温（M.Rodwin）等人围绕专业智力领域的利益冲突现象做了大量研究。

有关利益冲突概念，汤普森的定义最具代表性。他认为利益冲突是"一类境况"，在该类境况下，与某个主要利益（如病人的福利或者研究结果有效性）相关的专业判断，可能会不恰当地受到某个次要利益（如私人

---

① FLANAGIN A. Conflict of Interest[M]//JONES A H, MCCLELLAN F. Ethical issues in biomedical publications. Baltimore & London: the Johns Hopkins University Press, 2000: 137-165.

② Encyclopedia Americana Vol.7 [M]. Danbury, Conn: Grolier Inc., 1999: 538.

③ GARNER B A. Black's law dictionary 7th edition[M]. Minnesota: West Publishing Co., 1999: 295.

④ RELMAN A S. The new medical-industrial complex[J]. New England Journal of Medicine, 1980, 303(17): 963-970; RELMAN A S. Dealing with conflicts of interest[J]. New England Journal of Medicine, 1985, 313(12): 749-751.

的经济所得、学术声望、地位提升等）的影响。[①]

　　汤普森关于利益冲突的定义包含如下三个要素。第一，处于利益冲突中的人与他人之间构成信托关系。委托人将利益交给受托人照管，受托人以其专业知识或技能来维护委托人的利益，这样委托人的利益得失完全依赖于受托人的判断或行动。第二，受托人除委托人的利益之外，还有自身的利益。这并非仅指经济上的利益，而是泛指一切能给受托人带来价值的因素，比如家庭关系、友情、乡情，甚至宗教信仰、政治倾向、道德观念、学术门派等。第三，受托人自身的利益与委托人利益之间具备消长关系，即如果受托人受益，则委托人利益有可能受损。具备以上三点要素后，就可以认为已经构成利益冲突。

　　由上述可以看出，利益冲突只是存在于某种境况而非主观行为。当科研人员利用这种境况不恰当地获得私人利益且造成一定后果时，就演变为利益冲突行为。比如，评审专家由于利益关联推荐、推选并不合格的人才或项目，医生向患者推荐与自己有经济关联的药厂产品，学者为维护自己的学术地位而打压新秀，高级官员利用职权安插亲信，等等。[②] 需要在具体情境中加以分析和判断。

11.2　科学活动中利益冲突之表现形式

　　利益冲突可以出现在科学活动的整个过程，且有多种表现形式。下面就科学活动中不同阶段和不同情境下的各种利益冲突行为作分类阐释。

11.2.1　研究实施中的利益冲突

　　这里指科研人员在研究实施中过分顾及自身的利益，从而侵害到他人利益，

---

　　① THOMPSON D F. Understanding financial conflicts of interest [J]. New England Journal of Medicine, 1993, 329(8): 573-576.

　　② 周颖, 王蒲生. 同行评议中的利益冲突分析与治理对策[J]. 科学学研究, 2003(3): 298-302.

违反职业道德和行为规范的现象。这种利益冲突通常表现在实（试）验对象的选择、实（试）验的设计、病例的选择、数据的分析处理方法等方面。

这方面的典型案例便是杰西·基辛格（Jesse Gelsinger）事件。出生于1981 年的杰西，是第一位被公开确认死于基因治疗临床试验的人。杰西在很小的时候便被确诊罹患一种肝脏遗传疾病，其缺乏编码鸟氨酸转氨甲酰酶的基因。这种疾病通常在患儿刚出生时便足以致命，但杰西的疾病症状较为温和，因为致病基因仅在体内的部分细胞中出现。即便如此，杰西仍然需要通过限制饮食及服用特殊药物来维持生命。1999 年，杰西作为受试者加入了宾夕法尼亚大学开展的一项临床试验，该试验旨在治疗出生时即有严重疾病的患者。随后，根据实验安排，杰西被注射了一种携带校正基因的腺病毒载体。然而，杰西对腺病毒载体产生了强烈的免疫反应，突发多器官衰竭，经紧急抢救无效死亡。

事后，美国食品和药物管理局对该事件进行了详细调查。结果发现，参与试验的科学家，包括共同研究员、彼时的人类基因治疗研究所所长詹姆斯·威尔逊，受到有经济利益冲突的干扰。如果试验取得一定成果，威尔逊本人将从中获得经济回报，而这便导致了受试者个人的生命安全健康与研究者所获利益之间的冲突。由于符合标准的志愿者人数不足，杰西虽不符合试验标准，却被招募入组；且该项目课题组隐瞒试验风险，未向杰西本人以及相关的伦理审查机构报告基因治疗的毒性反应，也未披露动物试验阶段曾出现过死亡病例，诱导杰西用药并致其死亡。杰西事件对在该领域工作的科学家来说是一个严重的挫折，其导致美国所有的基因治疗试验一度停止。[①]

还有一案例是关于一种抗糖尿病和抗炎的药物——曲格列酮。该药物于 1983 年获得专利，1997 年获准用于医疗用途，但在三年后被证明与数百名患者的肝功能衰竭有关而退出市场。曲格列酮这种新型糖尿病药物为其

---

① WILSON R. The death of Jesse Gelsinger: New evidence of the influence of money and prestige in human research[J]. American Journal of Law & Medicine, 2010, 36(2-3): 295-325; EMANUEL E J, GRADY C C, CROUCH R A, et al. The Oxford textbook of clinical research ethics [M]. Oxford : Oxford University Press, 2008: 110-120; SIBBALD B. Death but one unintended consequence of gene-therapy trial[J]. CMAJ. 2001, 164(11): 1612.

制造商带来了巨大的经济利益，因此社会各界广泛怀疑制造商故意忽略了临床研究阶段有关肝毒性的报告。负责评估该药物的 FDA 流行病学家 David J. Graham 博士称，这种药物可能与 430 多例肝功能衰竭有关，而服用曲格列酮的患者发生肝功能衰竭的风险要高出其他患者 1200 倍。[①]这个数字之庞大不容忽视，然而制作商和 FDA 都称"未发现"。并且，FDA 仍然表示该药物是否是所有肝损伤报告的唯一原因尚不清楚，因为"在一些报告的病例中存在混杂的医学因素"[②]。据报道，参与测试曲格列酮的科学家中有一半以上从其制造商处获得了资金或其他补偿。[③]

11.2.2　研究成果涉及的利益冲突

科研人员由于受到利益影响而得出有偏倚的结论，背离科学客观性的原则。有关这方面的利益冲突事件较多，而且集中在生物医学领域。

科研人员很可能获得对试验结果有重大兴趣的行业或组织赞助。行业赞助的经济利益可能会影响研究结论，从而得出有利于该行业利益的结论。譬如，在对含糖饮料和体重增加之间关系的经济利益冲突和报告偏见的研究中发现[④]，得到食品或饮料公司赞助的研究，更可能得出含糖饮料不会导致体重增加的结论。这种差异可能是科研人员的利益冲突，导致在设计、分析或解释研究结论时出现潜在偏差。又如，《欧洲呼吸杂志》（*European Respiratory Journal*）曾于 2020 年 7 月刊发一篇对墨西哥确诊 COVID-19 病例的分析研究，研究结论中声称，"与不吸烟者相比，目前吸

---

① WILLMAN D. The rise and fall of the killer drug Rezulin[EB/OL]. (2000-06-04)[2022-09-07]. https://www.latimes.com/archives/la-xpm-2000-jun-04-mn-37375-story.html.

② FISHER L M. Adverse diabetes drug news sends Warner-Lambert down [EB/OL]. (1997-11-04)[2022-09-07].https://www.nytimes.com/1997/11/04/business/adverse-diabetes-drug-news-sends-warner-lambert-down.html.

③ JOHNSTON J, BRUMBAUGH B. Conflict of interest in biomedical research and clinical practice [EB/OL]. (2002-06-03)[2022-10-15]. https://www.thehastingscenter.org/briefingbook/conflict-of-interest-in-biomedical-research/.

④ BES-RASTROLLO M, SCHULZE M B, RUIZ-CANELA M, et al. Financial conflicts of interest and reporting bias regarding the association between sugar-sweetened beverages and weight gain: a systematic review of systematic reviews[J]. PLoS medicine, 2013, 10(12): e1001578.

烟者被诊断为新冠肺炎的可能性低 23%"。此研究于次年 3 月被正式撤稿，主要原因便是作者未能披露其潜在的利益冲突关系。据撤稿声明所言，至少有两位作者未披露其利益冲突，一位长期以来为烟草行业提供专家咨询，而另一位则是无烟组织的首席研究员，而该非政府组织则由烟草公司间接资助。编辑表示，该研究论文涉及同烟草行业间的利益冲突关系而未予披露，这直接违背了期刊的办刊宗旨，必须予以撤稿。①

科研人员也可通过不恰当地公开研究结果，比如延迟或者限制此类结果的发布，从而直接或间接受益。比尔（Bobby Bill）博士在本科阶段，就在首批证明秀丽隐杆线虫中存在"长寿基因"的实验室中工作。从那时起，他就对寻找生物体基因变体中寿命明显高于平均值的独特基因表达充满热情。在成为独立项目负责人后，比尔把研究重心转移到寻找使果蝇寿命增加的基因表达上。

之后，一家对长寿基因感兴趣的大型制药公司联系到比尔，聘请他担任专业顾问。最初，该公司请求比尔帮助建立一个包含老年果蝇群体在内的研究队列，并协助管理老年果蝇。比尔每年应邀赴该药企实验室 3 次，由药企承担其差旅费并提供约 2000 美元酬金。但是，比尔逐渐变成药企的合作者而不仅仅是顾问。药企邀请比尔加入学术顾问委员会，并赠予比尔价值 12 000 美元的公司股票，同时向比尔的实验室"捐赠"18 万美元用于支付一名博士后 3 年的工作经费，以完成一些合作项目。比尔将其 15% 的精力用于合作，60% 的精力用于美国国家卫生研究院所资助的项目。剩下的时间用于教学和学术委员会服务。之后比尔去药企的频率增加，并常常让其他教职员工顶替他授课。

在公司一次研究会议上，比尔和公司董事会发现，合作研究中出现了一个或可申请专利的产品。该产品能刺激长寿基因的表达，也可能提供一种减缓人类衰老的治疗方式。这个发现将会带来可观的商业利益。药企的学术顾问委员会需要协商是否公布其研究结果，以及如何保护这项研究的知识产权。当谈及哪些利益相关者应该被列入专利申请人名单时，出现了

---

① Retraction notice for: "Characteristics and risk factors for COVID-19 diagnosis and adverse outcomes in Mexico: an analysis of 89, 756 laboratory-confirmed COVID-19 cases."[J]. European Respiratory Journal, 2021, 57(3): 2002144.

一系列问题：名单中是列入比尔还是列入其博士后研究员？专利资助单位是否应该署名比尔所在的大学？是否应注明该项目受到美国国家卫生研究院的资助？比尔认为，尽管他所在高校的研究小组为该项目做出了贡献，但与该产品的直接实验并非由美国国家卫生研究院资助的工作人员（即该博士后）进行。比尔声称自己将晚上和周末的时间和精力都花在公司项目上，因而认为他理应在知识产权上获利。同时，比尔认为既然自己在这段时间里已经完成学校的教学和研究工作，便有理由从所做的其他额外努力中获益。他还觉得博士后虽然参与了该项目，但没有真正为该项目做出任何贡献。①

比尔实际上涉及多重的利益冲突。

第一，比尔在平衡学校本职工作和药企工作的时间和精力上有冲突。比尔在与药企合作前期，应该对可能出现利益冲突有所认知，但他并没有向学校披露过这种利益冲突。

第二，比尔受美国国家卫生研究院和药企双重资助的科研成果产权不明晰的利益冲突。美国国家卫生研究院的财务利益冲突指导方针中明确指出，比尔应该报告他与药企合作所产生的旅行报销、股票和直接付款等经费往来。

第三，科研成果发表和知识产权保护之间的冲突。学术界和产业界对成果的报告形式并不相同。美国国家卫生研究院是使用公共财政资金支持的科学研究活动，其目的更倾向于将成果公开发表，让其他学者和业界能够利用该研究提高行业整体发展水平和社会整体的价值。但是，产业界投资研发的目的是获得商业利益，申请专利并保护知识产权能够保护公司投资研发的热情，也有利于保护良性的自主创新氛围。但比尔接受两种不同性质的资金支持项目开展科研，必然受到掣肘，当出现巨大的个人利益的预期回报时，很难放弃这种诱惑。所以，尽早披露会避免严重的利益纠纷。

第四，比尔及其博士后之间谁对知识产权贡献更大的利益冲突。一方面，比尔的博士后受比尔的指导，但是在实际工作中可能承担更基础的研究工作，更了解研究的细节。另一方面，比尔是促成合作的关键，若无比尔，药企

---

① Case One: Age-Old Conflicts | ORI-The Office of Research Integrity[EB/OL].[2022-06-15]. https:// ori.hhs.gov/case-one-age-old-conflicts.

可能不会和博士后达成合作意向。博士后完成所有的核心工作但只获得了公司三年的固定薪酬待遇，而比尔享受到了专利权带来的巨大商业收益。

11.2.3　成果发表和出版涉及的利益冲突

成果发表和出版涉及的利益冲突，是指科研人员或出版商为了自身利益，延迟论文发表或限制期刊论文传播的便捷性，而损害学术界和一般公众利益的行为。一项发表在 *BMJ Open* 杂志上的研究调查了 130 种不同的医学期刊，其中只有 12% 的顶级医学期刊如《柳叶刀》等要求编辑披露与医学行业的联系。[①]执业医生兼任杂志编辑，有可能获得行业支付，因此应该向读者披露编辑与行业的利益冲突。研究发现，顶级医学期刊编辑团队中将近一半的美国职业医生从行业中获益。[②]

一些学术团体或专业组织本身即依靠会议费或捐款资助成立和运行。如果学术团体或专业组织从捐赠中获得经济利益，那么在满足捐赠者的经济利益与其学术传播之间便可能会有利益冲突。例如，美国营养学会近年来广泛接受了来自各类食品公司的赞助，于是有些会员对其潜在利益冲突表示担忧，担心会影响研究的客观性，进而损害会议或期刊的信誉。[③]

期刊刊发论文也经常出现利益冲突。期刊可能会以单行本的形式，来做面向公众的医药营销或向医生推销医疗产品。期刊单行本的利润率通常高达 70% 左右，假如一篇文章是一个大型行业资助的临床试验，那么期刊可能会因为该文章的单行本收获高达百万美元的利润。[④]期刊甚至会因利益往来而全刊收录某一企业资助的系列研究。譬如，《美国健康行为杂志》

① DAL-RÉ R, CAPLAN A L, MARUSIC A. Editors' and authors' individual conflicts of interest disclosure and journal transparency. A cross-sectional study of high-impact medical specialty journals[J]. BMJ open, 2019, 9(7): e029796.

② WONG V S S, AVALOS L N, CALLAHAM M L, et al. Industry payments to physician Journal editors[J]. PLoS One, 2019, 14(2): e0211495.

③ NESTLE M. Conflicts of interest in nutrition societies: American Society of Nutrition[EB/OL]. (2013-11-20)[2022-09-12]. https://www.foodpolitics.com/2013/11/conflicts-of-interest-in-nutrition-societies-american-society-of-nutrition/.

④ SMITH R. Richard Smith on editors' conflicts of interest [EB/OL]. (2010-11-02)[2022-09-12]. https://blogs.bmj.com/bmj/2010/11/02/richard-smith-on-editors-conflicts-of-interest/.

（*American Journal of Health Behavior*）曾在 2021 年 5 月整本刊发了由 JUUL 电子烟资助的十多项研究，并旨在以此说明 JUUL 电子烟对于烟民戒烟的有益作用。[①]

有鉴于此，国际医学期刊编委会制定了医学期刊的学术行为准则，提出发表、编辑和出版的建议，并规定作者需要披露利益冲突。同时规定，同行评议和出版过程中的所有参与者——无论作者，还是期刊的同行评审专家、编辑、编委会成员，在履行文章评审和出版职责的过程中，需要披露潜在的利益关系。有研究表明，仍有相当多的主要医学期刊拒绝提供其收入中来自广告、再版和由行业赞助的增刊比例。[②]

11.2.4　同行评议中的利益冲突

同行评议的过程中，也存在着利益冲突，而且有多种表现形式。同行评议中的利益冲突，从内容来看，主要包括经济利益冲突、个人利益冲突、专业领域的利益冲突等类别。在同行评议中，利益冲突所可能造成的最直接的危害是影响评审专家、相关工作人员的公正判断，从而造成评审结果、资源分配上的不公。此外，利益冲突还可能消解同行评议中各方主体间的信任关系，为利益寻租、科研腐败创造契机，丑化科学及科学家在社会公众中的形象等。[③]相关的细节我们将在本书第 12 章"同行评议及其规范"中详述。

11.2.5　专业咨询中的利益冲突

科研人员在专业领域具有权威性，常常受邀从事某些事件的仲裁、咨询等工作，凭借其专业知识来做出更为准确可靠的判断。一些科研人员受

---

① American journal of health behavior: Ingenta connect table of contents[EB/OL]. [2022-10-29]. https://www.ingentaconnect.com/content/png/ajhb/2021/00000045/00000003.

② LUNDH A, BARBATESKOVIC M, HRÓBJARTSSON A, et al. Conflicts of interest at medical journals: The influence of industry-supported randomised trials on journal impact factors and revenue – cohort study[J]. PLoS Medicine. 2010, 7 (10): e1000354.

③ 肖小溪, 周建中, 李晓轩. 国外科学基金公正性的制度安排与启示[J]. 科学学与科学技术管理, 2008(4): 41-45.

到本人利益的影响，可能会在此过程中做出倾向性判断，使委托方的利益受到损害。

　　这类利益冲突的典型案例之一是，世界顶级乳腺癌专家何塞·巴塞尔加（José Baselga）博士曾担任某医药公司的董事会成员和顾问，并在 2014 年至 2018 年获得超过 300 万美元的专业咨询费用。在对该医药公司支持的两项临床试验中，何塞曾给予与他人不同的积极评价，而何塞并未在此前披露其与该医药公司间的利益关系与经济往来。同样，何塞发表在《新英格兰医学杂志》和《柳叶刀》等顶级期刊的数十篇研究论文中也从未披露其财务关系。[①]何塞收受赞助的行为，不仅可能影响其专业判断，从而做出有利于赞助方的评判，而且即便何塞恪守公正，其积极评价的可靠性在他人眼中也将大打折扣，这便是利益冲突所造成的最直接的损害。总之，如果科学研究受到外部行业的资金资助，就可能影响对研究设计或临床试验的客观评价，从而影响医疗实践。公开披露利益关系可以让公众、其他科研人员评估相关研究的可靠性，并权衡潜在的利益冲突。

　　咨询过程中的利益冲突所涉利益不仅是经济利益，也包括时间、精力和智力投入等方面。以大学教师为例，部分个人经济收入来自外部咨询、专利或者参与公司创业，但是个人利益不能影响其在高校的履职。如斯坦福大学在利益冲突守则中规定，教职员工应将主要的时间和智力投入学校教育、研究和科研项目之中。大学允许教职员工每季度有 13 天从事校外咨询或其他外部活动，如指导其他机构的研究项目或资金资助项目，超出此时间限度则会予以禁止。[②]除了限制全职教职员工的校外活动时间，还明令禁止其担任诸如首席执行官、董事、副总裁等管理职务，以及在从事外部专业活动时为其他人撰写论文或从事其他学术交流活动等。

---

　　① ORNSTEIN C, THOMAS K. Top cancer researcher fails to disclose corporate financial ties in major research journals[EB/OL]. (2018-09-08)[2022-09-12]. https://www.nytimes.com/2018/09/08/health/jose-baselga-cancer-memorial-sloan-kettering.html.

　　② COI: Conflicts of interest overview[EB/OL]. [2022-09-12]. https://doresearch.stanford.edu/topics/coi-conflicts-interest-overview.

11.2.6 科研机构或科研人员的广告行为

近年来传媒日渐发达，各类学者在媒体上露面的机会也日益增多。学者在媒体上接受专访、做专题报道，借此传播科学知识，提高社会公众理解科学的能力，这本是学者的社会责任，应予提倡和鼓励。然而也有部分学者假借介绍健康、养生知识，推荐医疗美容服务等名义，推介自己公司或与自身利益相关的产品，甚至出现虚假广告，从而引出科研机构或科研人员的广告行为的利益冲突问题。

儿童营养和肥胖预防方面的利益冲突分析是这种利益冲突类型的典型代表。活跃在儿童营养和肥胖预防领域的科学团体和基金会，通过生产和传播知识，培训健康促进、营养和肥胖预防方面的专业人员，制定人口食品指南，积极推动和游说支持健康食品政策，并对其进行监督。但这种活动可能会受到潜在利益冲突的影响，因为这些社会活动和基金会可能是由销售不健康产品的公司所资助。这些冲突会给科学研究带来偏见，并影响专家在制定建议和指南时的独立性。①

例如，一些西班牙科学基金会与食品行业的建立广告合作，为不健康的产品提供支持。研究发现，2010 年至 2016 年，西班牙共有 74 个健康组织获得可口可乐的资助，总投资额超过 600 万欧元。其中营养和心脏病学会获得的资金支持最高。在相关的 20 篇学术论文中，有 14 篇文章的作者的结论与可口可乐的营销策略一致，以维护可口可乐的商业利益，将肥胖的主要原因归结为缺少运动和久坐，而非碳酸饮料，并忽视了其可能导致的高血压、卒中、冠心病和龋齿的风险。可口可乐还在西班牙招募了一位世界知名的心脏专家，该专家是某民众健康生活教育的基金会主席。②专家和汽水行业之间的伙伴关系，被视为该行业为保护其利润而采取的"营销策略"。

医生在临床实践中的主要职责是保护生命、维护患者身心健康、治疗

---

① GUZMÁN-CARO G, LÓPEZ F J G, ROYO-BORDONADA M Á. Conflicts of interest among scientific foundations and societies in the field of childhood nutrition[J]. Gaceta Sanitaria, 2021, 35(4): 320-325.

② REY-LÓPEZ J P, GONZALEZ C A. Research partnerships between Coca-Cola and health organizations in Spain[J]. European journal of public health, 2019, 29(5): 810-815.

疼痛和缓解疾病。医生或生物医药领域的科研人员，往往有独特的机会，通过和企业合作研发医药、医械类产品来改善患者的医疗体验。但同时医生与企业间的经济利益往来也可能有碍于其公正地行使自己的职责。例如，个别医生在收受企业回扣后，将其相关药品推荐给患者，或者多为患者开具相关药品，这类行为必须杜绝。医生与企业的合作必须在高度诚信和透明的氛围中开展。此类科研人员应该完全公开与生产、制造或提供医疗设备、药品、生物制品、诊断或其他医疗照护相关产品的公司的财务关系，尤其是当这些产品可能用于他们所治疗或研究的目标患者群体时。如医生开具某公司生产的、获监督管理局批准或未批准的处方药，医生使用该公司制造或提供的医疗器械或植入物（如人工耳蜗、心脏支架等），医生将患者转介到与其有经济关系的医疗机构，医生参与评估该公司生产或提供的产品。如果出现临床照护上的冲突，应该向科室或上级主管医生披露并接受审查。①

学术期刊的广告也涉及利益冲突。许多学术期刊都刊登广告，一项研究发现，期刊中广告收入的比例从 1% 到 50% 不等。2017 年一项针对美国较有影响力的开放获取期刊的研究发现，一半的编辑收到过来自相关行业的财务费用支付。另一项采用不同样本的研究发现，有三分之二的编辑获得过行业财务费用支付。例如，依赖昂贵设备的专科（如心脏病学、骨科）和关注慢性疾病的药物治疗的专科（如内分泌学）的期刊编辑会获得更高的财务费用支付，这些支付大多源于广告。期刊应该考虑此类广告收入可能会影响公众对已发表的研究的信任程度，并应该披露是否有利益冲突行为。②

11.2.7　科研管理中的利益冲突

科研管理涉及项目设立、申请、评审、汇报等多方主体，尤其是在科学基金项目评审中，利益冲突风险十分普遍，这些风险甚至会对多方利益造

①　GASPARINI M, TARQUINI D, PUCCI E, et al. Conflicts of interest and scientific societies[J]. Neurological Sciences, 2020, 41(8): 2095-2102.

②　LIU J J, BELL C M, MATELSKI J J, et al. Payments by US pharmaceutical and medical device manufacturers to US medical journal editors: retrospective observational study[J]. BMJ, 2017, 359: j4619.

成严重损害。举例而言，曾有科研人员在申报科学基金项目过程中，通过电话联系可能的函评专家，随后又通过邮件向该专家发送由自己拟定的对申请项目的评语，干扰评审行为，破坏了科研项目申请评价的公平性。

高校或公司的行政管理人员，在从某机构购买商品或服务时（如测试药物、识别或诊断等），或向该机构提供商品或服务时，因为直接参与或有权影响购买决策，也可能会造成利益冲突，这些情况都应当提前披露或接受审查。

还有的科研人员会选择以行贿方式获取科研项目，科研管理人员此时可能无视公共利益，只顾追求私人利益而收受贿赂。譬如，某科研管理工作人员就曾在项目审批时提前透露其重点资助计划，提供科研项目信息以供行贿者做申请准备。

11.2.8　人才培养中的利益冲突

高校的科研人员尤其是具有导师资格的教师，其主要职责是教书育人。斯坦福大学规定，教师在给予学生教育和指导时，学生的研究性质、培养方向等，应该由学生的学术利益来决定。[①] 教师个人经济利益不应该影响人才培养的公共职责。

在高校或其他研究机构中，教师因利益冲突可能导致以下不当行为。一是强制学生在自己创业或合作的公司实习而不考虑学生的兴趣和意愿；二是在教学中强行将自己的著作或作品用作参考资料；三是当向学生或公众提供教育活动或演讲时，应该披露与其有关的任何个人经济利益；四是合作发表论文时署名排序不当，如有教授不顾实际情况，自认课题思路、实验设计、论文修改都是他的贡献，必须作为第一作者。

此外，公司/组织的财务利益可能造成与教育机构职责有关的利益冲突。如果某公司/组织为学校教职员工的学生、研究生、博士后、实习生给予财务支持，提供教学用品（不包括教科书）和设备，制作或推销教师感兴趣的远程学习服务资料，支持教师以讲师、演讲者的身份参与教育活动

---

① COI: Conflicts of interest overview[EB/OL].[2022-09-12]. https://doresearch. stanford. edu/topics/coi-conflicts-interest-overview.

或网上教育项目，等等，都需要向学校院系负责人或学术伦理委员会等的管理人员披露，并接受审查，确保这些利益不会对学生产生负面影响。

11.3　利益冲突的处理方式

利益冲突的处理方式，主要是对利益冲突的严重程度进行判断，并根据严重程度做出当事人是否披露和回避的决定。

11.3.1　披露

纵观国内外各大研究机构、基金组织对于利益冲突，使用最多也是最有效的治理方法，莫过于利益冲突披露。它是指为了防止利益冲突对同行评议产生有害影响，评审委员会要求评审专家参与同行评议之前披露自己的利益冲突。

所谓披露，是指评审专家有义务根据评审委员会提出的利益冲突标准（这种利益冲突标准因国家、机构以及评审对象不同可有所差异），将自己有可能涉及利益冲突的社会关系与经济关系告知评审委员会，然后由领导小组或相关委员会负责甄别，并指导评审委员采取不同的应对措施。由于披露可能牵涉到个人隐私，因此这种告知并非公之于众，而是由评审委员会掌握并为之保守秘密。

通常的操作步骤是，委员会确定评审委员名单后，即把可能的利益冲突列表分发给每个委员。如果同行评议专家确认自己不存在列表中的利益冲突，则应当签署一个声明，声明自己不存在利益冲突。对于同行评议专家而言，有两种选择：要么承认自己有利益冲突并披露、告知；要么确定自己没有利益冲突并声明。这种做法的好处是责任明晰，一旦查出应披露而未披露的利益冲突，当事人将被视为不诚实行为而受到查处。这套规则和方法，已经在大量的基金管理机构中采用，如美国国家科学基金会、美国国家海洋与大气管理局、美国航空航天管理局、加拿大国家科学与工程研究理事会等。

为帮助可能存在利益冲突者能够快速、明确地确定自己是否具有利益冲突，一些期刊还制作了问卷式的表格，让作者、评议者和编辑逐一核对，以明确其是否具有潜在的利益冲突。

11.3.2 回避

除披露之外，回避也是常用的处理利益冲突的手段。

回避包括两种。一种是同行评议专家的回避。当评审管理机构认为同行评议专家的利益冲突可能影响到其判断的公正性时，会让同行评议专家回避该项目的评审，甚至回避全部同类项目的评审。评审管理机构对于利益冲突的评估有大致的标准，在拿不准时也会召开委员会集体会议讨论决定。

另一种是被评议者的回避。当被评议者认为某些评审专家可能会对自己的项目或论文有不公正看法时，可以向评审机构提出回避，即避免其项目或论文被该专家评审。这种评审方法在一些期刊中常被使用，例如 *Science* 和 *Nature* 等杂志均采用这种方法。不过，一般被评议者提出的回避名单都有数额限制，防止出现回避人数太多而无法找到合适同行的情况。这种被评议者的回避能够在一定程度上有效地避免上文所提出的负向利益冲突，是一种值得推广的好办法。

并非所有的利益冲突都需要回避，但当事人应该披露所有已知的可能利益冲突。如果评议者和被评议者之间存在拐弯抹角的利益关系，而这种关系并不足以影响到评议者的判断，或者对评议者判断的影响微乎其微，则这种利益冲突无须回避。至于这种利益冲突对于评议者影响的程度，则交由评审管理机构来判断，国外一般通行的有两种方法。

一种方法是，把所有可能的利益冲突情形硬性地归入不同轻重程度的类别之中。在实际操作中，利益冲突的严重性并无特别固定和精确的等级划分，也没有形成一致的标准，往往依赖于相关的伦理委员会或其他类似组织的成员的经验判断。西方通行的做法是，将利益冲突划分为两到三个强弱等级，不同的等级有不同的处理方法。比如将利益冲突分为两个等级，面临较强的利益冲突时，将会把项目申请转交给另外的评审小组；如果利益冲突不算严重，那么具有利益冲突的同行评议组成员在评议该项目时离开房间即可。

另一种比较通行的做法是仿效英美法系中的判例制度。对于每一宗利益冲突案件，委员会给出相应的处理方法，然后其档案就会被归档，以供后来者参考。以后再遇到类似的问题时，可以首先查阅从前类似的判例。判例对利益冲突的处理往往具有决定力，这种方式也可以保证对于利益冲突处理的公正性和连贯性。比如加拿大自然科学与工程研究委员会的做法即是如此。加拿大自然科学与工程研究委员会具有非常完备的判例数据库，而判例数据库也会随着时间推移而日趋完备和精密。

11.3.3　利益冲突的判断标准

在评议活动中，要对利益冲突的严重程度加以判断。判断利益冲突是否严重的标准有两条，一是当事人的专业判断受该利益冲突影响的程度；二是这种影响对于公共服务政策评议活动的危害程度。据此可将利益冲突划分为严重利益冲突和轻微利益冲突两大类。其中，可能严重误导评议委员判断的，属于严重利益冲突。

综合国际上重要科研机构对于利益冲突的规定，以下所列情形都属于严重利益冲突。

（1）评审专家是被评政策的制定者或被评项目的实施者，或者在最近 5 年里，评议委员在被评项目的单位担任行政职务或顾问，以及一切形式的对公对私的雇佣或服务关系。

（2）评议委员与政策制定或实施部门之间存在任何形式的购买或出售关系、出租或租借关系；任何经济合同、转包合同、授予许可的关系。

（3）所评议项目的实施或成功，将会给评议委员带来显而易见的利益收入或利益损害。

（4）评议委员公共政策相关部门领导或政策制定或实施的直接责任人存在亲属关系，比如夫妻、父子（母子）、兄弟姐妹等；或者存在其他可能影响到评议结果的关系，例如同学或比较亲密的私人友谊关系等；或者存在私人恩怨等。

轻微利益冲突是指尽管存在着利益冲突的关系，比如评审委员专家与被评政策或项目之间存在道德、伦理、宗教等方面的异议、异见，但这种关系并不足以影响当事人判断，或者对当事人判断影响极轻微。如果评审委员对于自己所处境遇是否有利益冲突存在疑问或感到难以把握，可请求领导委员会和同行评议办公室解答。领导小组拥有对利益冲突严重程度分类的最终解释权。

11.4　国外科研机构有关利益冲突的政策模式

11.4.1　自上而下模式

美国是世界上科研机构最多，科学研究和管理活动最活跃的国家之一，科学活动中的利益冲突问题自然也就更复杂更尖锐。因此，分析和研究美国科研机构的利益冲突政策，也更具理论和实践上的借鉴意义。

美国对于利益冲突的规范大体上可分为三个层次，联邦级别、州级别和各个研究机构级别。联邦级别通过联邦法案和公共卫生署的政策进行规范，州级别通过非营利组织立法的形式进行规范，而各个研究机构则制定适应本机构情况的利益冲突准则。①

美国联邦政府下属的公共卫生署制定了一个行政法规，用以规范研究基金和合作研发（主要是针对健康、医药和人类研究）中的同行评议。它要求所有科研机构必须制定利益冲突规范，作为接受联邦科研资助的必要条件。所有接受联邦科研资助的研究机构，均应实施全面措施，防止其雇员、顾问以及管理层利用其职务之便谋求私人利益。研究机构制定的这些措施必须明确指出外部的活动、关系和经济利益哪些合适，哪些不合适，还应责成专门行政机构来实施管理，对于违反利益冲突的行为将做出相应的处理。该法规还对同行评议中的利益冲突做了详细的规定。该法规指出，如果评议专家组成员本人或其配偶、子女、父母、合伙人等，在所评议项目中有经济利益或担任职务，那么评议专家组成员必须回避。

对于基层的科研机构而言，因各个机构性质和职能不同，有关利益冲

---

① WITT M D. Conflict of interest dilemmas in biomedical research[J]. Journal of American Medicine Association, 1994, 271(7): 547-551.

突政策的内容及详略程度也可以迥然相异。

如前所述，美国对于利益冲突的规范大体上分为联邦、州和研究机构三个层次，在制定有关利益冲突的政策时采取自上而下的模式，即先在国家层面制定利益冲突的法律法规作为指导性政策，然后不同科研行业协会或部门以此为基础，进一步制定更为详细具体的科研管理规范；最后科研机构或大学再根据以上两个层次的政策为指导，制定适用于各自具体情况的细则。

由于经济、政治和文化等多方面与美国联系紧密，加拿大、澳大利亚等国家也采用这种自上而下的模式，即以政府权威机构或部门立法为主导，建立多层次的利益冲突管理体系。例如，加拿大卫生研究院、加拿大自然科学与工程研究委员会和加拿大社会科学与人文研究委员会三个权威部门于 2014 年联合发布的《三大理事会政策声明——涉及人体研究的伦理指南》中第七章"利益冲突"部分，详细说明了加拿大权威部门关于利益冲突的政策规范，其内容类似于美国相关政策文件。

澳大利亚政府、澳大利亚国立卫生医疗研究委员会和澳大利亚科研理事会也在 2007 年共同出版《澳大利亚负责任科研行为守则指南》作为指导性政策，第七部分为"利益冲突"。[①]此外，经济上受到美国巨大影响的国家和地区，如日本、韩国等在制定有关利益冲突的政策时，也采取自上而下的模式。

11.4.2　自下而上模式

英国、瑞典、芬兰等国家在制定科研机构利益冲突相关政策时，采取相反的自下而上模式。以英国为例，不存在国家层面的科研管理机构及相关强制性法律制度，只有行业协会和研究机构两个层面，仅依靠行业协会和科研机构自身及其联合来建立相应的政策规范。[②]具体而言，是由各个大学和研究机构自行制定自己的规则指南，随着科研不端行为的多样化、复

---

① 张荣国. 澳大利亚国立大学科研活动防止利益冲突的政策实践及启示[J]. 廉政文化研究, 2014, 5(4): 65-69.

② 魏屹东. 科学活动中利益冲突的英美管理模式及其启示[J]. 科学与社会, 2017, 7(2): 70-85.

杂化、综合化，大学和科研机构组成了行业协会来统一制定规章制度，指导科研人员的行为。

在瑞典，2006 年瑞典科研委员会发布了《利益冲突政策》，对涉及利益冲突时的处理程序做了一般性的规范，说明如何防止利益冲突境况的发生。在芬兰，2012 年芬兰科研诚信顾问委员会发布了《芬兰负责任科研指南和科研不端行为处理程序》，其中部分条款为针对利益冲突的政策内容。

两种模式各有利弊。自上而下的美国模式规范性、约束性、权威性强；自下而上的英国模式自由度大、灵活性高。各国在制定政策时，可根据具体国情参考实施。丹麦就是两种模式融合的典范。丹麦在其科研管理活动发展初期，如同其他北欧国家一样，主要以行业协会自治为主，丹麦科学诚信问题委员会于 2009 年 1 月发布的《良好的科研实践指导意见》正是科研协会自治的表现。而在 2014 年 11 月，丹麦高等教育和科学部发布的《丹麦科研诚实守则指南》则表现出融合美国模式的趋势。

11.5　有关利益冲突政策的争议

利益冲突概念从进入科学管理政策的第一天起就受到众多争议，批评、诘难和抵制未曾中断。

第一种批评观点认为，利益冲突政策阻碍了科研人员与产业界的合作。美国国家卫生研究院于 1989 年通过了一份有关利益冲突的指导方针，要求接受其资助的研究计划负责人，都应披露一切经济利益和外部职业行为。而且还特别限定，倘若一项研究结果会对某个公司产生影响，那么这个项目的科研人员就不能拥有该公司的普通股票或期权。此方针一经公开即遭到科学界的广泛批评，认为该方针限制科研人员获得正当的报酬，且不利于大学科研人员与公司之间的合作。在批评的声浪中，该方针实行 3 个月后即行废止。[①]

---

① WITT M D . Conflict of interest dilemmas in biomedical research[J]. Journal of the American Medical Association, 1994, 271(7): 547-551.

第二种诘难认为，利益冲突政策会妨害学术的自主性。《美国医学会会刊》（*The Journal of the American Medical Association*）曾刊发文章指出，采用利益冲突披露政策，不啻在科学研究中推行 20 世纪 50 年代的麦卡锡主义。科学发表物的质量应依据论文自身的价值来判断，而非科研人员的其他信息。因此应当把注意力聚焦于科研人员的成果，而不是他们的个人生活和经济关系。[①]

第三种批评认为，利益冲突政策会伤害学者的自尊心。利益冲突的确是一种诱惑，然而诱惑并不必然导致错误。指明某人存在利益冲突无助于揭示其作品是否诚实，反而能使既无欺骗又无偏见的作者徒生罪恶感。学术界很多专家品行高洁，深孚众望，断不会因私利而损害公义。让这些专家学者披露利益冲突，或者在相关学术活动中予以回避，是对其高尚品德的严重不信任，从而伤害其尊严。

那么，利益冲突到底会不会影响科研的客观性和公正性呢？一些学者对 70 篇关于钙离子通道阻断剂（一种治疗心血管紊乱的新型药剂）的英文论文进行定量分析，用以检验作者对这种药剂的研究结论是否受到制药公司经济资助的影响。结果发现，在肯定该药剂安全性的作者中，96%曾接受过钙通道阻断剂生产商的赞助；而持中立态度者只有 60%，持否定态度的作者仅 37%接受过赞助。另外，持肯定态度的作者，比持中立和否定态度的作者更有可能与其他制药公司发生经济联系，无论该公司生产什么产品。[②]

还有学者分析了 1980－1995 年的 106 篇有关被动吸烟是否有害健康的评论，结果 37%的文章认为无损健康，而其中有 75%的文章作者是烟草公司附属机构或分公司成员。研究还表明，评论文章的倾向性，与文章的主题、发表时间、是否经过同行评议等因素关系不大；与烟草公司有无从属关系则是产生倾向性的唯一因素。[③]

---

① ROTHMAN K J. Conflict of interest: the new mccarthyism in science[J]. Journal of American Medical Association, 1993, 269(21): 2782-2784.

② STELFOX H T, CHUA G, O'ROURKE K, et al. Conflict of interest in the debate over calcium-channel antagonists[J]. The New England Journal of Medicine, 1998, 338(2):101-106.

③ BARNES D E, BERO L A. Why review articles on the health effects of passive smoking reach different conclusions[J]. Journal of American Medical Association, 1998, 279(19): 1566-1570.

大量的研究表明，利益冲突会对科学研究的客观性产生实质性影响。有关利益冲突的政策只存在是否妥当、是否完善的问题，而不存在是否应该制定的问题。[①]合理地处理利益冲突，至少可以防止最坏的结果。

处理利益冲突的一些措施，对当事人还可能有保护作用。不妨作一个假设：某专家在评审基金项目时遇到了自己学生提交的申请书，他可能偏袒自己的学生设法让其中标，但这肯定对其他申请人不公平；他也可能为避嫌而对自己的学生过于严苛，这对学生自然也不公平；即使他真的做到不偏不倚，判断准确，别人还是会怀疑他的公正性，因为师生关系是客观事实。这说明处于利益冲突之中的评议人并非都可能得利，也可能因此受害。当存在利益冲突时，无论当事人做出何种判断，都将令人生疑，这将使他陷入百喙莫辩的尴尬境地。

可见，在承认人们多种社会利益关系的前提下，正确地处理好利益冲突，从程序上保证过程和结果的公正和公平，才是在理性基础上的道德观。

11.6　本 章 小 结

科研人员或受雇于政府部门，或受雇于私人研究机构，直接或间接地承担着公众的信任，应当诚实地向公众发表研究成果，运用其专业知识代表公众做出公正准确的判断，并为公众谋求福利。在行使这种职责时科研人员可以获取个人正当的报酬，但不应得到额外的私人利益。因此应按照利益冲突的政策，审慎地分辨情境中的利益冲突，维护职业、职责所代表的利益，不负社会公众所赋予的信任，也使自己免于因利益冲突处理不当而受到伤害。

---

① 王蒲生，周颖. 美国科研机构的利益冲突政策的缘起、现况与争论[J]. 科学学研究，2005(3): 372-376.

11.7　推荐扩展阅读

魏屹东. 科学活动中的利益冲突及其控制[M]. 北京: 科学出版社, 2006.

魏屹东. 美英应对科学利益冲突的制度与经验[M]. 北京: 科学出版社, 2015.

文剑英, 王蒲生. 社会与社会互动视域下的利益冲突[M]. 北京: 知识产权出版社, 2013.

文剑英, 王蒲生. 科学活动中利益冲突的社会学视角[J]. 自然辩证法研究, 2009, 25(7): 69-73.

第 12 章

同行评议及其规范

    同行评议，即由从事某领域或接近该领域的专家来评定一项工作的学术水平或价值。[①] 同行评议是科学界的一项质量评价机制，具有重要的导向作用。在当代学术界的全部领域，科研人员的声誉、权力、地位、薪酬、科研资源的分配，乃至整个职业生涯的前景，几乎都建立在同行评议的出版物和科学基金体系之上。[②] 因此，同行评议便可借此引导研究的前沿方向与学科的建设思路，使得科学界从整体上保持对重点议题的关注、对卓越研究的认同，不至于偏离其方向。

    不止于此，在科研诚信环节，同行评议亦具有重要影响。负责的评审专家与成熟的同行评议制度，将是科学界严守科研诚信、甄选可靠研究的"守门人"，任何科研不端行为都大概率会被其拒之门外。但是，一旦同行评议出现诚信危机，就将成为新的更为严重的科研不端行为，其危害性较之其他有增无减。在不完善的评价机制下投放的奖励和资源，非但不能带来最优的成果，反而会造出品质最坏的人。[③] 因此，本章将聚焦于同行评议的功能、局限性、不当行为，以及自然科学基金委在此方面所做的改进，以强调同行评议在科研诚信管理中举足轻重的地位。

---

    ① 王蒲生. 完善科学评价机制 谨防科学越轨行为[N]. 科技日报, 2000-12-08(3).

    ② 贾德森. 大背叛：科学中的欺诈[M]. 张铁梅, 徐国强, 译. 上海：三联书店, 2018: 207.

    ③ 王蒲生. 完善科学评价机制 谨防科学越轨行为[N]. 科技日报, 2000-12-08(3).

12.1　同行评议的功能与历史

同行评议已有数百年历史，在科学研究中一直发挥着重要作用。得益于同行评议，优秀的学术成果、科研人才得以脱颖而出，涉嫌科研不端的科学研究不能滥竽充数、混杂其间，科研资源亦能恰如其分地被有效分配与利用。

12.1.1　学术质量的"评判者"

同行评议制度是期刊选文刊发时的重要筛选制度，具有"评判者"的重要功能。期刊是科研成果公开发表的重要出口，几乎所有的科研项目都会将其研究内容与核心结论以论文的形式投递给期刊编委。科学期刊在面对诸多立于科学前沿的研究时，便必须诉诸同行评议，合理筛选出符合期刊要求的、具有较高研究价值的文章，而不是将无限量的文章统统刊载，或是仅凭几人所想妄加评判。

同行评议的"看门人"功能主要源自 1665 年创刊的《哲学汇刊》（*Philosophical Transactions*），该期刊由英国皇家学会主办。这项制度在漫长的历史进程中伴随期刊的变迁而持续演进。直至 1752 年，《哲学汇刊》才成立由学会会员和秘书组成的论文委员会，初步建立针对论文摘要的大同行集体评审制度：英国皇家学会论文委员会决定定期集会审议论文摘要，并以无记名投票的方式来评判论文价值。这项制度变革的目的与其说是控制稿件质量，不如说是主要保护稿件录用决策者个人免受人身攻击。在 19 世纪 30 年代后，《哲学汇刊》方逐步建立起细分领域稿件评审和外部审稿人制度。巴贝奇（Charles Babbage）和格兰威尔（Augustus Bozzi Granville）先后发文，批评《哲学汇刊》的论文摘要评审制度缺乏有效性，建议设置细分领域委员会，并邀请外部专家学者对论文全文做出评价。因此，在 1832 年，会长萨塞克斯公爵（Duke of Sussex）宣布，"一名以上学会会员曾就论文适宜性做出书面报告，并特别送交专门评审专家审查"，是录用论文的必要条件。这也通常被认为是当代同行评议制度正式建立的标志。但实际上，直到 1838 年，英国皇家学会才常设专业委员会，任命相关学科领域的专家顾问，向委员会提交论文评定建议。同行评议也正式从贵族评审、大同行评议转变为小同行（专家）的评审（如图 12.1 所示）。[①]

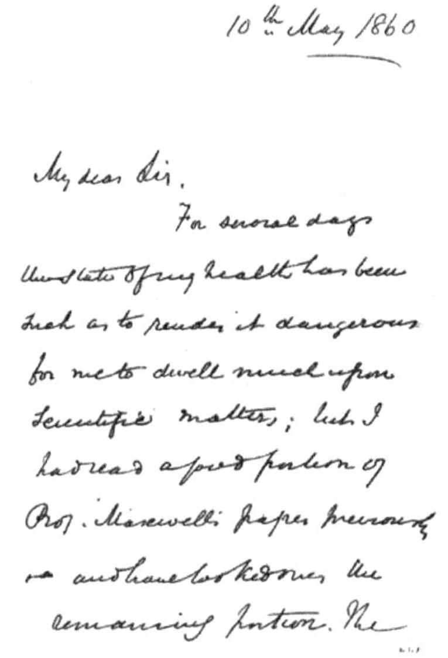
10th May 1860

My dear Sir,
For several days the state of my health has been such as to render it dangerous for me to dwell much upon scientific matters; but I had read a good portion of Prof. Maxwell's paper previously and have looked over the remaining portion. The

图 12.1　小同行评议记录：丁达尔评议麦克斯韦

资料来源：TYNDALL J. Referee report by J. Tyndall on ‘Dynamical theory of the electromagnetic field’ by J. C. Maxwell [EB/OL]. [2021-10-19]. https://makingscience.royalsociety.org/s/rs/items/RR_4_181/3a214a .

作为一种制度实践，伴随科学职业化而演进的同行评议并非单一地延续着其既定目标、功能，其首要目的、主要面向，以及学术界内外对其优、缺点的看法，是在不断变迁的时空与情境中持续变化的，但在今天，仍旧扮演着“评判者”的重要角色。

12.1.2　科研不端行为的“清道夫”

同行评议是学术界的“清道夫”，可以纠正研究中的失误，清除各种形式的欺骗，防止和发现自欺行为和偏见，控制利益冲突，发挥科学共同体的自我纠偏功能。在今日的科学界，同行评议已经不只是关涉文章录用

① MOXHAM N, FYFE A. The Royal Society and the prehistory of peer review, 1665-1965[J]. The Historical Journal, 2018, 61(4): 863-889.

与资源分配的制度，更是发挥着肃清科研不端行为的重要作用，而这是过往历史中所不昭彰的部分。以《哲学汇刊》为例，在 20 世纪 60 年代之前，其同行评议侧重维护英国皇家学会的利益和学会内部人员的声誉。为使其主办机构英国皇家学会避免承担政治和学术声誉责任，《哲学汇刊》于 1957 年前一直维持着不对论文内容真实性负责的立场，并在其扉页上开宗明义写道："不论主题是自然还是人文艺术，论文委员会不对其内容确实性发表任何意见……事实的真实性，或推理的适宜性……这仍然必须依赖其作者的信誉或个人判断。"通过否认学会及其成员对论文内容做出认知判断，英国皇家学会避免了将其声誉与论文的知识、主张建立联系，从而逃避了其应担负的社会责任。但在当前，科研人员，身为"科学的社会契约"终端代理人，其职业活动需要对委托人、社会公众的利益负责。[①]因此，一旦出现涉嫌科研不端行为的事件，科学管理机构有责任、有义务调查清楚，并以同行评议的形式交由领域内专家担负起其责任，施以相对公允的评判与裁决，从而发挥"清道夫"的作用，维持科学界的繁荣稳定。

同行评议能保证科学界稳定运行，不只是维持科学事业有效运转的常规组成部分，更是学术建制的基础原则，及其自主性和自治能力的象征，"无论以何种形式，同行评议始终对科学研究的声誉和可靠性至关重要"[②]。同行评议制度是维系科研人员个人职业生涯和整个科学事业声誉的关键，是授予信誉、分配资源、防范科研不端、确保研究成果的质量和可靠性的核心机制，各个领域专家通过深入、密切的审查，公正地评估研究成果，从而为期刊编辑、资助机构和政府的科研相关机构广泛应用。由于其在当代学术建制中发挥着关键性作用，大部分科研人员深信，同行评议是维系整个科学事业有效运转的基石。

12.1.3　学术资源配置的"指挥棒"

同行评议是学术资源配置的"指挥棒"，可以实现科学资源的优化配

---

① 楚宾, 哈克特. 难有同行的科学: 同行评议与美国科学政策[M]. 谭文华, 曾国屏, 译. 北京: 北京大学出版社, 2011: 7.

② 楚宾, 哈克特. 难有同行的科学: 同行评议与美国科学政策[M]. 谭文华, 曾国屏, 译. 北京: 北京大学出版社, 2011: 27.

置，防止有限的科学资源被浪费。在英国皇家学会制定规范之后的数个世纪中，对论著质量进行评价的"守门人"实践被从期刊审稿系统广泛引入学术界各个领域之中，演变为如今的同行评议制度。[①]同行评议制度令居于相对高层的一小部分科研人员评价其他科研人员的角色，具体指示其生产表现，尤其是在资源分配的环节中，他们要承担起选择受助方、合理分配资源的"指挥棒"作用。

现代同行评议，一般会率先框定资助项目主题，避免各类截然不同的研究共同竞争一个资助名额，在减小环境变量的情况下，提高资助选择的可靠性与确定性。现代同行评议，始于 1937 年美国国家咨询癌症委员会的成立。据其规定，若想获得美国国家癌症研究所资助，学者及其研究必须通过该委员会组织的同行评议，并借此证明其对癌症研究有潜在重大贡献。现代的同行评议也多被用于国家资助项目中，中国国家自然科学基金等项目评审也效法美国，组织专家学者实现小同行评议，以决定资助如何分配。

同行评议的资源配置作用对科学界影响甚大。它有效避免了没有意义的项目却能得到经费，没有价值的成果却能得到嘉奖，不学无术的庸才却能获得高级技术职称和各类学术头衔。[②]在资源有限的情况下，同行评议便可发挥资源配置的重要作用，将有限资源择优分配，以有效避免"劣币驱逐良币"的现象。

同行评议的资源配置作用对科研人员成长影响亦甚大。在资助申请评审中，相对高层的科研人员对其他科研人员的知识生产计划做出前瞻性评价，其评价对后者是否能够获得科研资源权重甚高，在当今竞争日趋激烈的学术界中，这种与资源配置紧密结合的评价显得尤为关键。在论文发表评审过程中，相对高层的同行编辑与审稿人对另一部分科研人员已完成的知识成果做出回顾性评价，其结果则决定着成果能否付诸学术的资源"交换"系统，这是赢得学术信誉的前提。

---

① 楚宾，哈克特. 难有同行的科学：同行评议与美国科学政策[M]. 谭文华，曾国屏，译. 北京：北京大学出版社，2011：9.

② 王蒲生. 完善科学评价机制　谨防科学越轨行为[N]. 科技日报，2000-12-08(3).

12.2 同行评议中的局限性

同行评议目前仍是学术界通用的评审方式，其他评审方式都是对同行评议的补充而非替代。

尽管如此，同行评议自身还是有一些局限性，但这并不意味着要废除同行评议，而是要在同行评议及其管理过程中，尽量避免由于其局限性而导致的评审上的偏差。

12.2.1 专业性与创新性难以评断

同行评议发挥着评价和监督学术活动的重要功能，但其仍有不完善之处。比如由于学科不断分化和交叉融合，出现大量新兴学科，而传统学科中的资深专家，或是因年龄偏大而脱离了科学前沿，难以对新兴学科给出适当评估；或是囿于成见，不能对创新性的思想做出准确鉴定。总结便是，有效性欠佳，专业性与创新性难以评断。[①]

学术界内部意义上的有效性，是指同行评议应能筛选出"质优"的研究，精准评判一项研究的独创性、可靠性和对推动学术前沿的认知价值。由于科学制度性目标在执行层面上存在模糊性，对不同研究领域乃至同一领域内部的"质优"标准的把握均有一定自由的裁量空间，评审专家主观偏好、个人利益和学术立场均可能渗入其行动；近年来科学共同体规模不断扩大，介于"应该入围"和"一定不入围"之间的成果、申请激增，进一步放大了这种自由裁量空间。[②]即便在"质优"标准的内部，独创性与可靠性之间也存在张力，科学知识生产活动本身存在较高不确定性，独创性强的知识成果与其所在领域研究主流相距甚远，项目申请无法得出预期成果的概率通常更大，也增大了其得到负面结果的可能性。

因此，有关资助评审的批评主要集中在评审制度的保守倾向上。科学本是求新的事业，意味着"非正统"的研究计划往往可能带来范式革新，

① 王蒲生. 完善科学评价机制 谨防科学越轨行为[N]. 科技日报, 2000-12-08(3).
② 斯蒂芬. 经济如何塑造科学[M]. 刘细文, 译. 北京: 北京大学出版社, 2016: 136.

但在同行评议下却未必能得到资助。

此外，专家"认知能力"上可能存在的不足，会使得研究成果的专业性与创新性难以评断。一方面，评审专家的"认知能力"可能并不能达到学界先进水平，而且受制于时间、空间、资金等因素，评审方或许又难以打造一支代表学界先进水平的、高质量的、国际化的评审队伍，从而使被评议者的创新之作难以得到准确的专业评价。另一方面，评审专家的"认知能力"是其长期以来所受教育、所行研究的体现，"范式"革新后的创新成果并不易得到"常规"科学家充分而准确的认可。例如，从托勒密体系到哥白尼体系、从牛顿经典力学到爱因斯坦相对论，"范式"革新后的成果并不一定能在第一时间内得到当时专家普遍的认同与接纳。

12.2.2　公正性与客观性难以保证

同行评议最突出的问题是其主观性特征。评审专家的价值偏好、学识修养、心理素质、兴趣爱好、利益关系等因素，会不可避免地渗入评审过程，影响着评审结果。纵然公正原则会要求评审专家一视同仁地做出评价，而将被评审专家的种族、性别、所属院校、个人信誉等与成果或申请内容不直接相关的因素排除，但在实际生活中，这多半难以完全做到。评审者可能会有意或无意地压制他们不喜欢的理论，可能企图阻挠有竞争关系的科研人员或实验室发表成果。同行评议在本质上仍是专家个人意见的表述，与客观性标准尚有一定距离。[①]

学术评价过程固有的评审人"自由裁量"空间为权力运作创造余地。相比于普通科研人员，经验丰富的科研人员更看重稳健性，也更有能力影响同行评议。例如，在资助同行评议时，同一申请主题下，评审专家倾向于选择知名度更高的学者；期刊同行评议中，由不同知名度的学者大约同时做出同一项发现时，知名度高的学者往往被授予该项发现的优先权；不但如此，这种优势还能持续积累、复制，助益既得优势者获取更多社会资源，并在职业生涯中创造进一步优势。此即"马太效应"。马太效应广泛见于学术界中，并深刻影响学术界的信誉、地位与资源分配。评审

---

① 王蒲生. 科学活动中的行为规范[M]. 呼和浩特：内蒙古人民出版社，2016：68.

专家的个人利益关系可能会借由不当行为而影响评审结果，例如收受贿赂、送卖人情。评审专家甚至可能利用与被评审人的不对称关系，明示、暗示被评审人引证自己的研究成果，以换取更为积极的评审意见。当前已有研究关注评审专家利用权责之便强迫被评审人引证的现象。[①]

近年来"双盲"匿名评审和公开评审的推行，有望提升同行评议的公正性与客观性。如上文所言，仅评审专家匿名的"单盲"评审，可能存在评审专家"有意为之"的不公选择，造成评审专家与被评审人的不对称关系。作为替代，以《自然》为代表的学术期刊，开始尝试"双盲"的匿名评审，希冀以此消除基于性别、资历、信誉等的个人偏见。[②]不过，仍有科研人员对此表示质疑，"双盲"并不能完全遮掩住被评审人的身份信息，并且"无意识的偏见难以识别与控制"[③]。因此，部分科研人员更希望以完全公开的开放评审取代匿名评审，通过增加评审专家与被评审人间的开放互动以提高评审的公正性与客观性。[④]总之，虽然"双盲"匿名评审与公开评审孰优孰劣并无定论[⑤]，但随着二者的推行，同行评议的公正性与客观性必将得到一定程度的提升，不过在短期内或仍难以从根本上完全克服与突破这一局限性。

12.2.3　同行评议效率低下的现象

近年来，科学共同体规模不断扩大，科研人员人数及其提交的申请、论文的数量，远高于科研预算和高信誉期刊版面增长数量。由此，同行评议的压力陡然而增，其效率偏低的问题日益凸显。研究显示，在 20 世纪 90 年代，美国国家级基金的资助评审专家每年大约花费 2 个月时间专用于评

① CHAWLA D S. Elsevier investigates hundreds of peer reviewers for manipulating citations[J]. Nature, 2019, 573(7773): 174-175.

② Nature. Nature journals offer double-blind review[J]. Nature, 2015, 518(7539): 274.

③ Nature. Nature journals offer double-blind review[J]. Nature, 2015, 518(7539): 274; PALUS S. Is double-blind review better? [J]. APS NEWS, 2015, 24(7): 5-6.

④ ROSS-HELLAUER T. What is open peer review? A systematic review[J]. F1000Research, 2017, 6: 588.

⑤ 姚玉鹏. 国家自然科学基金的决策机制: 对同行评议工作的探讨[J]. 中国科学基金, 2017, 31(4): 346-352.

审；大约同期，美国国家卫生研究院的年度评审工作总耗时约为 24 万天，相当于 800 名年富力强的评审专家全年全力投入的工作量；接受评审对于申请人来说亦是不小的负担，准备一份标准规格的 20 页申报书，通常要耗费一个星期到一个月时间，况且，为了增大中选概率，科研人员通常要在申报季同时准备多份此类文件。①

虽明知效率偏低，却难以追求效率的显著提升。效率显然同其他诉求存在冲突，资助申请和知识成果若不能提供足够多的论证资料，便难以展示其独创性与可靠性，评审专家也就不得不依赖评审资料以外的信息来辅助决策，这有可能对公正性和可问责性造成不利影响。

开放评审目前也并非扭转效率低下的"良方"。鉴于开放评审的特性，评审专家迫于压力，可能会犹豫并最终拒绝参与评审。并且，开放评审中评审专家与被评审人间的互动，以及期刊评审中可能存在的编辑调解，会导致评审周期更长。②如此而言，目前开放评审并不能完全解决效率低下的困境，且有可能带来新的问题。

总之，同行评议确实耗时甚长，但从结果而言，它对确保学术出版或资助的质量至关重要。③鉴于质量优先的要求，效率低下虽难解决，但同行评议始终是学术评审中最重要的一环。

12.3　"马太效应"的作用及其弊端

学术界中有如此现象：知名科研人员会得到与他们贡献不成比例的丰厚奖酬；不知名的科研人员得到的信誉则会比他们的实际贡献少。普遍的承认与尊敬总是倾向于知名科研人员，而非不知名科研人员。美国著名科学社会学家默顿便

---

① 贾德森. 大背叛: 科学中的欺诈[M]. 张铁梅, 徐国强, 译. 北京: 生活·读书·新知三联书店, 2018: 236.

② ROSS-HELLAUER T. What is open peer review? A systematic review[J]. F1000Research, 2017, 6: 588.

③ SETCHELL J M. Editorial: Double-blind peer review and the advantages of sharing data[J]. International Journal of Primatology, 2015, 36(5), 891-893.

借宗教典故将此现象冠以"马太效应"之名。[①]

这一概念自由默顿提出，就引起学界高度关注。相关学者围绕其外部条件、内在特征和价值取向展开激烈争论。近来相关领域的社会极化研究，以及自然科学学者的强势介入，更是将研究前沿转向马太效应的物理机制和微观过程，在《科学》等国际顶尖期刊发表的系列成果，将马太效应研究推向了全新境地。

科学界的马太效应，实质上就是"优势积累效应"，其核心是学术界荣誉性奖励的自我强化作用。一个人只要获得一项声誉，荣衔桂冠便会纷至沓来。例如，康普顿在获得诺贝尔奖后的 35 年中，得到了 24 个荣誉学位和 10 种其他奖励。马太效应还会与科研人员所在的机构联系起来。在科研基金项目的评审过程中，评审专家通常会认为，那些出自较著名的科学研究机构，以及出自科学声望较高的研究者的项目，也自然会具备较高的研究水平。[②]根据美国科学社会学家柯尔（Cole）在美国的调查，申请者所在单位声望高的项目申请，资助率为 75%，而单位声望低的项目申请资助率仅为 39%。在过去五年内曾获美国科学基金会资助的申请者，再次获资助率为 70%，而第一次申请者的获资助率仅为 40%。[③]

马太效应还是一种"光环效应"。科研人员的学术地位对科研产出有较大助益。某些研究由于出自某个著名科研人员之手，公众乃至学界便可能认同这一研究的重要性。此外，科研人员也总是倾向于引证功成名就者的成果，而忽视不知名科研人员的成果，即使他们的研究有很高价值。"一旦获得诺贝尔奖，终身都是学术界顶层人物"，呈现在他面前的就是一条坦途，以后极难跌回原来的水平或位置。有统计显示，由于积累的优势，诺贝尔奖获得者的论文被引用的次数几乎是一般作者的 40 倍；1965—1969 年选出的诺贝尔奖获得者，在 1965 年的"科学引文索引"（SCI）中，平均每人被引用 232 次，而一般科学论文的作者平均只被引用 6 次。

---

① 《圣经: 马太福音》中有言，"因为凡有的，还要加给他，叫他有余; 没有的，连他所有的也要夺过来"。

② 王蒲生. 科学活动中的行为规范[M]. 呼和浩特: 内蒙古人民出版社, 2006: 80.

③ 吴述尧. 同行评议方法论[M]. 北京: 科学出版社, 1996: 26.

在科学界中，对于造成资源和信誉不均衡分配的马太效应，应作两方面评价。

一方面，马太效应有其存在的合理性。首先，任何社会都有分层结构，每个人都处于不同的地位；处在不同地位的人所获报酬不同，报酬差异取决于这些地位的功能的重要程度，担当此职的人员的稀缺程度。报酬差异能激励人们努力工作，激励有才干的个人进入最适合的职位。因此，马太效应是精英所承担工作的重要性以及他们的特殊才能所决定的。其次，高地位科研人员署名发表成果，其成果认知价值更高，得以迅速地进入学术交流系统，引发同行广泛关注，对科学事业发展具有重要的促进作用，进而提升了提高知识生产和交流系统的运行效率。最后，知名、权威科研人员是科学共同体中的模范，发挥着激励知识生产、引领科学前沿、制定评价标准的作用，强化权威的马太效应便也增强了学术界的价值规范结构和自治能力。学术权威于外部社会和学术界内部树立了耀眼、伟岸的科研人员模范，对外有利于巩固科学事业的合法性与合理性基础，对内则有助于激发其他科研人员继续勤劳刻苦地投入科学知识生产的热情和信心，还有利于减少科研不端行为的发生。

但另一方面，马太效应也给学术事业带来诸多负面影响。首先，马太效应蕴含的优势积累会扭曲科学信誉分配系统和学术评价系统。它使一些人得到的信誉比应得的多，而使另一些人得到的信誉比应得的少。那些在科学共同体中享有名望并已经占有较多资源的研究者，比之于他们的同僚，更有可能在下一轮的资源分配中占据优势，其论文更容易发表，即使这些论文并不见得优秀；其研究计划更容易得到基金支持，即使研究计划并无更高潜在价值。彼得斯（Peters）和塞西（Ceci）曾于 1993 年做过一个实验：他们从较有声誉的心理学家已发表的论文中随机抽取 12 篇，投给大约在两年前发表过这些论文的期刊，结果仅有 3 家期刊指出这些论文已经发表过；而剩余的 9 家期刊的主编和评议者则退回了这些论文。[①]这个实验说明，马太效应会干扰人们做出正确判断，是真实存在的。其次，马太效应不利于科学新人的成长。对于那些初涉科研的新手，公众及学界亦总习惯用一种

---

① KOHN A, PUTTERMAN C. Problems and conflicts in peer review[J]. International journal of impotence research, 1993, 5(3): 133-137.

怀疑的、不信任的眼光看待他们；他们的成果即使再优秀，也往往会遭到冷遇。比如，科学史上，傅里叶、沃特斯顿、孟德尔、伽罗瓦等均有过类似遭遇。相反，已然功成名就的科学家也并非一直都是在科学前沿领域探索的权威。有些前期成果卓著的科学家因年迈昏聩而对新思想嗅觉迟钝，甚至蔽于旧说陈见，成了科学发展的障碍。甚至有些知名学者利用名气，攫取"小人物"的劳动成果，自己了无贡献，却心安理得地在他人的论文上署名，而小人物只能忍气吞声，等待时来运转。不可否认，马太效应在社会和人类心理中根深蒂固，一时无法完全消除。然而，科学界应当努力以学术贡献的大小来分配荣誉和回报，应当远离党同伐异、精英唯上、权威至尊的轨道。鉴于同行评议是学术资源分配的最主要途径，同行评议专家更应当勉力规避马太效应的负面影响，应当恪守公正原则，不慕权威、不惧权威，坚持根据科研成果的价值水平及重要性予以评价。不因学术权威所著，而对其普通成果给予特殊待遇；不因学术新人所述，而对其优秀成果熟视无睹，以此保证科学评价系统和信誉分配系统的良好运转。

12.4 同行评议中的不当行为

12.4.1 同行评议中的利益冲突

同行评议中的利益冲突，是指在同行评议过程中评审专家与被评审者之间因利益关系而存在的一种非正常现象。当评审专家的专业判断可能被专业判断之外的次要利益（如经济收益）影响时，就说明有潜在的利益冲突。虽然某种关系或活动的存在并不一定会影响同行评议的可靠性，但潜在的利益冲突确实会削弱对评审结果的信任。[①]因此，评审专家应当遵守相应规范，披露其潜在的利益冲突。

同行评议中的利益冲突，根据其内容可分为经济利益冲突、个人利益

① ICMJE. Recommendations | Translations[EB/OL]. [2022-11-05]. https://www.icmje.org/recommendations/translations/.

冲突、专业领域的利益冲突等类别。

经济利益冲突是同行评议中最易出现、最应避免的冲突形式之一。美国国家研究院曾对经济利益冲突有较为详细的定义，其可能体现在就业关系、咨询关系、投资利益、知识产权利益、差旅费用、研究经费及支持等方面。[①]

经济利益冲突主要可分为三类。

首先是研究资助。譬如，评审专家近期所开展的科学研究，可能得到与该成果有利害关系的组织资助，从而涉及潜在的利益冲突。此时评审专家在评审同一组织所资助的科研项目，或评审有损于该组织利益的科研项目时，便可能做出不公正的评审结果。

其次是工作关系。评审专家在同行评议外，通常身兼数职，其工作、兼职所在的任何组织都可能与其形成利益冲突。譬如，评审专家可能兼任某企业的顾问、董事等职务，其在评审与其企业利益相关的科研项目时，便很难做出公正的评审结果。

这种"双栖身份"已成为应对利益冲突的一大难题。有研究表明，自20世纪80年代以来，科研人员的职业身份已不再是简单的"教师—学者"的二元构成，而是逐步兼任起企业顾问、董事，乃至老板的职务。彼时，部分院系便有12%～15%的科研人员与生物技术企业签有顾问协议，而一流的生物技术科学家，几乎都与企业有各种各样的关系。[②]无独有偶，在1988年对美国国家科学院的359名成员的统计分析中发现，至少有132名（37%）的科研人员与生物技术企业有各种各样公开的联系。为美国国家科学基金所担任评审专家的科研人员中，尚有近半数有此"双栖身份"。[③]"双栖身份"使得科研人员不仅要考虑科学研究的进程，还必须顾及成果转化、经济效益等。而这也成为可能影响同行评议公正性的潜在风险。想要明辨评审专家的所有社会身份并非易事，而即使评审专家身兼企业职务，亦不能"无缘无故"将其排除在外，当"双栖身份"普遍化后，根绝此类

---

① 魏屹东. 美英应对科学利益冲突的制度与经验[M]. 北京: 科学出版社, 2015: 18-21.

② KRIMSKY S. University Entrepreneurship and the Public Purpose[M]// DEFOREST P, et al. Biotechnology: professional issues and social concerns. Washington D.C.: AAAS, 1988: 38.

③ KRIMSKY S, ENNIS J G, WEISSMAN E R. Academic-corporate ties in biotechnology: A quantitative study[J]. Science Technology & Human Values, 1991, 16(3): 275-287.

利益身份已不可行，美国国家卫生研究院的"利益冲突政策指南草案"的失败便是明证。[1]为避免因"双栖身份"而造成的可能的评审不公，科学基金或许应该更加明确地引导评审专家先行披露自身的企业身份，并依此对其评审效力进行新的深入的分析与决定。

最后是个人的经济冲突。评审专家不应与被评审者及其相关亲友有任何经济往来，譬如收受贿赂等。

对经济利益冲突的判定，在具体实践中常有三类限制。前两类是涉及的经济利益的数额和相关时间，在具体判定中，各机构、组织各有其适用的范围。譬如，北卡罗来纳大学格林斯伯勒分校便要求披露过去 12 个月内的经济往来，或来自企业等的超过 5000 美元的旅费报销。[2]加利福尼亚大学亦要求披露前 12 个月内、超过 10 000 美元的收入和股权等。[3]多长时间、多少金额，需要有大致规定，否则无限期、无限额地追溯经济利益关系，并不现实。第三类则是经济利益冲突包含的主体范围。除个人的经济利益外，还应考虑到与评审专家有实质性共同经济利益者间的潜在利益冲突。譬如，被评审者如果和评审专家的子女、配偶等有经济往来关系，便可能会影响到评审专家自身的公正性。因此，对同行评议中的利益冲突，不仅需关注评审专家个人，还要关注到评审专家的亲友等。[4]个人利益冲突，即涉及个人利益的冲突形式，包括通常意义上的人情关系，如近亲属、师生、同事等，都比较容易被发现以至披露。

不同组织、机构对个人利益冲突所关注的范围也有不同。一般而言，直系亲属与家庭成员一定包含在内，其包括配偶、兄弟姐妹、子女、父母、祖父母等。有时，评审专家、编辑的个人利益冲突还会包括与其有密切私人关系者，譬如朋友、师生等，但一般在明文中不做详细规定，全赖于评审专家、编辑的主动披露。《美国科学院院刊》（*The Proceedings of*

① MAZZASCHI A . NIH and ADAMHA's conflict-of-interest guidelines withdrawn[J]. The FASEB Journal, 1990, 4(2): 137-138.

② UNCG. What-When-How-UNCG Conflict of Interest[EB/OL]. [2022-11-05]. https://coi. uncg.edu/understanding-coi/what-when-how/.

③ UC Berkeley. UC Berkeley conflict of interest [EB/OL]. [2022-11-05]. https://researchcoi. berkeley.edu/comparison.html.

④ 魏屹东. 美英应对科学利益冲突的制度与经验[M]. 北京: 科学出版社, 2015: 18-21.

the National Academy of Sciences，PNAS）曾在 2021 年 10 月将一篇海洋科学领域的论文《全球海洋渔业保护区网络》（*A global network of marine protected areas for food*）撤稿，在撤稿声明中，除了指出作者在数据使用上出现差错外，编辑还特别强调了该文章的责任编辑、美国科学院院士卢布琴科（Jane Lubchenco）出现了严重违背利益冲突规定的行为。[①]首先，在文章刊发前不久，卢布琴科便同该文作者在《自然》上发表了一篇主题相近的论文《保护全球海洋的生物多样性、渔业资源和气候》（*Protecting the global ocean for biodiversity，food and climate*），在这样紧密的利益关联下，卢布琴科仍然选择担任此文编辑，实属不该。其次，卢布琴科和文章作者之一的盖恩斯（Steven Gaines）有深厚的私人关系，盖恩斯不只是卢布琴科的妹夫，博士研究生在读期间还受其指导。[②]卢布琴科未曾披露个人利益冲突之举，不仅成为该文章撤稿的重要原因，而且使她本人也受到严厉的惩罚——自 2022 年 8 月 8 日起，卢布琴科被禁止 5 年内在 PNAS 发表文章，并且还被禁止参与美国科学院和美国国家研究委员会的项目活动，禁止参评美国国家研究委员会的荣誉或奖项。[③]

专业领域的利益冲突，是指评审专家所持的学术观点、知识体系同所评审内容强烈对立，无法提供客观的意见，或评审专家所作研究同所评审内容有明显的竞争关系。在同行评议中，一项科研成果由数名评审专家审阅，如果所审阅成果可能与某评审专家形成竞争关系，评审专家个人的偏见就有可能影响最终的结果。[④]

此外，还有涉及种族、性别等的利益冲突关系。评审专家不能因任何

---

① PNAS. Retraction for Cabral et al., A global network of marine protected areas for food[EB/OL]. (2021-10-26) [2022-11-06]. https://doi.org/10.1073/pnas.2117750118.

② ORANSKY IVAN. Leading marine ecologist, now White House official, violated prominent journal's policies in handling now-retracted paper[EB/OL]. (2021-10-08) [2022-11-06]. https://retractionwatch.com/2021/10/08/leading-marine-ecologist-now-white-house-official-violated-prominent-journals-policies-in-handling-now-retracted-paper/.

③ White House Scientific Integrity Panel draws its own scrutiny[EB/OL]. (2022-08-09) [2022-11-06]. https://www.axios.com/white-house-scientific-integrity-panel-report-758ac1f0-aa68-4566-80c4-3c501d0cc9ed.html.

④ 雷斯尼克. 真理的代价[M]. 蔡仲,韦敏,译. 南京: 南京大学出版社, 2019: 124.

关于种族、性别等的偏见，影响到自己对于科研成果的公正评价。^①

总之，同行评议中的利益冲突现象多种多样，不仅需要评审专家遵循职业伦理、主动披露潜在的利益冲突，还需要科学基金组织等的引导与纠正。

12.4.2　伪造同行评议的现象

伪造同行评议，亦称"操纵同行评议"，是指个别科研人员以编造同行评审专家的形式蒙骗学术期刊及其编辑，以实现自己给自己审稿的科研不端行为。出于增补专家库的原因，部分期刊所采用的同行评议制度允许投稿者推荐专家，这便让一些科研不端者钻了空子：利用知名专家的身份，捏造电子邮件地址，并借此给出有利于论文获得期刊采用的正面评价。^②

伪造同行评议在近些年大有成为国际学术界中最常见的科研不端行为的趋势。例如，在 2017 年，施普林格旗下的《肿瘤生物学》（*Tumor Biology*）便一口气撤稿 107 篇，而其中绝大多数来自中国。^③施普林格曾派代表特地来中国与中国科学技术协会就此展开深入交流。^④这是一个值得警惕的现象。

伪造同行评议利用了期刊审稿中的漏洞。据研究，并非所有期刊的伪造同行评议比率都一样，而是根据其期刊的同行评议程序不同而有所差异。一般而言，部分期刊可能会倾向于让投稿者提交建议审稿人信息，以减轻期刊编辑选择评审专家的工作压力，但个别期刊编辑可能没有完全检查建议审稿人的信息的准确性与有效性，这也给个别科研人员借此获取个人利益留下空间。^⑤例如，韩国东国大学从事药用植物研究的文亨仁（Hyung-In Moon），便曾利用期刊线上审查系统的漏洞，自己注册了多个

---

① 黑姆斯. 科技期刊的同行评议与稿件管理：良好实践指南[M]. 张向谊,译. 北京：清华大学出版社, 2012: 145-146.

② 贾婧. "基于信任的同行评议制度无漏洞，但被人操纵了"[N]. 科技日报, 2015-08-21(1).

③ STIGBRAND T. Retraction Note to multiple articles in Tumor Biology[EB/OL].(2017-04-20)[2022-09-08]. https://pubmed.ncbi.nlm.nih.gov/28792236/.

④ Fake peer review scandal shines spotlight on China [EB/OL]. (2017-04-22) [2021-10-19]. https://news.cgtn.com/news/3d41444d34557a4d/share_p.html.

⑤ QI X, DENG H, GUO X. Characteristics of retractions related to faked peer reviews: an overview[J]. Postgrad Med J, 2017, 93(1102): 499.

虚假的专家账号，以实现自己给自己审稿。《酶抑制与药物化学杂志》（*The Journal of Enzyme Inhibition and Medicinal Chemistry*）的主编发现，所谓的"专家"在 24 小时内便评阅完了文亨仁所投稿的文章，而且评价内容大多为正面，这便引起了编辑的怀疑。对于编辑的质疑，文亨仁没有抵赖，而是坦承自己存在伪造同行评议的行为：期刊邀请作者为其论文推荐潜在的审稿人，文亨仁便伪造了专家的电子邮件地址，借此收到无须验证身份信息的登录邮件，从而实现自己评审自己。①

12.5　评审专家的行为准则

科学是评审专家最首要的行为准则。从过程而言，评审专家需要履职尽责，严格遵守相关行为规范，"坚决抵制评审中的各种违法违纪行为和违反科学道德的行为"；而从结果而言，则是从评审要求和个人专业知识出发，以客观、公正的态度，"从科学价值、创新性、社会影响以及研究方案可行性等方面"，对评审项目给予科学公正的学术判断和评审意见。②

科学的行为准则，对评审专家的能力和道德提出较高的要求，评审专家应是有能力、有道德的科研人员。《国家自然科学基金条例》虽未详列评审专家的聘任标准，却也在其第十三条中点明两大方向，即"具有较高的学术水平、良好的职业道德"③。《国家自然科学基金项目评审专家工作管理办法》则要求评审专家应"具有较高的学术水平、敏锐的科学洞察力和较强的学术判断能力"，"具有良好的科学道德，作风严谨，客观公正，廉洁自

---

① FERGUSON C, MARCUS A, ORANSKY I. Publishing: The peer-review scam[J]. Nature, 2014, 515: 480-482.

② 国家自然科学基金委员会. 国家自然科学基金项目评审专家行为规范[EB/OL]. (2018-01-25) [2022-08-27]. https://www.nsfc.gov.cn/publish/portal0/xxgk/04201/info72703. htm.

③ 国务院办公厅. 国家自然科学基金条例[EB/OL]. (2007-03-06) [2021-11-08]. https://www.nsfc.gov.cn/publish/portal0/tab471/info70222. htm.

律"，以及"有时间和精力参加评审工作"。①不止于此，在欧洲科学基金所列的核心原则中，卓越与适恰对应评审专家所应具备的充分且适配的知识储备，而公正、透明与效率则针对评审专家所应遵循的伦理道德原则。②因此，评审专家的行为准则，应包含做出科学评判的能力与遵循评审工作中的职业道德两个方面。做出科学评判的能力，即强调评审专家有能力对基金项目的价值意义做出科学评判，并主要诉诸个体的时间精力与其专业知识能力是否符合要求。

评审专家应对其评审工作负责任。评审专家有责任检查评审项目是否涉嫌存在违规违纪行为，以及深入评估评审项目的伦理可接受性和潜在的安全风险、伦理问题，上述结果均需及时告知委托方。③

是否有充裕的时间精力对评审专家能否尽职尽责至关重要。科学研究日益蓬勃，资金申请与期刊投稿的数目也与日俱增，因此，评审专家身上背负着越来越大的压力，时间精力所耗甚大。一个好的评审专家应当有充足的时间与精力了解科学基金的相关指南、标准，熟悉评审的流程和各个环节；并认真阅读所评审的相关材料，以对其有一个较为全面客观的认识。由此，评审专家应当评估好自身的时间精力能否胜任，保证有充足时间完成评审工作，在规定的时间内完成评审任务。④然而，即使是最有责任心的科研人员也会有无法承担额外工作之时，对此，于评审专家而言，应及时告知、早做拒绝；于基金管理者而言，也应另请高明，以免贻误或有害于同行评议的有序有质量地进行。

评审专家应当具备同项目申请人专业领域相近的知识储备，并且不存在与其的任何利益竞争。评审专家理应有能力理解申请者或投稿者的全部研究工作，包括其研究预设、基本理论、模型及方法等，并能够根据自身

---

① 国家自然科学基金委员会. 国家自然科学基金项目评审专家工作管理办法[EB/OL]. (2018-01-25) [2022-08-27]. https://www.nsfc.gov.cn/publish/portal0/xxgk/04201/info72722.htm.

② RESEARCH GRANT EVALUATION [EB/OL]. (2019-04-09) [2021-11-08]. https://www.esf.org/grant-evaluation/research-grant-evaluation/.

③ 国家自然科学基金委员会. 国家自然科学基金项目评审专家行为规范[EB/OL]. (2018-01-25) [2022-08-27]. https://www.nsfc.gov.cn/publish/portal0/xxgk/04201/info72703.htm.

④ 国家自然科学基金委员会. 国家自然科学基金项目评审专家行为规范[EB/OL]. (2018-01-25) [2022-08-27]. https://www.nsfc.gov.cn/publish/portal0/xxgk/04201/info72703.htm.

知识储备给予他人研究以较为准确的判断，尤其对其科学价值与未来的潜在应用价值能恰如其分地予以评估。如果评审专家自认其"专业知识不相符，难以做出学术判断"，也应当及时告知委托方。①

大领域中的知名科研人员未必是最适宜的评审专家。"术业有专攻"在今日的科学界尤其如此。伴随着科研领域的不断细化以及研究内容的不断深入，即使是同属于某一大领域的科研人员，也未必能全然理解其他细分领域科研人员所关心的议题、所研究的内容。因此，在评审专家的选择中，仅单纯选择大领域中的知名科研人员，其虽"德高望重""功成名就"，却未必能比小领域的科研人员更加熟知所评审的内容，亦未必能给予最恰当的评断。

公正公平是评审工作中重要的职业道德与行为准则，具体而言，有以下几个方面。

评审专家应尊重申请人。公正的评审理应完全依据研究材料的内容，而非评审专家个人喜好或被评审者的社会身份。因此，国籍、性别、民族、身份地位、地域等任何非学术因素都不应成为影响评审质量、贬低他人研究乃至人身攻击的依据。②

评审专家应保持学术上的客观无偏见。评审专家需秉持公正客观原则，不故意打压、恶评他人研究成果或申请。评审专家应"注重保护创新和学科交叉，重视或包容不同的研究方法和创新的学术思想"，其个人对研究领域与理论观点的偏好与喜恶，都不可上升为非学术性的排除异己，或学术内的先入为主的刻意偏见。③

评审专家应保证评审工作的独立性，能积极主动披露或回避潜在的利益冲突。评审专家应独立评审，在评审期间不仅不得擅自与申请人及利益相关人员联系、干扰评审活动，而且应主动回避各类利益冲突。利益冲突形式多样，或显或隐，需仔细甄别。最常见、最易于辨别的利益冲突莫过

---

① 国家自然科学基金委员会. 国家自然科学基金项目评审专家行为规范[EB/OL]. (2018-01-25) [2022-08-27]. https://www.nsfc.gov.cn/publish/portal0/xxgk/04201/info72703. htm.

② 国家自然科学基金委员会. 国家自然科学基金项目评审专家行为规范[EB/OL]. (2018-01-25) [2022-08-27]. https://www.nsfc.gov.cn/publish/portal0/xxgk/04201/info72703.htm.

③ 国家自然科学基金委员会. 国家自然科学基金项目评审专家行为规范[EB/OL]. (2018-01-25) [2022-08-27]. https://www.nsfc.gov.cn/publish/portal0/xxgk/04201/info72703.htm.

于直接的利益往来，如与申请者或投稿者为近亲属关系①、（曾）互为同事或合作者、（曾）同属于一家高校或研究机构或企业、（曾）接受申请者或投稿者所在部门的资助等。②这种"亲密关系"往往最为直接，也最容易被察觉与提前预防。较为明显的利益冲突还有可能损及客观性的个人信仰等。相较于"亲密关系"的显性利益冲突，以竞争为代表的隐性利益冲突更难甄别。譬如，同一细分领域的评审专家既对其他研究熟知，也存在互为竞争对手的可能。此外，出于个人的偏见、信念，在未曾公开的情况下亦难以被察觉、甄别。

一旦直面利益冲突，便可能出现两类不利后果：因利益联系而造成的"亲密关系"或因利益竞争而造成的"冲突关系"。前者，评审专家可能因私废公，徇私而生偏袒；后者，评审专家则可能有意针对，刻意打压乃至窃取他人所得。不论哪一种，皆是对公正的极大违背，均不应出现，亦难以处理。

当然，在具体的同行评议实践中会发现，某些细分研究领域中的专家数量为数较少，他们多彼此知晓，且常有竞争，倘有可能，就应避免这种利益冲突，比如申请回避、不参与评审。但利益冲突是一种客观存在，在同行评议中完全避开有时确难实现，因此，如无法硬性回避，至少应做到公开披露相关利益。例如，ICMJE 便要求，评审专家必须向编辑披露、坦承自己有无可能影响到评审的利益冲突关系。③至于回避还是继续评审，则可由相关工作人员据披露内容再作决定。

不管利益冲突如何表现，评审专家都不可利用评审之便，为任何单位和个人谋取不正当利益。不论是违规替他人游说，还是向他人索取礼品、礼金、宴请等不正当利益，抑或是借评审专家身份参与有偿商业活动，都

---

① 近亲属关系包括配偶、父母、子女、兄弟姐妹、祖父母、外祖父母、孙子女、外孙子女和其他具有抚养、赡养关系的拟制血亲关系亲属。可参考《国家自然科学基金项目评审回避与保密管理办法》。

② 国家自然科学基金委员会. 国家自然科学基金项目评审专家行为规范[EB/OL]. (2018-01-25) [2022-08-27]. https://www.nsfc.gov.cn/publish/portal0/xxgk/04201/info72703.htm.

③ ICMJE. Disclosure of financial and non-financial relationships and activities, and conflicts of interest [EB/OL]. [2022-10-15]. https://www.icmje.org/recommendations/browse/ roles-and-responsibilities/author-responsibilities--conflicts-of-interest.html.

切不可为。不仅如此，但凡发现有"打招呼"等违规行为，评审专家都应当及时向委托方反映，以杜绝此类行为。[①]

评审工作中的职业道德，还要求评审专家务必在评审工作中按规定保守秘密。

评审专家在审稿中，理应保护接受评审稿件的秘密，不得擅自披露项目相关信息、评审专家名单、评审意见、评审结果等关乎研究项目的信息或者其作者的个人信息。[②]例如，个别评审专家会有意将其与评审项目相关的评论信息发布在网站上，或是向他人透露其评审专家身份与相关项目信息，或是直接与其他评审专家私下交换评审意见，这些皆为违规行为。为避免在无意中泄露这类信息，评审专家应格外关注信息安全，确保计算机存储设有密码保护，且不链接安全情况未知的网络，不轻易以 U 盘、邮件、云存储等形式拷贝转存相关材料，及时删除已阅览、评审的相关材料等。此外，评审专家更应保护申请者的知识产权，不应监守自盗、剽窃其中的思想、理论和假说。

总之，评审专家应当严格遵循其行为准则，认真践行科学、负责、公正、独立、回避和保密的行为规范，以其客观、专业的评审行为，成为弘扬科研诚信、反对科研不端的表率。

12.6　国家自然科学基金 RCC 评审机制改革

针对同行评议所存在的固有局限，自然科学基金委自 2019 年起便把完善评审机制视作科学基金深化改革的三大任务之一，鲜明地提出以"负责任、讲信誉、计贡献"（Responsibility，Credibility，Contribution，RCC）为价值取向的评审机制改革议程，以进一步提高评审专家队伍的整体水

---

① 国家自然科学基金委员会. 国家自然科学基金项目评审专家行为规范[EB/OL]. (2018-01-25) [2022-08-27]. https://www.nsfc.gov.cn/publish/portal0/xxgk/04201/info72703.htm.

② 国家自然科学基金委员会. 国家自然科学基金项目评审专家行为规范[EB/OL]. (2018-01-25) [2022-08-27]. https://www.nsfc.gov.cn/publish/portal0/xxgk/04201/info72703.htm.

平，以及项目评审的公正性、科学性和有效性，并为未来进一步推进评审机制改革开辟道路。

12.6.1　RCC 评审机制简述

自然科学基金委素来以其规范性与公正性而具有良好口碑，并坚持其"依靠专家、发扬民主、择优支持、公正合理"的同行评审原则。[①]科学基金评审的主要环节为通讯评审和会议评审。其中，通讯评审是自然科学基金遴选工作的基础环节，其质量高低直接决定了基金项目遴选的质量。但是，目前尚缺少有效手段对通讯评审专家及其评审行为进行全流程监督和有效评估。[②]

为加大对评审专家的监督力度，增强评审专家自身的责任意识，自然科学基金委自 2019 年起开始设计并推动 RCC 评审机制的改革试点工作。这一改革具有非常重要的意义，其他国家虽有信誉管理尝试，却并未生成完整系统，是故 RCC 评审机制在世界范围内都可称作极具创新性与前瞻性的实践。[③]具体而言，RCC 可作以下解释。

负责任：既包括评审专家对科学基金资助工作的责任，即帮助自然科学基金委择优遴选项目；也包括对申请者的责任，即对申请者完善研究设想和研究方案有所帮助。[④]一方面，评审专家应在评审工作中尽职尽责；另一方面，评审专家也应承担有违于此的不利后果。

讲信誉：指通过系统持续记录评审专家长期参与科学基金评审的负责任状况和效果，激励评审专家在评审工作中注重积累信誉。[⑤]信誉则是其经过长期积

---

① 国家自然科学基金委员会. 2016 项目指南[EB/OL]. (2015-12-10)[2022-04-05]. https://www.nsfc. gov.cn/nsfc/cen/xmzn/2016xmzn/index.html.

② 程惠红, 李薇. 地球科学部 RCC 评审机制试点工作实践[J]. 中国科学基金, 2022, 36(1): 68-74.

③ 周忠和, 赵维杰. 以基金改革追求卓越科学: 专访国家自然科学基金委员会主任李静海院士[J]. 中国科学基金, 2019, 33(1): 1-4.

④ 国家自然科学基金委员会政策局. 完善评审机制 促进负责任评审[N]. 中国科学报, 2020-10-26(4).

⑤ 国家自然科学基金委员会政策局. 完善评审机制 促进负责任评审[N]. 中国科学报, 2020-10-26(4).

累得到学术共同体认可后获得资源、资助和机会以创造价值的表征。

计贡献：指持续测度和记录专家的评审行为，将评审贡献纳入其学术贡献。具体而言，贡献既包括评审专家对自然科学基金委资助决策的贡献，即为科学基金提供详细而明确、具有重要参考价值的评审意见，也包括对申请人科研工作的帮助，即为申请人提供论点明晰、论据充分且具有启发性和建设性的评审意见。[①]

12.6.2 RCC 评审机制改革试点

2020 年，依照国家自然科学基金深化改革任务的基本思路，在管理科学部、化学科学部、信息科学部等，分步骤有逻辑地组织推行 RCC 评审机制的试点（如表 12.1 所示）。

表 12.1　2020 年 RCC 评审机制试点学科

科学部	试点学科	项目类型
数理科学部	A03 天文学	面上项目
化学科学部	B06 环境化学	面上项目
生命科学部	C09 神经科学与心理学 C18 兽医学科	面上项目
地球科学部	D03 地球化学	面上项目
工程与材料科学部	E01 金属材料学科	面上项目、重点项目
信息科学部	F01 电子学与信息系统	面上项目
管理科学部	G02 工商管理	青年科学基金项目
医学科学部	H07 内分泌系统/代谢和营养支持 H13 耳鼻咽喉头颈科学	面上项目

资料来源：完善评审机制　促进负责任评审 [EB/OL]. (2020-10-28) [2022-04-05]. http://mp.weixin. qq.com/s?__biz=MzI5NDU2MDc0OA==&mid=2247490281&idx=1&sn=408f7d63c66c039c8cd8fe7accc1df86& chksm=ec61ac6adb16257c3719820f6987de08f9cb22a05e70730f9e7ca59e8def27b083977591922c#rd.

RCC 评审机制改革试点的总体目标是规范专家评审行为，激励专家负责任地评审，为实现"分类、科学、公正、高效"的科学基金智能辅助评审机制创造条件，从而提高科学基金项目评审的公正性和有效性，切实提

---

① 图解：2022 年"负责任、讲信誉、计贡献"评审机制试点工作[EB/OL]. (2022-03-30)[2022-04-05]. https://www.nsfc.gov.cn/publish/portal0/tab442/info84646. htm.

升科学基金资助与管理水平。

　　RCC 评审机制改革试点方案形成了评审专家信誉记录系统信息核查与交汇机制、RCC 评审机制改革宣传培训机制，并据此坚持正向激励原则、指标简约原则、审慎记录原则、严格保密原则、循序渐进原则等 5 个核心指导方针。①

　　RCC 评审机制改革试点方案的核心是其建构的一套指标，即记录专家当年评审态度及相关行为的负责任指标，测度评审专家当年对资助决策的贡献和对申请人的贡献的计贡献指标，以及记录专家长期积累的评审信誉的讲信誉指标（如图 12.2，表 12.2 所示）。

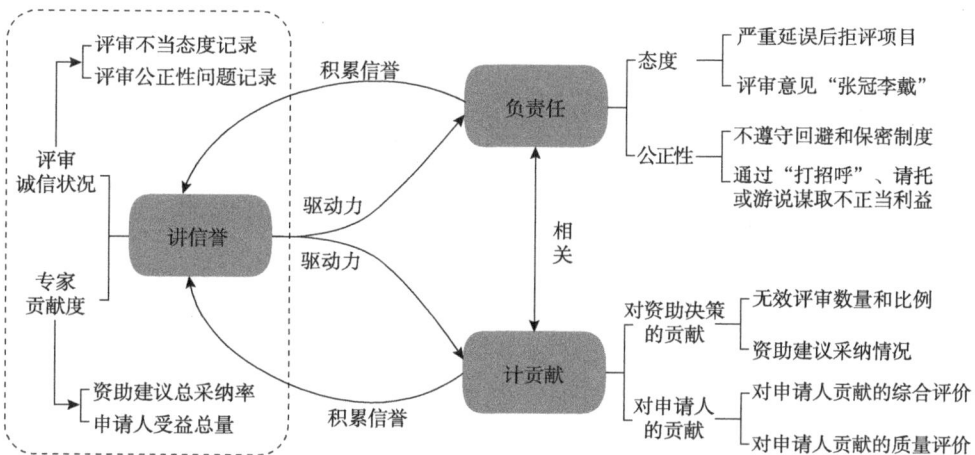

图 12.2　RCC 评审专家信誉记录系统相关指标示意图

资料来源：国家自然基金委员会政策局 2019 年改革政策解读文件

表 12.2　试点阶段 RCC 评审专家信誉记录系统相关指标及采集机制

	指标含义	一级指标	二级指标	采集来源	采集时间
负责任	评审态度及相关行为评价	态度	严重延误后拒评项目	项目主任	年度评审中
			评审意见"张冠李戴"	项目主任 诚信办	年度评审中
		公正性	不遵守回避和保密制度		年度评审后
			通过"打招呼"、请托或游说谋取不正当利益	项目主任 诚信办	年度评审中 年度评审后

――――――――――

① 国家自然科学基金委员会政策局. 完善评审机制 促进负责任评审[N]. 中国科学报, 2020-10-26(4).

续表

指标含义		一级指标	二级指标	采集来源	采集时间
计贡献	评审工作体现的贡献	对资助决策的贡献	无效评审数量和比例	项目主任	年度评审中
			资助建议采纳情况	信息中心	年度评审后
		对申请人的贡献	对申请人贡献的综合评价	申请人	年度评审后
			对申请人贡献的质量评价		
讲信誉	长期参与评审积累的信誉度	评审诚信状况	评审不当态度记录	项目主任	多年度统计（3 年以上）
			评审公正性问题记录	诚信办	
		专家贡献度	资助建议总采纳率	信息中心	
			申请人受益总量		

资料来源：国家自然基金委员会政策局 2019 年改革政策解读文件

RCC 评审机制改革试点主要分为前期宣传培训与评审意见采集两个主要环节，先由政策局、诚信办等部门制订宣传方案与相关材料等，再由各科学部负责落实。

在前期宣传培训环节中，各科学部采用多种方式向高校、院所的科研人员和科技管理工作者宣传和解读 RCC 评审机制改革政策及其实施方案。例如，由学科项目主任试点宣讲，并通过座谈和问卷调查等方式征求意见和建议；或组建由主要依托单位基金管理负责人参加的 RCC 工作微信群，及时宣传和答疑解惑；或编写"RCC 试点常见问答"手册；等等。[①]

在评审意见采集环节中，依旧是由各科学部主导。不同科学部在试点工作中侧重略有不同，但其主要工作大致相当。首先是科学部项目主任实时跟踪通讯评审专家的评审进度，既要汇总评审专家在系统中的操作节点进度，亦要以"点对点"形式提醒评审专家提交意见的截止时间，并在最终另外标注进度逾期、久未返回通讯评审意见的评审专家。其次是由双责任人即学科处长和项目主任及时核查通讯评审意见，对其中的"张冠李

① 程惠红，李薇. 地球科学部 RCC 评审机制试点工作实践[J]. 中国科学基金, 2022, 36(1): 68-74；刘如楠. 地球科学部 "1+4 要点"助力评审更有针对性[N]. 中国科学报, 2020-10-26(4).

戴"者、过于简省者予以退回修改并作记录。①部分科学部则另外组织会议评审专家,从"计贡献"角度匿名评估通讯评审意见,以及向申请人征集对通讯评审意见的"反打分"。②

RCC 评审机制改革试点成效明显,各项目通讯评审意见质量得到明显改进。具体而言,其改革试点成效可以分为以下几个方面。

其一,评审专家对 RCC 改革均有所了解,改革宣传效果尚佳。

其二,通讯评审专家非技术原因拒评比率有效降低,"因工作繁忙"而拒绝者尤其减少。

其三,通讯评审时效性显著提升,延误现象有效减少,评审专家的总体责任意识和积极性有效增强。

其四,评审意见质量有效提高,评语错配、"张冠李戴"情况减少,评审意见整体更具建设性,空话套话明显减少。

12.6.3　RCC 评审机制改革工作中发现的问题及未来改革方向

RCC 评审机制改革试点的过程及其成果,反映出在改革推行的实际中仍存在一些不足之处亟待改进,而这亦是未来改革的重要参考和方向。

其一,需加强 RCC 评审机制的宣传工作。在前期宣传环节,各科学部发现尚存有一定比例的评审专家对 RCC 评审机制理解不深,或并不认可。针对于此,各科学部或可采用现场宣教、短视频宣传、网站宣传等多种手段,帮助评审专家全面且深入了解 RCC 评审机制,并积极吸纳来自评审专家的有益建议。为协助评审专家理解 RCC 评审机制及其对评审意见的具体要求,各科学部或可针对不同项目的学科类别编制评审意见案例库,以供其参考学习。此外,在评审专家的系统中,也可设置关于 RCC 评审机制的前置性宣传内容,强制要求评审专家了解学习后方可进入后续环节。③

---

① 吴刚, 霍红, 任之光, 等. 管理科学部 RCC 评审机制试点效果分析[J]. 中国科学基金, 2022, 36(1): 81-88.

② 程惠红, 李薇. 地球科学部 RCC 评审机制试点工作实践[J]. 中国科学基金, 2022, 36(1): 68-74.

③ 吴刚, 霍红, 任之光, 等. 管理科学部 RCC 评审机制试点效果分析[J]. 中国科学基金, 2022, 36(1): 81-88.

其二，为进一步提升通讯评审的时效性，减少延误可能，各科学部或可丰富其信息通知形式，以"手机短信+电子邮件"等形式提升信息传递效率，以帮助评审专家及时提交评审意见。

其三，在试点过程中发现，尚难以完全避免评审意见"张冠李戴"的现象，究其根本原因，在于评审专家往往会评审多个具有相似内容的项目，容易造成错漏。因此，一方面，各科学部应继续呼吁评审专家在提交评审意见前反复检查；另一方面，也应考虑减少评审专家的评审任务，避免其因高强度工作而有损于其评审意见的科学性与公正性。

其四，RCC 评审机制可进一步明确"责任"与"贡献"的边界，以增加对评审专家的激励，或可设置"优秀评审专家"等制度，以进一步促进科学、公正评审氛围的形成。[①]

12.7 本 章 小 结

同行评议在科学研究体系的运行中处于至关重要的地位，并发挥了遴选优秀科研成果、排除科研不端行为，以及合理分配科研资源的重要作用。

然而，同行评议并非尽善尽美，其仍存在着科研成果专业性与创新性难以准确评定、公正性与客观性难以保证、效率较为低下等一系列难以解决的问题，并可能潜藏"马太效应"的不利影响，以及关乎利益冲突或伪造同行评议的不当行为，而这一切均需得到及时改进与完善。

评审专家为此应严格遵循其行为准则，认真践行科学、负责、公正、独立、回避和保密的行为规范。

自然科学基金委为此已经着手推进 RCC 评审机制改革，其改革试点过程鲜明、成果卓著，为未来的评审机制建设明定方向。

---

① 吴刚, 霍红, 任之光, 等. 管理科学部 RCC 评审机制试点效果分析[J]. 中国科学基金, 2022, 36(1): 81-88.

12.8　推荐扩展阅读

楚宾, 哈克特. 难有同行的科学: 同行评议与美国科学政策[M]. 谭文华, 曾国屏, 译. 北京: 北京大学出版社, 2011.

龚旭. 科学政策与同行评议: 中美科学制度与政策比较研究[M]. 杭州: 浙江大学出版社, 2009.

黑姆斯. 科技期刊的同行评议与稿件管理: 良好实践指南[M]. 张向谊, 译. 北京: 清华大学出版社, 2012.

弗洛德曼, 霍尔布鲁克, 洪晓楠, 等. 同行评议、研究诚信与科学治理: 实践、理论与当代议题[M]. 夏国军, 朱勤, 等译; 王前审校. 北京: 人民出版社, 2012.

第四篇　科研管理与诚信治理体系建设

第 13 章

科研管理者的伦理规范

　　科研管理者是科学系统中的重要组成部分。科研管理是科研活动顺畅进行的必要保障，兼具科学研究与行政管理的复杂特征。[①]科研管理者直接接触和管理科研项目的全过程，既要以促进科研诚信建设为目标行使职责，更要担当模范，坚守职业伦理与行为规范。

　　科研管理者的职业伦理与行为规范包括诚信正直、公开透明、尊重隐私与保密、廉洁自律、专业与公平公正、表率和促进、承担社会责任、规避利益冲突等。[②]具有一般性的职业伦理知识，能够引导和规范管理人员的价值观念与职责行动，构筑科研管理者的公信力长城。

　　科研管理者可划分为不同类别，本章重点讨论依托单位和科学基金管理人员的职业伦理与行为规范。

　　依托单位是科学基金工作的重要依托，负有对本单位申请和实施基金项目进行支撑、协调、服务、监督的管理责任，应当通过科研诚信制度建设、科研管理诚信规范约束、科研不端行为调查处理等，提高基金项目的管理质量，监督和促进科研诚信建设。

　　科学基金机构管理人员兼具行政管理和专业管理的双重角色，负责管理用于资助基础研究、支持人才培养和团队建设的科研资金，又通过专家

[①] 邱超凡. 成果转化需要科研管理人员深度参与 [EB/OL]. (2021-05-12)[2022-05-13]. https://www.cas.cn/zjs/202105/t202105124787776.shtml.

[②] 国家自然科学基金委员会. 国家自然科学基金委员会工作人员职业道德与行为规范 [EB/OL]. (2009-01-05)[2022-05-13]. https://www.nsfc.gov.cn/publish/portal0/tab440/info57506.htm.

评审、择优资助影响资源分配。在众多工作职责中，开展教育和政策引导，正确处理利益冲突，坚守保密和数据保护、资助工作中的诚信，查处科研不端行为是科研诚信建设的关键。①

13.1　科研诚信体系的形成及其演进

在讨论科研管理者的伦理规范之前，有必要先对科研诚信体系的形成与演进做一个系统梳理。科研诚信体系指的是预防、处理和披露科研不端行为的多层次法律法规、政策、制度、专门机构等的集合。对科研不端行为的关注和治理多与各国科研不端案件的发生密切相关。通过梳理世界各国科研诚信体系建立和发展的历史脉络，可以把科研诚信体系的演进过程大致分为美国科研诚信体系、欧洲国家科研诚信体系、科研诚信国际化体系三个重要的发展阶段。②

13.1.1　美国科研诚信体系

对科研诚信的关注与制度化实践的转捩点出现在 20 世纪 70 年代。1974 年，美国从事免疫学研究的萨默林（W. Summerlin）用墨水将白鼠染成黑鼠的造假事件曝光，引起学术界和公众社会高度关注。1989 年，美国设立科研诚信办公室和科研诚信审查办公室，这两个机构后来合并成为科研诚信办公室，目前已成为国际著名的科研诚信治理机构。白宫科技政策办公室于 1990 年成立的多部门联合委员会和美国国会于 1993 年组建的科研诚信委员会，均致力于为联邦政府各部门制定科研不端行为的政策范本。

自 20 世纪 90 年代起，美国主要科研机构和研究型大学相继通过成立科研诚信专门机构，贯彻执行联邦政府及相关部门与机构的政策规范，加

---

① 国家自然科学基金委员会. 国家自然科学基金委员会章程[EB/OL]. (2019-02-26)[2022-05-13]. https://www.nsfc.gov.cn/publish/portal0/tab475/info70230. htm.

② 胡剑, 史玉民. 欧美科研不端行为的治理模式及特点[J]. 科学学研究, 2013, 31(4): 481-486.

强科研诚信建设。目前已形成白宫科技政策办公室、联邦政府部门和基层科研单位相结合的监管体系[①]，该体系为美国科研诚信治理奠定了坚实的基础。

13.1.2 欧洲国家科研诚信体系

20 世纪 90 年代，英国、丹麦等欧洲国家因相继出现较大影响的科研不端恶劣事件，开始逐步构建本国的科研诚信体系。

与美国相似，英国对科研诚信的关注，也是由一起恶性科研不端事件引发的。1994 年 8 月，皮尔斯在《英国妇产科杂志》发表研究报告，称其将孕妇子宫异位妊娠胎位引至正常位置，且该孕妇顺利诞下女婴；并与同事联合发表为期三年的双盲随机实验研究论文，研究结果表明接受激素治疗的女性发生流产的可能更小。这两篇文章引发同行强烈的反响，然而实验的真实性却饱受质疑。在随后的质询过程中，皮尔斯未能提供病例记录、实验对象同意书和实验记录等原始材料。且进一步的调查表明，皮尔斯伪造并篡改了病例记录。[②]皮尔斯伪造数据案在英国产生了强烈震动，为了规避此类作伪事件再次发生，英国医学研究理事会发布生物医学伦理和具体实践行为相关报告，并于 1997 发布《关于科研不端行为指控调查的政策和程序》，这一规范将科研不端行为的调查程序分为质询、证据评估、调查和处理等四个环节，并提出各个环节的具体措施。2006 年，英国成立科研诚信办公室，该机构采取由科研团体共同监督科研诚信的结构。这一结构能够简化冗余工作，明晰各部门职责分工，统一调度资源，有效提高科研诚信治理速度。[③]2008 年，英国科研诚信办公室发布《科研不端行为调查程序》，明确了科研活动应当遵循的基本原则，规范了科研不端行为的调查程序、科研不端审查小组的运作方式及正式调查的流程图等。

1992 年，丹麦成立调查和处理科研不端行为的最高国家机构——丹麦

① 胡剑. 欧美科研不端行为治理体系研究[D]. 合肥: 中国科学技术大学, 2012: 18-19.
② 中国科学院. 科学与诚信: 发人深省的科研不端行为案例[M]. 北京: 科学出版社, 2013: 91-95.
③ 刘学, 张树良, 王立伟, 等. 英国科研诚信体制建设的经验及启示[J]. 科学管理研究, 2017, 35(6): 110-112+116.

科研不诚信委员会，该机构共有三个下属委员会，涵盖了全部科学领域，包括健康与医学科研不诚信委员会，自然、技术与生产科学科研不诚信委员会，以及文化与社会科学科研不诚信委员会。丹麦科研诚信体系与其他国家的最大区别在于，丹麦科研不诚信委员会采用主动型治理体系，主动对有损公共利益、人类和动物健康等的重大科研不端行为展开调查和处理。该机构于 2014 年发布的《丹麦科研诚信行为准则》明确了科研诚信的核心原则和负责任科研行为的基本标准。此外，由该机构出版的《良好科学实践指南》等诚信教育读本，也对促进丹麦良好科研氛围的形成发挥了重要作用。为了更加明确地划分科研诚信监管机构与研究机构之间的责任，丹麦于 2017 年成立科研不端委员会，接替科研不诚信委员会的任务，负责处理丹麦科研不端事件。[①]

13.1.3 科研诚信国际化体系

目前，科学已成为全球共同参与的宏大事业。自进入"大科学"时代以来，随着研究资源投入增多、研究人员数量增加、研究领域不断碰撞，合作成为科学研究的重要形式，国际空间站、人类基因组计划等国际性的合作越来越多。国际合作背景下的科研不端行为，不但会浪费有限的科研资源，还会危及行业信任，严重损害国际化合作模式。为了有效规避上述负面影响的发生，世界各国政府和学术界都在积极探寻科研诚信国际化治理体系。1995 年，医学出版领域成立国际医学编辑协会，这是首个通过国际合作对科研不端行为进行治理的学术领域。该协会旨在推动期刊编辑间的交流沟通与相互学习，培养期刊编辑的科研诚信意识，维持期刊的伦理水准。21 世纪之后，国际组织如国际科学联合会、经济合作与发展组织、联合国教科文组织等，区域组织如欧洲科学基金会等，均采取应对措施，对国际合作研究中科研不端行为的治理予以指导。世界科研诚信大会自 2007 年开始举办，是各国家和地区在科研诚信领域交流经验的重要媒介，聚焦科研诚信面临的新挑战与有效解决方案、研究创新与影响方面的诚信、改进科研人员的组

---

① Ministry of Higher Education and Science. The Danish Committee on Research Misconduct[EB/OL]. (2020-07-20)[2022-07-20]. https://ufm.dk/en/research-and-innovation/c ouncils-and-commissions/The-Danish-Committee-on-Research-Misconduct.

织评估等问题，有力地促进了全球范围内科研诚信的建设。

13.1.4　中国科研诚信体系

中国科研诚信建设及其相关问题开始受关注始于 20 世纪 80 年代。邹承鲁等院士于 1981 年和 1991 先后发表《论科学道德》与《再论科学道德》，呼吁加强学术道德建设。何祚麻院士在反伪科学的同时也曾呼吁加强科学研究的规范。

中国科研诚信的政策规范和组织机构建设始于 20 世纪 90 年代中后期，中国科学院学部（1996 年）、中国工程院（1997 年）和自然科学基金委（1998 年）先后设立中国科学院学部科学道德建设委员会、中国科学院学部科学道德建设委员会、自然科学基金委监督委员会。1999 年科学技术部等制定并发布《关于科技工作者行为准则的若干意见》，明确科技工作者要"以实事求是的态度、严格的要求、严谨的方法对待科研工作"。2007 年科学技术部设立科研诚信建设办公室，并建立旨在指导中国科研诚信建设工作的由科学技术部等二十部门联合工作的科研诚信建设联席会议制度。①同年科学技术部发布《国家科技计划实施中科研不端行为处理办法（试行）》，明确了科研不端行为的具体类目，并就其管理与处罚提供指导性意见。2005 年和 2007 年自然科学基金委分别颁布《对科学基金资助工作中不端行为的处理办法（试行）》和《国家自然科学基金条例》，从项目申请者、承担者与评审者等多主体出发，对科研不端行为提供明确的判定依据与处理意见。2018 年发布的《关于进一步加强科研诚信建设的若干意见》是中国科研诚信建设的第一个纲领性文件。2019 年科学技术部等印发《科研诚信案件调查处理规则（试行）》。2021 年修订的《中华人民共和国科学技术进步法》通过法律形式确立中国科研诚信体系的基本框架，并提出完善科研不端行为预防、调查、处理机制的要求。

随着指导政策的相继出台，越来越多的科研机构开始重视科研诚信建设，将科研诚信教育列为科研人才培养的必修课程和重要环节，部分科研机构还设立专司科研诚信治理的工作小组或科研诚信道德委员会，加强机构内部对

---

① 刘恕. 六部门联手强化科研诚信制度建设[N]. 科技日报, 2007-01-19(1).

科研诚信的监督，同时也逐步推进科研诚信体系建设。

科研诚信体系是依托科研诚信信息系统建立而成的，综合信息收集、信用评价与共享共用的信用管理体系。中共中央办公厅、国务院办公厅印发的《关于进一步加强科研诚信建设的若干意见》等文件提出，建立科研诚信信息系统，记录科研人员、相关机构与组织等的诚信情况，并拟订科研诚信评价指标和方法模型，借助共享应用、分类收集、客观评价的科研诚信信息，为跨部门跨地区的联合惩戒提供支撑。[①]

科研诚信体系能够通过科学共同体内部评价、不端行为界定以及相关信息数据的收集与共享，高效开展科研信用管理。无论是对科学基金管理者，还是对依托单位而言，优化科研诚信管理体系，都有助于破除与科学研究人员、评审专家等的信息不对称，从而构建科研不端的预警机制。

在科研管理中，科研诚信体系的作用在于信用评价与信用管理。信用评价主要涉及的科研主体为项目申请人、第三方服务机构和评审专家。信用管理的内容主要包括科研不端行为的类别及其影响因素，具体如科研立项、实施、成果发表等环节。通过科研信息化建设，有助于完善科研项目信用管理，建立覆盖指南编制、项目申请、评估评审、立项、执行、验收全过程的科研信用记录制度，建立"黑名单"制度，实施科研信用评级和分级分类管理。

科研诚信体系建设是一项需要长期注入负熵的系统。在科研诚信体系的支持下，科研管理组织可以建立公平有效的信用评价体系和奖惩机制，通过失信惩戒和守信激励，促进科研人员遵守科研诚信和伦理规范。一个完整的科研诚信管理及评价体系，有利于构建国家科学研究各个环节的诚信体系，为我国科学技术大发展，为实施创新驱动发展战略保驾护航。

13.2 依托单位的管理要求

依托单位是指从事科研活动、具备组织申请和承担科学基金资助项目

---

① 中共中央办公厅 国务院办公厅印发《关于进一步加强科研诚信建设的若干意见》[EB/OL]. (2018-05-30)[2022-07-13]. http://www.gov.cn/zhengce/2018-05-30/content_5294886.htm.

资质的组织，是科研伦理与诚信行为建设的第一责任主体。[①]依托单位应当发挥支撑、协调、服务、监督的管理职能[②]，满足科学基金机构的注册条件，接受科学基金的监督与指导，提供科研项目申请、实施与结题所需的必要保障，完善组织架构与制度建设，加强科研伦理与科研诚信规范的宣传教育。

依托单位具体的管理职责如下。

（1）组织申请人申请科学基金资助，为申请人提供申请指导。

（2）审核申请人或者项目负责人所提交材料的真实性、完整性和合规性。

（3）提供基金资助项目实施的条件，保障项目负责人和参与者实施基金资助项目的时间。

（4）跟踪基金资助项目的实施，监督基金资助经费的使用。

（5）建立和完善科学基金资助项目的各项管理制度。

（6）定期撰写科学基金资助项目管理报告。

（7）建立常态化的自查自纠机制，制定科学行为规范，严格实施监督管理制度。

（8）配合科学基金机构对基金资助项目的实施进行监督、检查。

（9）加强科研诚信体系建设，共同营造基金项目资助的良好科研环境。[③]

依托单位应主动保障科学基金项目的实施。重视科学基金项目管理工作，健全组织机构、领导体制与管理制度等，保障科学研究工作有序开展；确保科学基金资助项目研究队伍稳定，不得擅自变更项目负责人，不得未经项目负责人同意变更、增加或减少项目参与者；选择责任心强、业务水平高、热心服务于科学技术人员的管理人员从事科学基金管理工作，并保障科学基金管理人员的稳定和管理人员变动时的工作衔接；监督本单位的项目申请人、负责人、参与者、评审专家和管理人员严格遵守科学基

① 科技部 自然科学基金委关于进一步压实国家科技计划(专项、基金等)任务承担单位科研作风学风和科研诚信主体责任的通知[EB/OL]. (2020-07-30)[2022-07-13]. https://www.nsfc.gov.cn/publish/portal0/tab442/info78356.htm.

② 国家自然科学基金委员会. 关于进一步加强依托单位科学基金管理工作的若干意见[EB/OL]. (2018-12-12)[2022-07-13]. https://www.nsfc.gov.cn/publish/portal0/tab434/info74694.htm.

③ 国家自然科学基金委员会. 国家自然科学基金依托单位基金工作管理办法[EB/OL]. (2014-10-14)[2022-05-13]. https://www.nsfc.gov.cn/publish/portal0/tab475/info70264.htm.

金机构的各项规定。[①]

开展科研伦理与科研诚信建设是依托单位的重要工作。在此单独提及科研诚信，旨在强调其重要性。这要求项目负责人或者参与者做好原始记录，定期对本单位的科学基金资助项目的原始记录进行查看；对存在剽窃、弄虚作假行为的资助项目提出变更或者终止的申请；开展科研诚信与伦理规范的培训教育；完善科研不端行为的调查处理程序、要求和处理办法等。

加强科研伦理与科研诚信建设，一方面是依托单位监督和管理项目实施的核心目标之一，另一方面，依托单位本身也要从自身的伦理规范和诚信建设出发，从制度完善、诚信规范建设与不端行为调查处理三个方面着重加强科研诚信建设。

13.2.1 科研诚信制度建设

科研诚信制度建设，即通过政策条文与管理实践，监督和评估科研人员的表现，指导诚信的科研行为。科研诚信制度能够约束项目申请人、负责人、参与者、评审专家和管理人员，为科学基金项目的申请、资助、实施与结题营造良好环境。[②]

建立公平、公正、全面的管理规则及程序，包括建立并持续优化项目申请程序和系统，严格审查项目申请，以指引科研人员真实、合规地提交申报材料；建立合理的评价制度，科学、理性、公正看待学术论文、专利等成果，注重质量和水平。

重视科研伦理和科技安全审查的制度建设。在科研国际化、全球化的趋势中，依托单位及其管理人员应重视高伦理风险活动，组织伦理审查的专职委员会以及管理人员，重点关注和加强国际合作研究活动的科技伦理审查与监管，如生物样本、人类遗传资源等，引导科研人员自觉接受伦理审查和监管。[③]加强生物安全、信息安全等科技伦理审查，防止研究过程对

---

① 国家自然科学基金委员会. 国家自然科学基金依托单位基金工作管理办法 [EB/OL]. (2014-10-14)[2022-05-13]. https://www.nsfc.gov.cn/publish/portal0/tab475/info70264.htm.

② 田文, 岳中厚. 浅谈科研行为规范的管理[J]. 中国科学基金, 2008(2): 77-81.

③ 中共中央办公厅 国务院办公厅. 关于加强科技伦理治理的意见[EB/OL]. (2022-03-20)[2022-05-02]. http://www.gov.cn/zhengce/2022-03/20/content_5680105.htm.

自然、生态和人类健康造成负面影响，防范科技成果滥用。此外，从事生命科学、医学、人工智能等科技活动的依托单位，研究内容涉及科技伦理敏感领域的，应设立科技伦理（审查）委员。

构建客观、独立、规范的伦理审查机制。保障本单位科技伦理（审查）委员会独立开展伦理和安全风险审查，监督项目实施过程。英国国家医疗服务体系下设有 80 多家科研伦理审查委员会，各委员会虽接受来自总部的操作规范与程序指导，但其决策完全独立于任何研究人员、资助者或其他科研管理部门，从而更加客观、公正地担负起区域化伦理审查的职责。[①] 依托单位应保障审查人员能够依据相关法律法规和政策，独立于研究机构、资助者、申请单位，对相关研究的研究计划和实验设计开展伦理审查。

依托诚信制度建设，督促管理人员与科研人员树立良好科研诚信意识与责任感。管理人员要熟悉国家科研诚信制度、法律法规和管理规范，在科研数据汇交、科研成果产出与汇报、学术论文发表、利益冲突规避等重点领域完善制度，严格要求，履行职责，防范和控制科研诚信风险。建立并严格执行科研数据汇交制度，确保本单位科研活动的原始记录及时、准确、完整，保存得当，做到可查询、可追溯；使成果的公开与讨论形成互审机制，预防科研不端行为；督促项目负责人、团队负责人、导师等重视学术成果的真实性、严谨性和规范性。

重视科研诚信制度与规范的宣传、培训与教育，发挥其重要抓手作用。包括：在入学、入职、晋升职称、参与各类科技活动等重要节点开展科研诚信宣传教育；督促项目负责人、研究生导师加强对团队成员、学生的科研诚信教育和管理；把科研诚信情况纳入年度考核、评奖评优等考评系统。剑桥大学便成立了科研诚信研究小组，专门总结和梳理科研诚信、伦理以及相应的不端行为，指导科研人员在项目申请、评审、实施、结题等各阶段符合诚信规范，在此过程中坚持公平公正与隐私保密的职业伦理。[②]

---

① Research Ethics Committee review[EB/OL]. (2018-12-16)[2021-10-19]. https://www.hra.nhs.uk/approvals-amendments/what-approvals-do-i-need/research-ethics-committee-review/.

② University of Cambridge. Research integrity [EB/OL]. (2019-11-12)[2022-05-19]. https://www.research-integrity.admin.cam.ac.uk/guidance-0.

13.2.2 科研管理诚信规范

依托单位是本单位科学基金管理的责任主体,应按照权责一致的要求,强化自我约束和自我规范,从多主体、项目出发,全过程服务、管理和监督科研行为,常态化管理科研诚信,保证科研项目如期按质完成。[①]

将科研诚信纳入常态化管理。遵守依托单位科研诚信承诺,禁止处于失信惩罚期的科研人员申请或者参与申请科学基金项目;主动对本单位发现的涉嫌科研不端行为开展调查,并及时向科学基金管理机构通报本单位发现和查处的与科学基金项目有关的科研不端行为;通过汇总科研失信案例或重点关注行为等,突出科研不端行为的表现,增强科研诚信管理的警示效果。

依托单位应当监督本单位和依据合同由本单位管辖的项目申请人、负责人、参与者、评审专家和管理人员严格遵守诚信规范和科学基金管理机构的各项规定。在加拿大卫生研究院、自然科学与工程研究委员会的要求下,加拿大的研究机构在资助项目的研究中,积极推动对研究人员、学者、学生和辅助人员的科研诚信教育,以促进研究中的诚信和责任意识树立。[②]

依托单位应提高科研管理诚信规范的可执行性,以具体详尽、针对性强的学术诚信规范指导科研人员。美国休斯敦大学在其制定的学术诚信规范中不仅详细介绍了学术诚信管理的基本内容,还列举了学术失信和学术不端行为的例子,以及当自身知识产权受到侵害时如何保护合法权益不受侵害等。[③]

依托单位的科研诚信管理应贯穿资助项目全过程。依托单位不仅要对本单位的项目申请与实施、经费使用等多个环节的真实性负责,更要监督项目实施全过程。根据《中华人民共和国科学技术进步法》,科学技术研究开发机构、高等学校、企业事业单位等应当履行科技伦理管理主体

---

① 王艳玉, 路秀平. 高校科研项目动态管理体系的建设[J]. 河北大学学报(哲学社会科学版), 2017, 42(3): 149-154.

② Canadian Institutes of Health Research. CIHR code of conduct [EB/OL]. (2022-05-12)[2022-05-19]. https://cihr-irsc.gc.ca/e/41722.html.

③ Academic honesty policy university of Houston[EB/OL]. (2015-09)[2022-07-13]. https://uh.edu/provost/policies-resources/honesty/_documents-honesty/academic-honesty-policy.pdf.

责任①，一旦发现涉嫌存在不端行为，就有责任和义务主动开展调查，包括评估不端指控的真实性和调查必要性，开展正式调查和审议处理措施等，不以任何方式隐瞒、包庇、纵容科研不端行为。此外，在监督科研人员行为时，要承担保密责任，及时归档相关资料，公布调查结果和处理意见。

依托单位应当严格遵守保密规定，不得披露依照规定不能公开的相关信息。某高校便曾在自然科学基金委正式公布评审结果前，违规在其官网上发布部分相关项目的评审信息，违背了《国家自然科学基金条例》。该行为容易引发社会公众对科学基金项目评审公正性的质疑，不仅影响科学基金的声誉，更损害了依托单位的科研诚信管理信誉。

依托单位应当结合本单位实际，制定和完善项目预算调剂、间接费用统筹使用、劳务费用分配管理、结余资金使用、科研财务助理岗位设立、内部信息公开公示等方面的内部管理办法。针对劳务费、间接费用等重点内容做好管理，使用结余资金时优先考虑原项目团队科研需求，提高科研项目资金使用效益。②坚持独立、客观、公正、科学的原则，严格监督与规范科研资金使用的用途、范围与标准；配合科学基金管理机构调查经费使用情况，不得以任何方式隐瞒、包庇乃至纵容不当使用行为。③

依托单位的数据管理政策和计划应符合相关标准和良好科学实践要求，具有公认长期价值的数据应被保存，并保持对未来研究的可获取和可利用。在中国的科学数据管理中，"谁拥有、谁负责""谁开放、谁受益""分级分类管理，确保安全可控"，是重要的管理原则，同时强调依托单位要明确科学数据的密级和开放条件，加强知识产权保护，丰富配套管理制度的建设；《科学数据管理办法》对科学数据的采集生产、使用和管理进行了全面梳理和要求，如在采集、汇交和保存时保证数据质量、准确性和可用性，在共享和利用阶段明确数据保密级别，遵守知识产权相关

规定等；此外，科学数据中心成为中国促进科学数据开放共享的重要载体，为数据的整合汇交、加工整理、分析挖掘、安全保护、交流合作等提供基础支持。[①]此外，国外也有类似的管理举措，英国工程和自然科学研究委员会强调依托单位要支持有效的科研数据管理，要为其研究者提供相应的科研数据管理培训，保证研究者能够使用科研数据管理基础设施。[②]

依托单位还应不断优化年度管理报告机制，认真总结本单位科学基金项目管理、资金管理、成果管理等情况，按时报送基金项目管理报告；加强科研项目的全链条管理，关注项目启动、开展和结题等环节中潜藏的风险，同时注意项目安全与保密，妥善保存管理所有的申请资料及信息，以避免泄露；分析项目资助率过低原因、组织申请中依托单位出现的失误等，对存在的问题及时改进，加以解决。

13.2.3　科研不端行为调查处理

科研不端行为指发生在科学基金项目申请、评审、实施、结题，以及成果的发表与应用等环节中，偏离科学共同体行为规范，违背科研诚信和科研伦理行为准则的行为。

依托单位及科研人员所在单位是本单位科研诚信建设主体责任单位。依托单位应建立健全处理科研不端行为的相关工作制度和组织机构，在科研不端行为的预防与调查处理中主要履行以下职责：①宣讲科研不端行为调查处理相关政策与规定；②对本单位人员的科研不端行为，积极主动开展调查；③依据职责权限对科研不端行为责任人做出处理；④向科学基金管理机构报告本单位与科学基金项目相关的科研不端行为及其查处情况；⑤执行并监督科学基金管理机构做出的处理决定。[③]

依托单位应切实履行对科研不端行为的调查处理责任。要制订和完善

---

① 国务院办公厅. 科学数据管理办法[EB/OL]. (2018-03-17)[2022-10-12]. http://www. gov. cn/zhengce/content/2018-04/02/content_5279272.htm.

② EPSRC. TIFRC policy framework on research data [EB/OL]. (2014-12-30)[2022-05-13]. https://www.york. ac. uk/library/info-for/researchers/data/management/epsrc/.

③ 国家自然科学基金项目科研不端行为调查处理办法 [EB/OL]. (2020-12-29)[2022-06-15]. https://www.nsfc.gov.cn/publish/portal0/tab434/info79519.htm.

科研不端行为调查处理办法，建立一套完整的查处程序，包括受理和评估、质询、正式调查、处理、申诉和复查等，明确程序中各步骤的任务以及步骤间的衔接方式，明晰本单位科研诚信机构、人事管理机构及监察审计机构的调查处理职责，确保有机构或专人负责对科研行为规范执行情况的监督。受理对科学不端行为的投诉，及时调查并做出处理，对严重违背科研诚信和伦理要求的行为，积极主动开展调查，公正公平做出处理。

依托单位应当建立常态化的自查自纠机制，跟踪科学基金资助项目的实施，监督科学基金资助资金的使用，严格依法依规处理本单位申请人、项目负责人、参与者出现的违法违规行为，并按要求及时通报国家自然科学基金委。对本单位科研作风学风和科研诚信等方面出现的倾向性、苗头性问题，应通过诚信提醒、批评教育等多种方式予以纠正。坚持惩治与预防并举，既以零容忍的态度惩治各种科研不端行为，又借助提醒、批评与教育的方式，指导相关人员及时改正。

依托单位有义务配合科学基金管理机构开展对本单位或本单位管辖范围内发生的科研不端行为的调查，按要求提供相关材料，并以适当方式和在适当范围内公布处理结果，落实科学基金管理机构的处理决定，基于规范的查处程序认真开展调查行动。此外，可如美国"快速处理技术援助计划"一般，寻求科学基金管理机构的指导。[①]在调查过程中，依托单位应与当事人面谈，并向科学基金管理机构提供调查结果和处理意见，以及当事人的陈述材料、当事人与调查人员双方签字的谈话笔录等相关证明材料。

依托单位应及时公布、报告调查结果和处理意见，公布方式应按相关规定并视科研不端行为的情节严重程度和影响范围而定。对不端事件的调查，应形成完整的报告并加盖单位公章，及时向科学基金管理机构报告，如调查证实所投诉的科研不端行为不存在，应以适当方式恢复被投诉人的声誉。在日本，一旦正式调查开始，被投诉对象的研究机构便会延缓对被投诉项目的经费支出；在被认定不端行为后，研究机构会命令被认定具有不端行为的成员终止使用竞争性经费，依据规定对其采取制裁措施，并建议撤销存在科研不端行为的论文或其他出版物；在被认定无不端行为后，在科学基金管

---

① The office of Research Integrity. Rapid response for technical assistance [EB/OL]. [2022-05-13]. https://ori.hhs.gov/rapid-response-technical-assistance.

理机构的指导下，研究机构会终止对经费的延缓措施，取消对经费的使用限制，并采取措施恢复被投诉对象的声誉。①

13.3 科学基金管理机构工作人员及其诚信规范

科学基金管理机构工作人员是指科学基金管理机构所属部门和直属单位的工作人员，包括正式在编人员、兼职人员、流动编制工作人员和兼聘人员。主要职责包括，制定和发布基础研究和部分应用研究指南、受理课题申请、组织专家评审、择优资助、跟进科研项目进展情况、开展项目成果汇报与总结、管理科学基金项目资金、调查科研不端行为等，着力营造有利于创新的研究环境。

根据《中华人民共和国科学技术进步法》，为加快实施创新驱动发展战略，支持基础研究和应用基础研究，开展科学创新的前瞻战略部署，科学基金管理机构应高效运用科学研究基金，支持科学创新研究，推动学科交叉融合，增强源头创新能力，实现科技创新对经济社会发展的支撑和引领，促进创新型国家和世界科技强国建设。②在履行科学基金管理职责的过程中，科学基金管理机构人员应当奉行遵规守纪、廉洁自律、崇尚科学、公正透明和促进科研诚信的行为准则；全面、准确把握科学基金资助管理政策、工作要求与诚信规范，坚决抵制各种违法违规违纪行为，保护科学道德，自觉接受监督，担当诚信表率，维护科学基金管理机构的社会公信力，彰显科学基金管理服务于国家和社会发展的内在要求。

13.3.1 工作人员行为准则

信任是公信力的基础，科学基金管理机构工作人员兼具基金资助项目

---

① 日本文部科学省. 研究活動における不正行為への対応等に関するガイドライン. [EB/OL]. (2014-08-26)[2022-05-13]. https://www.mext.go.jp/b_menu/houdou/26/08/1351568.htm.

② 国家自然科学基金委员会. 国家自然科学基金委员会章程 [EB/OL]. (2019-02-26)[2022-05-13]. https://www.nsfc.gov.cn/publish/portal0/tab475/info70230.htm.

管理的行政职责和依据科学研究项目择优支持的专业职责，因此应当重视行政伦理与行为准则的引导作用。行政伦理以诚信正直为价值基础[①]，科学基金管理机构工作人员应当坚持诚信正直的基本行为准则，具体规范如下。

遵规守纪。遵守法律法规和各种规章制度，以及机构内部的纪律规范，是科学基金管理机构对内良性运转、对外保持公信力的基础。科学基金管理机构人员应以公众利益为出发点，忠于法律和道德标准；积极开展管理机构的内部制度建设，发扬诚信精神，促进正直实践；严格执行科学基金管理各项制度，按照规定的权限和工作程序履行职责；保守国家秘密和工作秘密，不披露按要求不能公开的相关信息，保护申请人知识产权。[②]

廉洁自律。科学界一直有着非正式的自律传统，以此来维护这一领域的纯洁性。[③]科学基金管理机构工作人员身处科学研究领域，从事基金资助管理工作，要不断加强自身政治建设，牢固树立廉洁从政意识，严格遵守廉洁自律各项规定，自觉接受国家机关和主管部门、科学界以及全社会的监督；在履行公务时，清正廉洁，秉公办事，坚持原则，实事求是，不以权谋私；按要求如实、及时报告个人事项。

崇尚科学。科学性是科学基金项目评审和管理的根本。科学基金管理机构工作人员应尊重科学，重视基础研究的特有规律，积极弘扬科学精神和科学家精神，尊重专家评审结果，不得以个人观点否定专家评审意见；密切联系科学家，真心依靠科学家，热情服务科学家；注重调查研究，及时总结管理经验，研究科学管理规律，按科学发展规律办事。

公正透明。维护公共利益、集体利益，是公正透明原则的根本价值旨归。科学基金管理机构工作人员应当在项目评审、资助和管理全过程中，妥善处理公共利益、集体利益与个人利益的关系，时刻保持公正客观，不给予任何个人或团体基于个人利益的特殊待遇；按照要求公开应该公开的

---

① 王伟. 行政伦理论纲[J]. 道德与文明, 2001(1): 13-18.

② 国家自然科学基金委员会. 国家自然科学基金委员会章程 [EB/OL]. (2019-02-26)[2022-10-24]. https://www.nsfc.gov.cn/publish/portal0/tab475/info70230.htm.

③ 郝刘祥, 王扬宗. 科学传统与中国科学事业的现代化[J]. 科学文化评论, 2004(1): 18-34.

公务信息，负责任地开展科学基金管理工作。①

积极促进科研诚信建设。科学基金管理机构工作人员应发挥表率作用，坚守科研诚信规范，在工作实践中开展良好科研作风和科研诚信建设；不断提高对科研诚信的重视程度，通过加强依托单位管理、完善项目负责人和评审专家信誉档案等多种措施，督促和激励依托单位、项目申请人和承担人以及评审专家等，全面开展科研诚信建设；在合作研究趋势下，注重协同研究中的科研伦理与科技安全问题。

13.3.2　教育和政策引导

科学基金管理机构工作人员的教育与政策引导工作，既包括自身学习教育，也包括对依托单位、科研人员与评审专家的宣传、引导和教育，同时也应借助依托单位管理规范、项目资助要求与指南等发挥政策引导效果，共同促进科研伦理和科研诚信体系建设。

科学基金管理机构工作人员应当定期参与科研诚信、科研伦理、职业道德的培训和教育，全面了解科学基金管理机构管理办法、诚信规范，深刻理解科学基金资助流程以及各环节的诚信要求，避免因了解不全面、理解不到位、把握不准确导致的偏差和失信行为。

科学基金管理机构工作人员应发挥专业优势，加强对外部依托单位、科研人员与评审专家等主体的科研诚信与科研伦理宣传、教育；借助学风建设行动等多个渠道，通过视频宣传、案例警示、伦理教育等多种方式，营造公平公正、诚实守信、恪守伦理的科研氛围。②

科学基金项目指南与要求、依托单位管理办法、评审专家工作管理办法等政策规范，是科学基金管理机构工作人员引导科研诚信的重要途径。

在制定项目指南及相关条款和政策时，充分纳入最佳科学实践的要求，纳入促进公平、包容和积极的研究文化与环境；制定合理的资助政策，以促进不同的工作模式、增进科研人员福祉。

---

① 国家自然科学基金委员会. 国家自然科学基金委员会信息公开管理办法 [EB/OL]. (2021-09-23)[2022-10-24]. https://nsfc. gov.cn/publish/portal0/tab475/info70275. htm.

② 国家自然科学基金委员会科研诚信办. 详解"学风建设行动计划" [EB/OL]. (2020-11-30)[2022-05-02]. https://news.sciencenet.cn/sbhtmlnews/2020/11/359135.shtm.

在依托单位管理工作中，将保障和促进科研诚信，满足科学基金管理机构要求的诚信建设水平，作为依托单位准入条件和考核评价标准；支持依托单位制定相关政策，以促进可持续的职业发展，并加强职业保障。

在开展评审专家管理工作时，定期评估评审专家履行评审职责情况，建立评审专家信誉档案，积极推进 RCC 评审机制改革，进一步规范专家评审行为，激励专家更加负责任地评审。对有剽窃他人科学研究成果或者在科学研究中弄虚作假等行为的评审专家，不再聘请。

科学基金诚信管理，应积极发挥教育引导和政策激励的作用，持续督促和引导科研人员、依托单位、评审专家，共同推进科研诚信建设。

13.3.3　正确处理利益冲突

科学基金管理机构工作人员在日常管理工作中，面对个人利益与组织利益、公共利益发生冲突时，应当以组织利益、公共利益为先，严格遵守科学基金管理机构关于利益冲突的规定，采取正确方式妥善处理利益冲突。

其一，科学基金管理机构有责任对已经发现和新发现的利益冲突事项做出明确规定，提出解决办法或指导性意见，包括利益冲突类型、表现、原因、处理方式等。

其二，科学基金管理工作人员应当始终坚持伦理规范和行为准则，以组织利益、公共利益为先，不为私人利益、个体利益而违反行为准则；对于按要求应该报告的利益冲突事项，应按规定的程序及时、准确报告，对于按要求应该回避的，应按规定的程序及时、有效回避。

其三，对不当利益冲突处理方式加强管理。对没有及时报告或者没有有效回避利益冲突的，责令整改；对已经造成自然科学基金委声誉严重受损的，根据情况予以问责；妥善处理同事间的利益冲突，严禁任何形式的欺凌和骚扰行为。

自然科学基金委从 2009 年起，为妥善处理新发现的利益冲突，逐步制定了新的指导性意见和管理规定。正式在编人员、流动编制项目主任、兼聘人员应当回避其近亲属、同一法人单位及其他可能影响公正性的项目申请的评审过程管理；流动编制项目主任、兼聘人员应当回避其所在单位及兼职单位项目申请的评审过程管理等。[①]正式在编人员、流动编制项目主任、兼聘人员在本人直接操作权限范围内存在已经有明确规定的利益冲突事项情形时，应当及时主动申报等。而且，工作人员不得接受依托单位、受资助者和申请者的礼金、各种有价证券和贵重物品，不得参加依托单位、受资助者和申请者安排的旅游及各种高消费娱乐活动，不得私自在依托单位报销任何费用。[②]

美国科学基金管理机构围绕自身工作人员面临的利益冲突事项也有相关政策。比如，美国国家科学基金会颁布有《美国国家自然科学基金会（NSF）雇员利益冲突及道德行为准则》，详细说明其工作人员可能遇到的利益冲突及应该遵循的行为规范。准则中分门别类地规定了工作人员在涉及经济利益、个人关系、内部信息、礼物收受等问题时所需要注意的行为，譬如不得以权谋私、不得泄露非公开的信息、不得参与同现有职责相冲突的外部活动等。[③]不仅如此，为便于宣传教育，美国国家科学基金会还提出 14 项一般原则，简明扼要地指出工作人员所可能涉及的利益冲突行为。[④]

科学基金管理机构工作人员应高度重视利益冲突管理，在项目申请、评审、实施、资助与结题的全过程中，坚持通过回避、报告或披露等恰当方式，正确处理利益冲突关系，最大限度地降低利益冲突带来的损害，尽最大可能保护公共利益。

13.3.4　保密和数据保护

保护秘密与数据是工作人员应当遵循的基本行为规范，工作于科学基

---

① 国家自然科学基金委员会. 国家自然科学基金委员会工作人员职业道德与行为规范[EB/OL]. (2009-02-16)[2022-10-12]. https://www.nsfc.gov.cn/publish/portal0/tab440/info57506.htm.

② 国家自然科学基金委员会. 国家自然科学基金委员会工作人员职业道德与行为规范[EB/OL]. (2009-02-16)[2022-10-12]. https://www.nsfc.gov.cn/publish/portal0/tab440/info57506.htm.

③ National Science Foundation. Conflicts of interest and standards of ethical conduct (NSF Manual 15) [EB/OL]. (2021-08-01)[2022-08-26]. http://www.nsf.gov/pubs/manuals/manual15.pdf.

④ National Science Foundation. General principles[EB/OL]. [2022-08-26]. https://www.oge.gov/web/oge.nsf/0/23658136D102D39D852585B6005A1A2D/$FILE/14%20General%20Priniciples%20508%20Compliant.pdf.

金管理单位的人员更应立足于基本要求，结合具体的科学基金管理工作，规范保密和数据保护的行为。

第一，科学基金管理工作人员应认真遵守一般保密原则，如严格遵守国家保密法及相关的保密规定，妥善保管和使用管理信息，严防工作秘密泄露，尊重和保护个人隐私数据等。在接受媒体采访时或在社交媒体上不得泄露保密信息，对于敏感信息应当进行处理后发布，科学基金管理工作人员离开工作岗位后的一段时期内，也应继续遵守其保密义务。

第二，科学基金管理工作人员应根据管理工作内容，在保密和数据保护常规要求外，在发布信息、组织评审、立项结项等工作环节中，遵守科研数据管理办法，严格执行保密规定。具体如下：严格执行评审过程的保密规定，不得泄露评审专家的基本情况，不得泄露未公开的评审意见及评审过程有关信息；在评审过程中，非岗位工作需要，不打听和询问评审专家情况、评审意见及评审过程有关信息；非岗位工作需要或未按程序批准，不得超越职责和规定权限范围查阅或操作他人评审过程信息；遵守数据保护原则及相关规定，对资助项目相关数据进行规范存档。

13.3.5　资助工作中的诚信管理

按照规定受理申请。科学基金管理机构人员应当认真负责，严格按照规定时间和程序受理申请，不得擅自改变接收申请材料的要求，不得违反信息变更审批程序撤回已接收材料或更改项目申请信息。按照规定，认真核查申请材料及违规申请检索结果等，正确判断，及时处理；对符合要求的项目申请予以受理，对不符合要求的项目申请不予受理，不得以任何理由拒绝受理符合规定的申请。依法保护申请者权益，按规定受理复审申请并及时公正处理，发现错误应予纠正，并引以为戒，不得拒绝受理或拖延、推诿处理符合条件的复审申请。

公正评审，择优资助。科学基金管理机构工作人员应当坚持公正评审，选择具有较高学术水平、良好职业道德的同行专家，对基金资助项目申请进行评审，严禁按申请人、参与者或依托单位等建议的专家名单指派评审专家。对申请人建议回避的专家应予以考虑。

评审环节的"主角"是评审专家，而非工作人员。工作人员应充分尊重评审专家的学术观点，客观、公正地分析专家评审意见；会议评审项目清单应依据通讯评审意见、资助计划和综合分析情况确定，并按程序报审。不得以任何方式干扰评审专家独立做出学术判断，不得以与评审专家有不同的学术观点为由否定专家的评审意见。[①]

认真准备会议评审材料，按标准选聘会议评审专家并按权限审批与备案。会议评审期间不安排与评审工作无关的活动，制止干扰评审的行为，严禁为项目评审"打招呼"、请托等违规行为。依据会议评审结果，严格按照有关规定和管理程序办理拟资助项目的审批手续。不得改变专家评审结果，不得提供失真信息，不得擅自改变委员会审批结果。

严格实施过程管理。科学基金管理机构工作人员应当按规定对资助项目实施过程管理，依法指导、监督依托单位对资助项目实施和经费使用进行规范管理；为依托单位及科研人员提供必要的支持，确保研究能够以负责任的方式顺利进行；认真审查资助项目进展报告、中期检查结果、结题报告，严格抽查基金资助项目实施情况、依托单位履行职责情况，发现问题按规定及时处理。

严肃查处不端行为。科学基金管理机构工作人员应当认真学习国家关于科研诚信与不端行为调查处理的相关法律法规和规章制度，按照法定程序和要求，及时受理涉及科学基金项目的举报，认真核查科研不端行为，确保事实清楚、证据确凿、定性准确、处理恰当、程序合法、手续完备。

对此，本书将在第 14 章"科研不端行为的查处"中详细说明科研不端行为的查处原则与特点，详述举报、调查和处理三个阶段的工作细节，为科研管理者规范科研行为提供借鉴。

13.4 本 章 小 结

美国科研诚信体系、欧洲国家科研诚信体系、科研诚信国际化体系是

---

① 国家自然科学基金委员会. 国家自然科学基金条例[EB/OL]. (2007-07-24)[2022-07-20]. https://www.nsfc.gov.cn/publish/portal0/tab471/info70222.htm.

科研诚信体系发展的三个重要阶段。美国形成了白宫科技政策办公室、联邦政府部门和基层科研单位相结合的监管体系。英国、丹麦等欧洲国家建立了科研不端诚信委员会以查处不端行为。在世界范围内，国际医学编辑协会、国际科学联合会、联合国教科文组织和世界科研诚信大会等是科研诚信国际化体系中的重要组成部分。从科学研究规范到科研诚信体系建设，中国科研诚信建设逐渐受到更多重视。借助科研诚信和信用体系建设，多部门联合开展失信惩戒与守信激励。

依托单位是科学基金工作的重要依托，负有对本单位申请和实施基金项目进行支撑、协调、服务、监督的管理责任。在项目申请与实施中，依托单位应积极促进科研伦理与科研诚信建设，完善诚信制度以约束项目相关方，严肃开展科研伦理和科技安全审查，履行科研不端行为调查责任，坚持公平、公开、规范的查处程序，督促管理人员与科研人员树立良好科研诚信意识与责任感。

科学基金管理机构人员兼具行政管理和专业管理的双重角色，应当认真熟悉伦理规范和行为准则，包括廉洁自律、崇尚科学、遵规守纪和公正透明等。工作人员应加强自身学习教育，同时对依托单位、科研人员与评审专家开展宣传、引导和教育活动，共同促进科研伦理和科研诚信体系建设。科学基金管理机构工作人员妥善处理利益冲突，应以组织利益、公共利益为先，主动报告和回避利益冲突。此外，还应严格遵守保密规定，在项目申请、评审、实施和结项等环节加强诚信管理，严肃查处科研不端行为。相信在科研管理者尽职尽责的共同努力下，科学界诚信体系建设必将有长足进步。

13.5　推荐扩展阅读

张康之. 公共管理伦理学[M]. 北京: 中国人民大学出版社, 2009.

李秋甫, 李正风. 美国"伦理委员会"的历史沿革与制度创新[J]. 中国软科学, 2021(8): 53-62.

国家自然科学基金规章制度[EB/OL]. [2022-06-28]. https://www.nsfc.gov.cn/publish/ portal0/tab 475/.

第 14 章

科研不端行为的查处

本章将以自然科学基金委员会监督委员会（以下简称自然科学基金委监委会）对科研不端行为的调查和处理程序为例，结合科研诚信建设联席会议①，以及科学技术部、教育部等多部门的相关调查处理程序，从举报、调查和处理三个阶段，详细介绍科研不端行为调查处理的一般性原则与特点，为科研人员及科研管理者规范科研行为提供借鉴。

14.1 举报科研不端行为

互相监督是发现科研不端行为的重要途径，举报科研不端行为是行使监督权的一种重要形式。针对科研不端行为的举报，一般指的是个人或组织主动向科研人员主管部门、所在单位以及资助机构、出版单位等有权受理和处理的组织或机构揭露科研人员及相关责任主体的科研不端行为、资助经费不当使用和其他违规活动的行为。实施举报行为的人即为举报人，亦称

---

① 科研诚信建设联席会议由科技部、中央宣传部、最高人民法院、最高人民检察院、国家发展和改革委员会、教育部、工业和信息化部、公安部、财政部、人力资源和社会保障部、农业农村部、国家卫生健康委员会、国家市场监督管理总局、中国科学院、中国社会科学院、中国工程院、国家自然科学基金委员会、中国科学技术协会、中国共产党中央军事委员会装备发展部、中国共产党中央军事委员会科学技术委员会等二十部委组成。

"吹哨人"。①举报有匿名举报和实名举报两种形式。

　　以自然科学基金委对科研不端行为举报的受理、调查与处理为例来讲，在调查主体上，自然科学基金委监委会是受理投诉举报、开展调查处理的主体。自然科学基金委监委会依据《国家自然科学基金条例》设立，独立开展学术监督工作，惩戒学术不端行为，维护国家自然科学基金资助工作的公正性和科学性，其几项重要职责如下：受理有关科学基金项目违背科研诚信要求的投诉和举报，组织、会同或委托有关部门调查核实，提出处理建议；对科学基金项目的申请、评审、管理及实施等环节中的学术行为进行监督；对已经查实的与科学基金项目相关的违背科研伦理的行为提出处理建议；开展科学道德与科研伦理宣传、教育及有关活动；等等。②监委会设办公室与科研诚信建设办公室合署办公，承担监委会的日常事务等工作。

　　在举报来源上，任何公民、法人或者其他组织均可以向自然科学基金委以书面形式投诉、举报其所发现的科研不端行为，投诉和举报应当符合下列要求：一是有明确的投诉、举报对象；二是有可以查证的线索或者证据材料；三是与科学基金工作相关；四是涉及自然科学基金委适用的科研不端行为。自然科学基金委接受举报所适用的科研不端行为，是指发生在科学基金项目申请、评审、实施、结题和成果发表与应用等活动中，偏离科学共同体行为规范，违背科研诚信和科研伦理行为准则的行为。具体包括：①剽窃、侵占；②伪造、篡改；③买卖、代写；④提供虚假信息、隐瞒相关信息以及提供信息不准确；⑤通过贿赂或者利益交换等不正当方式获取科学基金项目；⑥违反科研成果的发表规范、署名规范、引用规范；⑦违反评审行为规范；⑧违反科研伦理规范；⑨其他科研不端行为。③

　　收到举报的组织或机构鼓励实名举报。实名举报人由于举报身份真

---

① 赵延东, 张琦. 谁会成为学术不端的"吹哨人"？——举报影响因素分析[J]. 科学学研究, 2021, 39(9): 1537-1545.

② 国家自然科学基金委员会. 监督委员会章程 [EB/OL]. (2020-11-03)[2022-09-12]. https://www.nsfc.gov.cn/publish/portal0/tab475/info71288.htm.

③ 国家自然科学基金委员会. 国家自然科学基金项目科研不端行为调查处理办法 [EB/OL]. (2020-12-29)[2022-09-12]. https://www.nsfc.gov.cn/publish/portal0/tab442/info79519.htm.

实，所提交的举报材料一般可信度高、证据翔实，又可以配合调查工作，确保调查及时有效开展。[①]美国知名的微生物学家、环境保护署研究与发展办公室前高级微生物学家大卫·刘易斯（David Lewis）博士是国际知名的实名举报人，当他发现获美国环境保护署保护批准的经处理的农业用污水污泥会致病和致死时，他的研究却被环境保护署负责污水污泥处理的研究机构关闭了。但是他和环境保护署展开了全力抗争，并要求环境保护署设定健康安全的污水污泥阈值。最终，他的研究促使美国疾病健康控制中心颁布了保护处理污泥污水工人的指南。[②] 实名举报能有效制止科研不端行为所产生的后果危害人类和社会，净化学术风气，规范科研行为，避免财政资金的浪费。

收到举报的组织或机构通常希望举报材料尽可能贴近事实，提供可以查证的线索或者证据材料。一方面，对不端行为的举报涉及被举报者的学术声誉乃至整个学术生涯，尤其是，若被举报人在学术成长的关键时期受到不实举报，会影响被举报人的学术声誉和成长，另一方面，对不实举报的调查也会加重受理单位的行政负担。因此，一般情况下，收到举报的组织或机构鼓励举报提供明确的举报对象、违规事实以及翔实准确的证据材料或可供查证的线索。此外，自然科学基金委还要求受理的举报材料与科学基金相关并涉及适用的科研不端行为。对于收到的或者经初步核查后发现与自然科学基金工作无关的举报材料，自然科学基金委通常不予受理。对于不予受理但按要求应移送的举报材料，自然科学基金委则将其作为问题线索移送相关部门或机构处理。

受理举报的组织或机构接收到举报后会进行及时严谨的初核。自然科学基金委在收到举报后的 15 个工作日内会对举报材料进行初核。[③] 初核的目的是看举报材料的形式要件是否符合自然科学基金委对于不端行为举报

① 方玉东，王持恒，常宏建，等. 举报科研不端行为的形式及其利弊分析[J]. 中国高校科技, 2014 (9): 7-10.

② National Whistleblower Center. Dr. David Lewis[EB/OL]. [2022-09-12]. https://www.whistleblowers.org/whistleblowers/dr-david-lewis/.

③ 国家自然科学基金委员会. 国家自然科学基金项目科研不端行为调查处理办法[EB/OL]. (2020-12-29)[2022-09-12]. https://www.nsfc.gov.cn/publish/portal0/tab442/info79519.htm.

的要求。对于没有明确举报对象，无可查证的线索或证据材料，或者不属于基金资助方受理范围的举报将不予受理或者移送转出。对于受理的举报，则启动调查。

自然科学基金委不予受理以下五类情形的科研不端行为投诉和举报，这也是自然科学基金委接到举报后需要初核的内容。

（1）与国家自然科学基金无关的举报，包括但不限于非国家自然科学基金资助渠道发生的科研不端行为，成果未标注国家自然科学基金资助且未列入项目申请书、进展报告和结题报告的科研不端行为，在职称评审晋升、研究生指导、企业经营、成果署名等过程中发生的与国家自然科学基金项目无关的科研不端行为等。例如，自然科学基金委监委会收到涉嫌论文剽窃的举报后，会核实在已发表的论文中是否标注该论文获得自然科学基金委的资金资助；如果是，则属于自己受理的权责范围。如果监委会经核实，确认某篇论文中存在科研不端行为，但标注为其他资助渠道，则可以将该不端行为线索转交给相关单位做进一步调查和处理。

（2）举报内容不属于科研不端行为的。一些举报人将个人私德问题、对职业生涯之艰辛的诉苦、对科研压力的情绪发泄、涉及科研的人际关系矛盾等问题作为举报的内容，然而这些内容与科研事实无关，属于不予受理的举报。例如，某医院一位女医生举报其同科室领导在其评定职称过程中收受贿赂，且在对其进行性骚扰后未兑现承诺，遂多次将重复的材料提交自然科学基金委举报。自然科学基金委对此类举报不予受理。

（3）没有明确的证据和可查线索的。例如，一些举报人将微信群中买卖代写论文的广告截图提交自然科学基金委，举报科研乱象，但并没有实际的证据，如买卖双方当事人交易细节、金钱往来以及论文发表或署名的具体细节，这种情况属于无明确可查证的证据和线索。再如，所举报的内容属于科学争议，或是举报人本人的主观揣测，这种情况也不予受理。

（4）对同一对象重复举报且无新的证据、线索的。

（5）已经做出生效处理决定且无新的证据、线索的。一些举报人因种种原因，在知悉自然科学基金委对其反映的科研不端行为已经做出处理的情况下，仍多次重复提交内容相同的举报材料，却没有提交新的证据线索，这种情况也不予受理。①

自然科学基金委对举报内容的初步审核结果有四种情形。

第一，不予受理。如果举报人为实名举报，自然科学基金委会告知举报人不予受理的结果及相关原因。

第二，移送转出。举报内容涉及其他部门，例如反映党员违反党纪党规的线索，自然科学基金委监委会收到后会按规定移送纪检监察组织，即予以转出。

第三，开展调查。对于确实属于自然科学基金委受理权责范围内的问题线索，则开展调查。实际上，不仅是科学基金，国内外很多高校也都建立了畅通的科研不端举报渠道。例如，美国肯塔基大学在官方网站上公布在校人员可以举报伪造、篡改、剽窃等科研不端行为，若有报复举报人和调查委员会成员的行为，举报人在紧急情况下可以直接联系学校、警方或拨打 911。在举报之前，举报人要说明被举报人的违规事实，并提供证据确凿的材料。同时，举报人可以向导师举报；如果不愿意向单位内部人员举报，可以在官方网站上提交举报报告，会有接受过专业训练的人员接听举报热线。②

第四，予以结案。经过自然科学基金委监委会初步核查或者认真调查后，对于确实不存在或者没有发现科研不端行为的举报将按程序予以结案。

一般情况下，举报接收机构负有保护举报人尤其是实名举报人的责任，同时也承担对举报材料和相关信息保密的义务。一方面，对举报人（投诉人）、被举报人（被投诉人）和证人给予必要的保护，使其在不受任何压力的情况下陈述事实，对打击报复举报人的行为应予以惩处等。举报接收机构要保护举报人和被举报人的利益，使其免于受到不公正对待。美国科研诚信办公室强调保护科研不端行为举报人，科研机构不应容忍对善意的举报人的报复，并为审查和解决科研不端行为的投诉、争议和指控提

① 国家自然科学基金委员会科研不端行为举报系统网上举报须知[EB/OL]. [2022-09-12]. https://jdwyh.nsfc. gov.cn/dms/wangshangjbxz/2524.jhtml.

② University of Kentucky. Research misconduct [EB/OL]. [2022-09-12]. https://www. research.uky.edu/research-misconduct/whistleblower-process.

供公平和客观的程序，客观地获取和评估举报人的举报材料。[①]德国科学基金会在 2019 年颁布的《确保良好科研实践的指南》第 18 条中明确规定，"科研不端行为的调查机构要致力于保护举报人和被举报人，遵从保密和无罪推定的基本思想，举报必须是善意的，故意的不当举报本身就可能构成科研不端行为，举报人和被举报人都不因由举报这一事件本身，而有损于科学和专业进步"[②]。另一方面，举报接收机构对举报人和被举报人的个人信息以及举报内容应采取保密措施，德国科学基金会规定，"如果举报是实名的，调查机构应对举报人姓名保密，未经适当同意不得透露给第三方"[③]。

捏造事实、无中生有的恶意举报，应拒绝受理。经审查后确定为恶意举报、诬陷举报的，调查机构如果已知悉举报人信息，应对恶意举报者采取惩罚措施。例如《国家科技计划实施中科研不端行为处理办法（试行）》中规定，"举报人捏造事实、故意陷害他人的，一经查实，在一定期限内，不接受其国家科技计划项目的申请"[④]。

14.2 严谨合规的调查过程

科学严谨是科研不端行为案件的调查过程中必须考虑的第一个因素，主要体现在两个方面：一是事实要清楚，二是证据要确凿。举报材料经初

---

① Handling Misconduct–Whistleblowers. ORI guidelines for institutions and whistleblowers: Responding to possible retaliation against whistleblowers in extramural research[EB/OL]. (1995-11-20) [2022-09-12]. https://ori.hhs.gov/handling-misconduct-whistleblowers.

② 毛一名, 冯永庆, 李铭禄, 等. 德国科学基金会应对学术不端行为的措施及其启示[J]. 世界科技研究与发展, 2022, 44(2): 275-281.

③ DFG. Leitlinien zur Sicherung guter wissenschaftlicher Praxis[EB/OL]. (2019-04) [2022-09-12]. https://www.dfg.de/download/pdf/foerderung/rechtlicherahmenbedingungen/gute_wissenschaftliche_praxis/kodex_gwp.pdf.

④ 科学技术部令第 11 号《国家科技计划实施中科研不端行为处理办法(试行)》[EB/OL]. (2006-11-10) [2022-09-12]. http://www.most.gov.cn/xxgk/xinxifenlei/fdzdgknr/fgzc/bmgz/200811/t20081129_65718.html.

核被受理后，举报接收机构就要组织正式的调查。以自然科学基金委为例，对于已受理的科研不端行为案件，自然科学基金委将组织、会同、直接移交或者委托相关部门开展调查；对直接移交或者委托依托单位或者科研不端行为人所在单位调查的，自然科学基金委保留自行调查的权力。在调查方式上，可以采取谈话函询、书面调查、现场调查、依托单位或者科研不端行为人所在单位调查等方式开展，必要时也可以采取邀请专家参与调查、邀请专家或者第三方机构鉴定以及召开听证会等方式开展。调查一般在半年内完成。[①]有的时候不同机构也会采取联合调查的形式，如 2011 年荷兰蒂尔堡大学迪德里克·斯塔佩尔（Diederik Stapel）被举报存在严重伪造数据的行为，蒂尔堡大学及其之前任教的阿姆斯特丹大学和格罗宁根大学组织科研诚信调查委员会，联合对斯塔佩尔的科研不端行为进行调查，并将调查结果在各自的学校网站上公布。[②]荷兰虽然也建立了如美国科研诚信办公室等的专门的科研诚信监督管理机构，但其不直接负责查处科研不端行为，只负责监督和起诉其他科研机构调查的公正性。

调查的第一步是核实投诉举报内容的真实性。如标注了基金资助并涉嫌剽窃的科研论文是否存在剽窃行为，涉嫌伪造实验数据的实验是否真实开展，涉嫌伪造履历信息的行为与基金申请书上的内容是否一致，以及是否还存在举报材料列举的不端行为以外的其他不端行为，等等。

调查的第二步是取证。自然科学基金委监委会的取证一般经过依托单位调查举证环节和专家界定环节。首先，自然科学基金委监委会将向依托单位发函，要求其调查所辖人员的科研不端行为。依托单位的调查工作包括详尽地调阅原始研究记录、核实相关信息、向被举报人和其他知情者了解情况等。所有形式均应形成书面证明材料，并取得当事人和相关人员的签字确认。在履行告知程序后，方可录音、录像。依托单位完成调查后，应向监委会回函，其内容包括：①依托单位调查情况及意见；②谈话人和当事人签署的纸质版面谈记录；③当事人对所指控科研不端行为的陈

① 国家自然科学基金委员会. 国家自然科学基金项目科研不端行为调查处理办法 [EB/OL]. (2020-12-29)[2022-09-12]. https://www.nsfc.gov.cn/publish/portal0/tab442/info79519.htm.

② 王飞. 斯塔佩尔案的调查处理对科研诚信制度建设的启示[J]. 自然辩证法通讯, 2021, 43(4): 76-82.

述；④当事人身份信息表；⑤其他有关的证明材料。在该过程中，依托单位如果发现证据确凿，则可以给出初步的处理意见，例如责令当事人撤稿，或给出降职、撤职等处罚。依托单位调查有时会重复进行，尤其是当自然科学基金委监委会不认可或者部分不认可依托单位的调查结论或当事人陈述时，可以责成依托单位重新开展调查或者就某些没有调查清楚的问题再次开展调查，直到所有应该调查的问题都调查清楚为止，也可以责成当事人就应该说明但没有说明的问题重新陈述，直至说清为止。自然科学基金委监委会有时也会到现场进行调查，现场调查时调查人员应不少于两人，并向当事人或者有关人员出示工作证件或者公函。[①]

其次，自然科学基金委监委会在认为必要时会启动专家界定程序，专家界定分学科和领域组织开展。界定组的专家多为本领域资深的学术专家，对科研不端行为的界定不仅仅是所涉科学内容的界定，也有对科研行为规范的综合考虑，专家组给出界定意见在通常情况下是调查取证的最后环节。监委会一般会选择处事公正、具有足够专业知识的"小同行"担任专家组成员，具有科研不端行为调查经验者优先考虑。为确保调查过程的公正性，监委会在组建专家调查小组时应坚持遵循回避原则[②]，也就是确定小组成员和被举报人的关系，如存在重大利益冲突，则应予回避，或按有关利益冲突的规定处理。

程序合规是科研不端行为案件的调查过程中必须考虑的第二个关键因素。不同国家、不同机构的调查程序各有差异，但给予被调查人充分的陈述和申辩的权利则是共同的。自然科学基金委监委会在调查过程中，强调充分听取当事人的陈述或者申辩，对当事人提出的事实、理由和证据进行核实；当事人提出的事实、理由或者证据成立的，予以采纳；任何个人和组织不得以不正当手段影响调查工作的进行；调查中发现当事人的行为可能影响公众健康与安全或者导致其他严重后果的，调查人员会立即报告，或者按程序移送有关部门处理。

---

① 国家自然科学基金委员会. 国家自然科学基金项目科研不端行为调查处理办法 [EB/OL]. (2020-12-29)[2022-09-12]. https://www.nsfc.gov.cn/publish/portal0/tab442/info79519.htm.

② 王飞. 丹麦"精英"科研不端案的调查处理与经验总结[J]. 自然辩证法研究, 2020, 36(3): 73-78.

德国科学基金会对科研不端行为的调查处理坚持公正保密、疑罪从无原则。其调查分为两个阶段。①初核。科研诚信办公室负责受理有关科研不端行为的举报，若举报证据材料充分或其线索有据可查，科研诚信办公室则就举报内容责成被举报人进行书面陈述或者申辩。科研诚信办公室根据举报人的书面陈述包括事实、理由和证据进行核实，并立即决定是否有理由、有证据怀疑科研不端行为的存在。若无，则调查到此终止；若有，则根据其可能涉及的学术不端程度，再做区分。若学术不端行为程度轻微，且被举报人积极配合调查、施以补救（如发布勘误等），则可终止此程序；否则，当进入正式调查环节。在初核阶段，未经举报人允许，科研诚信办公室不得披露其姓名。初核的结果应当告知举报与被举报者双方，举报人如果对初核结果不服，可以于两周内向德国科学基金会再次提出书面申诉。②正式调查。科研不端行为调查委员会负责正式调查，听取被举报人或其委托人的口头陈述，并获取可能相关的证据。该委员会将据此召开内部非公开会议，并最多征召两名相关领域的专家参与，对调查结果进行审查。若会议中多数成员认定其科研不端行为属实，且应当依照相关规定处理，则最终向主管的联合委员会提交调查结果和处理建议，并最终由联合委员会做出最终处理决定；否则，调查程序亦当终止。①

调查完成后必须撰写调查报告。调查报告一般包括举报内容的说明、调查过程、查实的基本情况、违规事实认定与依据、调查结论、有关人员的责任、被调查人的确认情况以及处理意见或建议等。特别强调的是，美国科研诚信办公室要求对科研不端行为的调查报告中须针对每项指控详述分析过程，如指控相关陈述、主张、反驳、文件，其他直接和间接证据，专家分析，举报人、被举报人及相关证人的陈述、反驳、引用等，并回答每一个论点，分析不当行为的类别，并区分是诚实的错误还是科学观点的

---

① Deutsche Forschungsgemeinschaft. Rules of procedure for dealing with scientific misconduct[EB/OL]. (2019-07-02)[2022-09-12]. https://www.dfg.de/formulare/80_01/v/dfg_80_01_v0819_en.pdf; 主要国家科研诚信制度与管理比较研究课题组. 国外科研诚信制度与管理[M]. 北京: 科学技术文献出版社, 2014: 114-115; 毛一名, 冯永庆, 李铭禄, 等. 德国科学基金会应对学术不端行为的措施及其启示[J]. 世界科技研究与发展, 2022, 44(2): 275-281.

分歧。[①]调查小组将证据、初查结论分别通知实名举报人和被举报人,敦请被举报人做出书面反馈,然后将调查报告连同被举报人对此的反馈一并上报。美国科研诚信办公室强调,调查过程中也会与举报人面谈,提供文字记录或录音内容并征得举报人核对,调查报告须在 60 天内完成,举报人在收到调查报告草案 30 天之内要反馈针对该草案的意见,调查机构会将调查意见也纳入最终报告。[②]

调查过程越是仔细、严谨、合规,越能保证调查过程的严谨性和处理结果的公正性,然而所需的人力、财政等资源就越庞大——这是社会对科研不端行为的监督成本。但如果每一方科研主体都能够自我约束,严防科研不端,则社会的监督成本将减少,民众对科学事业的信任度也会更高。所以,科研不端行为不仅是个人行为,而且是具有社会危害性的行为,每一位从事科研工作的人员,都应当履行好职责,不失信于民众,不伤害公共事业。

14.3　公正客观的处理结果

公正客观的处理体现在两个方面:一是定性准确,二是处理恰当。为保障对每一个涉及科研不端行为的举报都做出公正客观的处理,自然科学基金委监委会除了在调查过程中极尽科学严谨、努力对不端行为做出准确定性以外,还在提出处理意见的过程中充分发挥科学共同体的作用。自然科学基金委监委会对开展调查的科研不端行为只是提出处理建议,最终的处理决定则由自然科学基金委委务会议在对每一个案件逐一进行审议后做出。一般情况下,委务会议的处理决定与监委会的处理建议都是相同的。只有在极个别的情况下,委务会议会修改监委会的处理建议,提出最终的处理决定。自然科学基金委对科研不端行为的调查处理充分体现了学术自

---

① Outline for an inquiry/investigation report for ORI[EB/OL]. (2020-02)[2022-09-12]. https://ori.hhs.gov/sites/default/files/2020-02/Outline%20for%20Inquiry-Investigation%20Reports%2002-21-2020. pdf.

② Sample policy and procedures for responding to allegations of research misconduct [EB/OL].[2022-09-12]. https://ori.hhs.gov/sites/default/files/SamplePolicyand Procedures-5-07.pdf.

治的特点。比如，监委会的成员只有个别委员是自然科学基金委工作人员，其大多数成员是国内不同领域顶级的专家，多数专家都是院士，在学术视野和学术情操方面都是榜样，为最终的处理决定把守倒数第二道防线。基金委的委务会议则形成最终处理意见，为处理决定把最后一道关。这种调查处理程序虽然复杂烦琐，但为处理结果的公正性提供了很好的保障。

调查终结后，自然科学基金委将对调查结果进行审查，对确有科研不端行为的，根据事实及情节轻重，做出处理决定，制作处理决定书。处理决定书载明以下事项：一是当事人基本情况，二是实施科研不端行为的事实和证据，三是处理依据和措施，四是救济途径和期限，五是做出处理决定的单位名称和日期，六是其他应当载明的内容。处理决定书将按要求送达当事人，处理结果也会告知实名投诉举报人。处理决定书送达后，监委会要求依托单位 5 日内反馈接收回执。依托单位或当事人如果有异议，对处理决定不服，可以在收到处理决定书后 15 日内，向基金委提出书面复查申请。基金委在收到复查申请之日起 15 个工作日内做出是否受理的决定，决定不予复查的，将通知申请人，并告知不予复查的理由；决定复查的，将自受理之日起 90 个工作日内做出复查决定。复查仍遵循相关的处理办法，并不会因为申请复查而影响决策决定的执行。[①]此后，监委会将向依托单位发送《落实整改函》（如图 14.1 所示）。

2015 年以来，为加强科研诚信和科研作风学风建设，中国政府相关部门制定和修订了一系列相应的法律、法规和规范性文件，对科研不端行为的调查、处罚及相关法律责任做出了明确规定。比如，教育部 2016 年颁布了《高等学校预防与处理学术不端行为办法》，2019 年科学技术部以第 19 号令的形式颁布了《科学技术活动违规行为处理暂行规定》，同时还联合其他 19 个部委制定印发了《科研诚信案件调查处理规则（试行）》，自然科学基金委 2021 年修订并颁布了《国家自然科学基金项目科研不端行为调查处理办法》，2022 年新修订的《中华人民共和国科学技术进步法》正式颁布实施，等等。

---

① 国家自然科学基金委员会. 国家自然科学基金项目科研不端行为调查处理办法 [EB/OL]. (2020-12-29)[2022-09-12]. https://www.nsfc.gov.cn/publish/portal0/tab442/info79519.htm.

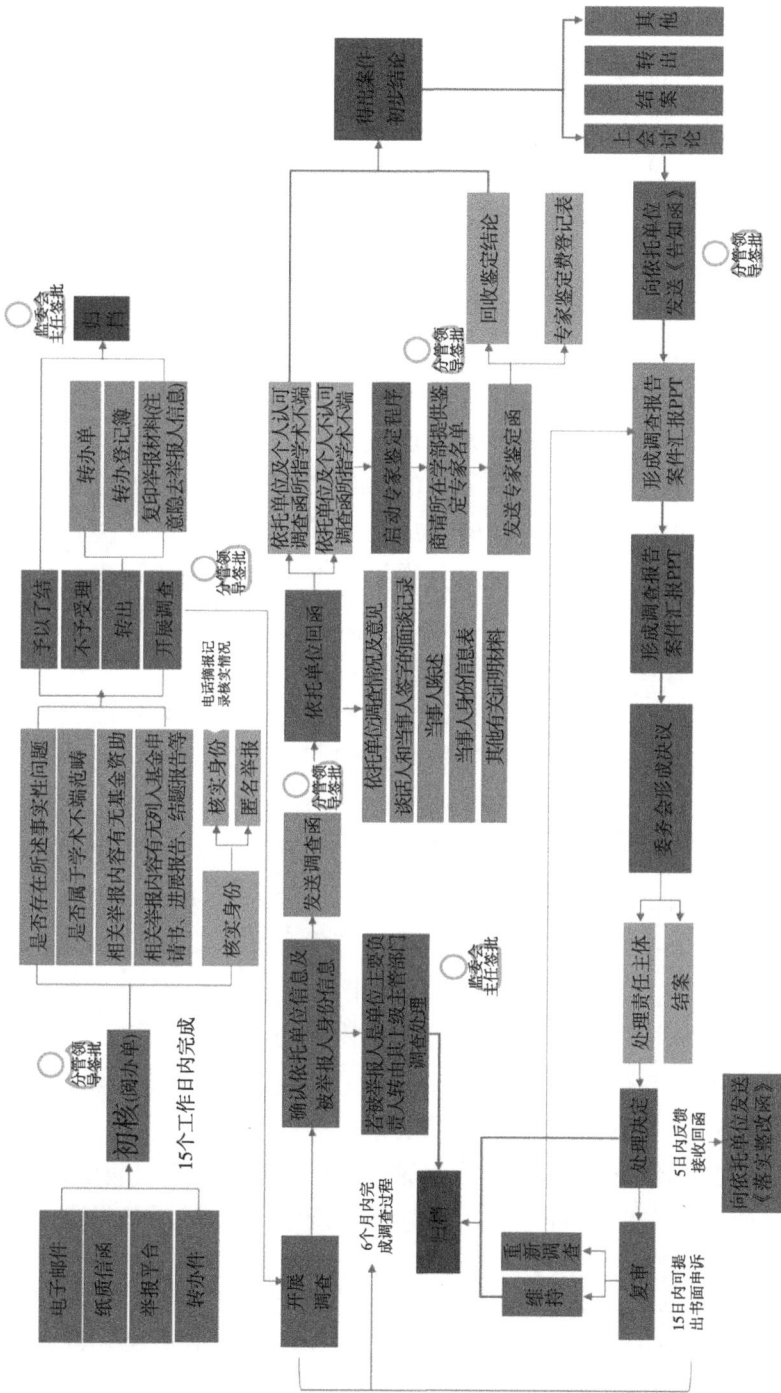

图14.1　自然科学基金委监委会科研不端案件调查及处理流程图

通过对以上文件的归纳，针对科研不端行为的各种处罚措施大致可以分为以下四类：①行政手段制裁，包括口头或书面警告，以责令当事人改正科研不端行为，以防后续再犯同类行为；②名誉制裁，包括内部或公开通报批评、取消学位、职称、荣誉称号等；③资格制裁，包括中止或终止在研项目、取消一定期限内项目申请资格；④经济制裁，包括暂缓拨付已开展项目的研究资金、撤销已获资助项目资金资助决定、追回项目结余资金、追回已拨付资金、必要时按照合同规定罚款等。

处罚要与实际相应相称，既不可罚不当罪，也不能惩罚过重。被调查人科研失信行为的事实、性质、情节等最终认定后，由调查单位按职责对被调查人做出处理决定，或向有关单位或部门提出处理建议，并制作处理决定书或处理建议书。做出处理决定的单位负责向被调查人送达书面处理决定书，并告知实名举报人。做出处理决定前，应书面告知被调查人拟作出处理决定的事实、理由及依据，并告知其依法享有陈述与申辩的权利。被调查人没有进行陈述或申辩的，视为放弃陈述与申辩的权利。被调查人做出陈述或申辩的，应充分听取其意见。

惩戒科研不端行为的目的是杜绝科研不端行为，同时构建良好的科研诚信环境。按照《科研诚信案件调查处理规则（试行）》，科研不端行为处理包括以下措施：①科研诚信诚勉谈话；②一定范围内或公开通报批评；③暂停财政资助科研项目和科研活动，限期整改；④终止或撤销财政资助的相关科研项目，按原渠道收回已拨付的资助经费、结余经费，撤销利用科研失信行为获得的相关学术奖励、荣誉称号、职务职称等，并收回奖金；⑤一定期限直至永久取消申请或申报科技计划项目（专项、基金等）、科技奖励、科技人才称号和专业技术职务晋升等资格；⑥取消已获得的院士等高层次专家称号，学会、协会、研究会等学术团体以及学术、学位委员会等学术工作机构的委员或成员资格；⑦一定期限直至永久取消作为提名或推荐人、被提名或推荐人、评审专家等资格；⑧一定期限减招、暂停招收研究生直至取消研究生导师资格；⑨暂缓授予学位、不授予学位或撤销学位；⑩其他处理。[①]

---

① 科研诚信案件调查处理规则(试行)[EB/OL]. (2019-10-11)[2022-09-12]. http://www.gov.cn/xinwen/2019-10/11/content_5438360.htm.

美国对科研不端行为的惩戒方式与中国有很大的不同。美国科研诚信办公室对涉及科研不端行为被调查人的惩戒行为主要包括：①取消获得联邦赠款和基金资助资格；②禁止在公共卫生署咨询委员会、同行评议委员会或顾问团中任职；③被调查人向所属机构提供信息来源的证明；④机构提供数据证明；⑤所属机构派监督人员监管被调查人的科研活动；⑥被调查人勘误已发表的刊物；⑦被调查人撤回已发表的刊物。[①] 研究发现美国科研诚信办公室最常见的制裁方式是要求被调查人的所属机构派监督人员监管其科研活动，最严厉的制裁便是停止接受联邦资金资助。为了避免被取消联邦资金资助，大部分被调查人会与美国科研诚信办公室签订自愿和解协议，寻求认证信息和数据，以及寻求监督科研行为。[②]

科研不端行为因其严重程度不同，应予以不同程度的惩戒。对科研不端行为的惩戒标准应该相对统一，否则将有损惩戒程序的正当性，被调查人接受惩戒的公正性和公众对科学事业的信任度。惩戒的严重程度受诸多因素影响：①行为偏离科学界公认行为准则的程度；②是否有故意造假、欺骗或销毁、藏匿证据行为，或者存在阻止他人提供证据，干扰、妨碍调查，或打击、报复举报人的行为；③行为造成社会不良影响的程度；④行为是首次发生还是屡次发生；⑤行为人对调查处理的态度；⑥其他需要考虑的因素。国外学者的研究也有类似的考虑，如被调查者是否有主观刻意违反科研诚信的意图，科研不端行为的独特性（如是否是新的造假手段）或频率（如初犯还是屡教不改），后果（如是否产生严重的人员伤害和经济财产损失）及有无可减轻惩戒程度的行为（是否有主动减轻科研不端行为后果的行动，如主动配合调查）。[③] 被调查人有下列情形之一的，认定为情节较重或严重，应从重或加重处理：①伪造、销毁、藏匿证据的；

---

① ORI-The Office of Research Integrity Research Misconduct Handling Misconduct Administrative Actions [EB/OL].[2022-09-12]. https://ori.hhs.gov/administrative-actions.

② EZEKIEL H. Ethical Editor: Office of Research Integrity Sanctions for Research Misconduct[EB/OL]. (2015-12-31)[2022-09-12]. https://www.csescienceeditor.org/article/ethical-editor-office-of-research-integrity-sanctions-for-research-misconduct/#:~:text=ORI%20has%20imposed%20the%20debarment, not%20to%20seek%20federal%20funding.

③ KERANEN L. Assessing the seriousness of research misconduct: Considerations for sanction assignment[J]. Accountability in research, 2006, 13(2): 179-205.

②阻止他人提供证据，或干扰、妨碍调查核实的；③打击、报复举报人的；④存在利益输送或利益交换的；⑤有组织地实施科研失信行为的；⑥多次实施科研失信行为或同时存在多种科研失信行为的；⑦态度恶劣，证据确凿、事实清楚而拒不承认错误的；⑧其他情形。有前述情形且造成严重后果或恶劣影响的属情节特别严重，应加重处理。

多年来，随着党中央、国务院和我国社会各界对加快推进社会诚信建设的高度重视，对重点领域和严重失信行为实施联合惩戒已经形成共识，科研领域也不例外。2018 年由国家发展和改革委员会牵头 41 个部门联合签署了《关于对科研领域相关失信责任主体实施联合惩戒的合作备忘录》，规定了对科研领域存在严重失信行为的责任主体的惩戒措施。① 联合惩戒的对象包括"科技计划（专项、基金等）及项目的承担人员、评估人员、评审专家，科研服务人员和科学技术奖候选人、获奖人、提名人等自然人，项目承担单位、项目管理专业机构、中介服务机构、科学技术奖提名单位、全国学会等法人机构"。科学技术部把科研领域严重失信行为责任主体相关信息汇集在国家科研诚信管理信息系统中，通过该系统向指定用户提供联合惩戒科研诚信审核功能，同时将被联合惩戒的对象信息关联到"信用中国"中。②惩戒对象不仅会面临被限制和取消一定期限内申报或承担国家科技计划的资格，以及取消荣誉、获奖提名等惩戒，还可能会受到金融和财务方面的限制。

针对科研不端行为的惩戒主要是影响科研人员的声誉与职务，通常是撤稿或禁止继续从事科学研究，也有极少数会面临监禁或罚款。例如，爱荷华州立大学前生物医学科学家韩东标（Dong-Pyou Han）因在 HIV 疫苗试验中捏造和伪造数据而被判处 57 个月监禁并罚款 720 万美元。③ 常见的

---

① 印发《关于对科研领域相关失信责任主体实施联合惩戒的合作备忘录》的通知 [EB/OL]. (2018-11-05)[2022-09-12]. http://www.most.gov.cn/xxgk/xinxifenlei/fdzdgknr/fgzc/gfxwj/ gfxwj 2018/201811/t20181114_142753.html.

② 印发《关于对科研领域相关失信责任主体实施联合惩戒的合作备忘录》的通知 [EB/OL]. (2018-11-05)[2022-09-12]. http://www.most.gov.cn/xxgk/xinxifenlei/fdzdgknr/fgzc/gfxwj/gf xwj 2018/201811/t20181114_142753.html.

③ SARA R. US vaccine researcher sentenced to prison for fraud[EB/OL]. (2015-07-01)[2022-09-12]. https:// www.nature.com/articles/nature. 2015.17660.

惩戒方式如撤稿、限制基金申请等看似温和，其实可能对科研人员的职业生涯造成毁灭性的打击。因此，科研人员要提高自律水平，不要有侥幸心理，科研不端行为很难逃脱合理公正的惩戒。

14.4　本 章 小 结

科研不端行为的调查具有高度的严谨性，以确保惩戒处理的公正性。科研人员追求学术创新，拓宽知识边界，享受着获得优先发表权和学术同行认可的荣誉。但同时，也有杜绝科研不端行为，维护科研诚信良好学风的责任。举报科研不端行为是科研人员相互监督，提高学术自律的良效举措。科研人员应勇于做学术界的"吹哨人"，守护科研净土。然而，恶意举报却是干扰学术秩序的反面行为。科研不端的调查处理从举报开始，根据准确的证据材料和可查证的线索，经过初核、个人举证、依托单位协助调查、专家委员会讨论决议等多轮环节，以得出公正客观的惩戒结论。惩戒的结果因事实、性质、情节等而异，当被举报涉嫌科研不端时，应积极配合调查，不再因故意干扰调查程序而加重惩戒。总之，惩戒只是手段，诚信才是初衷，科研人员应牢记科研红线不可逾越。

14.5　推荐扩展阅读

和鸿鹏, 王聪, 李真真. 美国科研不端举报人保护制度研究[J]. 中国科学基金, 2015, 29(4): 270-276.

科学技术活动违规行为处理暂行规定(科学技术部令第 19 号)[EB/OL]. (2020-07-17) [2022-05-28]. http://www.gov.cn/zhengce/zhengceku/2020-08/09/content_5533566.htm.

关于印发《国家自然科学基金项目科研不端行为调查处理办法》的通知[EB/OL]. (2020-12-29) [2022-05-28]. https://www.nsfc.gov.cn/publish/portal0/tab434/info79519.htm.

关于印发《科研诚信案件调查处理规则(试行)》的通知[EB/OL]. (2019-10-11)[2022-06-28]. https://www.nsfc.gov.cn/csc/20340/20289/46016/index.html.

后　记

科研诚信是科学大厦的基石，是科学事业得以赓续不绝的核心规范。

党中央、国务院对于科研诚信建设高度重视。习近平总书记在党的二十大报告中强调，要培养创新文化，弘扬科学家精神，涵养优良学风，营造创新氛围。中共中央办公厅、国务院办公厅于 2018 年和 2019 年相继印发《关于进一步加强科研诚信建设的若干意见》《关于进一步弘扬科学家精神加强作风和学风建设的意见》。自然科学基金委于 2020 年启动实施了科学基金学风建设行动计划，督促和激励参与科学基金工作的项目申请人/负责人、评审专家、依托单位、自然科学基金委工作人员等"四方主体"，围绕"教育、激励、规范、监督、惩戒"五个方面，构建相互支撑、有机融合、标本兼治的科学基金学风建设体系，开展负责任的研究、评审和管理，携手共建风清气正的科研环境和优良健康的科研生态。为切实加强科研诚信的教育宣传，国家自然科学基金委特别设立专项项目（项目批准号：S202400048），其主旨是把科研规范和科研诚信的问题从"厘清"做到"说清"，为科学研究规范、科研诚信教育和科学精神传播提供有力支持。项目由深圳市人文社会科学重点研究基地——清华大学深圳国际研究生院社会治理与创新研究中心承担，本书即是该项目的主要成果。

本书分为四篇，共 14 章。第一篇"科学与科研规范"从科学的本质、科学知识的特征、科学文化和科学精神等基本概念出发，梳理涉及科研诚信与规范的思想源头和理论基础，再结合伦理学的理论和方式，诠释科研规范的伦理基础；第二篇"科研活动中的诚信"逐次阐述了基金申请、科研实施和成果发表等科研全流程规范以及可能出现的不端行为；第三篇"科研活动中的伦理"探讨和分析人体受试、同行评议、利益冲突等伦理议题；第四篇"科研管理与诚信治理体系建设"有针对性地论述了依托单位、自然科学基金委工作人员等科研管理者所应遵守的伦理规范。

本书分析了大量历史案例与新近发生的实际案例，并对论文作坊、图片作伪等新兴学术不端行为进行了研讨。力求做到内容系统完整、案例丰富新颖、文字通俗明了，易读易懂，实用性强，既适用科研人员和科研管理者阅读、参考和培训，也可用作高校学生的基础教材。

在本书编写与出版过程中，自然科学基金委原党组成员、副主任，现教育部党组成员、中央纪委国家监委驻教育部纪检监察组组长王承文主任，明确了本书的宗旨和写作目标，立意深远。自然科学基金委党组成员、秘书长韩宇研究员详细地审核了本书的各个章节，为本书修改提出诸多宝贵意见，譬如在涉及项目申请与执行的章节，批语遍及每页，展现出极高的学识水平和专业素养，令章节作者受益良多。自然科学基金委科研诚信建设办公室郭建泉主任，深度参与了本书结构和具体内容的讨论与修改，既从全局把握各章的写作要求，提供重要政策参考文献，更具体到关键章节的编写和修改，字斟句酌、精益求精。科研诚信建设办公室学风建设处陈克勋处长对于写作大纲的确定、专家评审的组织和项目的具体执行给予了大力支持。本书从撰写到出版都得到自然科学基金委诸位领导的悉心指导和帮助，劳力费心，铭感于内。

此外，国内的诸位审稿人（名单附后，以姓名汉语拼音为序）对书稿的具体内容进行了审阅、交流和讨论，其真知灼见已吸纳入书。科学出版社刘英红主任倾力推动书稿出版，赵瑞萍编辑精心审校，确保了本书的顺利出版。在此一并致谢。

本书由王蒲生、姜玥璐和赵自强编著。王蒲生教授负责组织编写工作，制定写作提纲和要求，并审定全书内容。姜玥璐副教授负责审核统稿及成书出版的各项事务。赵自强主要负责编写的具体组织工作，并参与审核统稿。在编写书稿时，经过集体讨论以确定具体分工，各章的具体执笔人如下：第 1 章，王蒲生、孙巍；第 2 章，王蒲生、王佳静、郝治翰、程露；第 3 章，赵自强、王蒲生、郝治翰；第 4 章，赵自强、钟滢、郭建泉；第 5 章，钟滢、王佳静、赵自强；第 6 章，赵自强；第 7 章，王佳静、王蒲生、杨斐；第 8 章，张潞、钟滢；第 9 章，周帆、王蒲生、姜玥璐；第 10 章，周帆、姜玥璐；第 11 章，王蒲生、杨斐、赵自强；第 12 章，赵自强、郝治翰、郭建泉；第 13 章，王畅、郭建泉、王佳静、赵自强、姜玥璐；第 14 章，杨斐、郭建泉、赵自强。

各章作者同心同力、不辞劬劳，屡经修改，几度增删，矻矻不怠，终成此著。杨斐亲自参与了自然科学基金委的工作，深入了解有关科研诚信和科研规范工作的具体环节及详细要求，还组织编写了本书中的部分重要案例。李平、裴渭静、刘晓宇、陈芷洹、尤治灵等人对各章节的案例搜集、材料整理和文稿审订也做出了重要贡献。在此，向所有参与本书编写的作者致以诚挚谢意。

由于编写者水平有限，如有错谬，文责自负，恳望读者批评指正。

审稿人	单位
薄　涛	国家自然科学基金委员会办公室（科研诚信建设办公室）
陈克勋	国家自然科学基金委员会办公室（科研诚信建设办公室）
陈魁豪	国家自然科学基金委员会办公室（科研诚信建设办公室）
戴亚飞	国家自然科学基金委员会交叉科学部
何鸣鸿	国家自然科学基金委员会监督委员会
黄　辉	北京协和医院科研处
雷　毅	清华大学人文学院科学史系
李　辉	国家自然科学基金委员会办公室（科研诚信建设办公室）
李海燕	北京大学第三医院科研处
李真真	国家自然科学基金委员会监督委员会、中国科学院科技战略咨询研究院
李正风	清华大学社会科学学院社会学系
刘　明	国家自然科学基金委员会监督委员会、中国科学院院士
孟庆国	国家自然科学基金委员会数理科学部
潘　涛	金城出版社
唐　莉	复旦大学国际关系与公共事务学院

王国豫　　　复旦大学哲学学院

王立东　　　国家自然科学基金委员会办公室（科研诚信建设办公室）

杨　舰　　　清华大学人文学院科学史系

张凤珠　　　国家自然科学基金委员会办公室（科研诚信建设办公室）

张鹏俊　　　北京医院科研处

王蒲生　姜玥璐　赵自强

2023 年 2 月 17 日